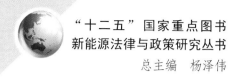

"十二五"国家重点图书
新能源法律与政策研究丛书
总主编 杨泽伟

国际法视角下的清洁发展机制研究

陈淑芬 著

武汉大学出版社

图书在版编目(CIP)数据

国际法视角下的清洁发展机制研究/陈淑芬著. —武汉:武汉大学出版社,2011.9
"十二五"国家重点图书
新能源法律与政策研究丛书/杨泽伟总主编
　ISBN 978-7-307-09015-6

Ⅰ.国… Ⅱ.陈… Ⅲ.无污染工艺—研究—世界 Ⅳ.X383

中国版本图书馆 CIP 数据核字(2011)第 158239 号

责任编辑:田红恩　　责任校对:黄添生　　版式设计:马　佳

出版发行:武汉大学出版社　(430072　武昌　珞珈山)
　　　　　(电子邮件:cbs22@whu.edu.cn　网址:www.wdp.com.cn)
印刷:武汉中远印务有限公司
开本:720×1000　1/16　印张:20.5　字数:292 千字　插页:2
版次:2011 年 9 月第 1 版　　2011 年 9 月第 1 次印刷
ISBN 978-7-307-09015-6/D·1105　　定价:40.00 元

版权所有,不得翻印;凡购我社的图书,如有质量问题,请与当地图书销售部门联系调换。

本书获得国家社会科学基金重大招标项目"发达国家新能源法律政策研究及中国的战略选择"(项目批准号为：09&ZD048)的资助,特致谢忱!

总　序

新能源是一个广义的概念。它不但包括风能、太阳能、水能、核能、地热能和生物质能等可再生能源或清洁能源，而且包括通过新技术对传统化石能源的再利用，如从化石能源中提取氢、二甲醚和甲醇等。同时，能源资源的高效、综合利用以及节能等（如分布式能源、智能电网），也是新能源体系中的重要组成部分。

进入 21 世纪以来，在能源需求增长、油价攀升和气候变化问题日益突出等因素的推动下，新能源再次引起世界各国的重视，掀起了新一轮发展高潮。特别是在 2008 年全球性金融危机的影响下，发展新能源已成为发达国家促进经济复苏和创造就业的重要举措。例如，美国推出了"绿"与"新"的能源新政，并在众议院通过了《2009 年美国清洁能源与安全法》(American Clean Energy and Security Act 2009)；英国相继出台了《低碳转型计划》(The UK Low Carbon Transition Plan: National Strategy for Climate and Energy)、《2009 年英国可再生能源战略》(UK Renewable Energy Strategy 2009) 和《2010 年英国能源法》(UK Energy Act 2010)；澳大利亚推出了《2010 年可再生能源（电力）法》(Renewable Energy (Electricity) Act 2000)；欧洲议会也在 2009 年通过了《欧盟第三次能源改革方案》(它包括三个条例和两个指令) 等，引起了世界各国的广泛关注。

面对世界能源体系向新能源系统的过渡和转变，中国作为世界第二大能源消费国，在国际石油市场不断强势震荡，中国国内石油、煤炭、电力资源供应日趋紧张的形势下，特别是在温室气体减排的国际压力不断加大的背景下，开发利用绿色环保的新能源，已经成为缓解中国能源发展瓶颈的当务之急。

因此，研究新能源法律与政策问题，在深入比较、借鉴分析欧美发达国家和地区新能源法律与政策的基础上，根据中国新能源产业和法律发展的现状，提出我国应如何发展新能源、提高能源使用效率、制定和实施新能源发展战略、构建新能源的法律与政策体系，无疑具有重要的现实意义。

其实，研究新能源法律与政策问题，也具有重要的理论价值。早在20世纪80年代初，国际能源法律问题，就引起了学界的关注。1984年，"国际律师协会能源与自然资源法分会"（International Bar Association Section on Energy and Natural Resources Law）就出版了一本名为《国际能源法》（International Energy Law）的著作。这或许是"国际能源法"一词的首次出现与运用。近些年来，包括能源安全、国际（新）能源法律与政策问题，更是受到国内外学者们的重视①。国际能源法（International Energy Law）也有成为一个新的、特殊的国际法分支之势。可以说，国际能源法的兴起，突破了传统部门法的分野，是国际法发展的新突破②。

首先，国际能源法体现了当今经济全球化背景下部门法的界限日益模糊的客观事实。国际能源法作为一个特殊的国际法分支，它打破了传统部门法中被人为划定的界限，其实体规范包含了国际公法、国际经济法、国际环境法、国内能源法等部门法的一些具体内容。因此，它不是任何一个传统法律部门所能涵盖的。国际能源法

---

① 英国邓迪大学"能源、石油和矿产法律与政策研究中心"沃尔德（Thomas W. Wälde）教授认为，国际能源法有狭义和广义之分：狭义的国际能源法是指调整国际法主体间有关能源活动的法律制度；而广义的国际能源法是指调整所有跨国间有关能源活动的法律制度，它由国际公法、国际经济法、比较能源法等部门法的一些内容所组成。See Thomas W. Wälde, *International Energy Law: Concepts, Context and Players*, available at http://www.dundee.ac.uk/cepmlp/journal/htm/vol9/vol9-21.html, last visit on April 9, 2011; Thomas W. Wälde, *International Energy Law and Policy*, in Cutler J. Cleveland Editor-in Chief, *Encyclopedia of Energy*, Vol. 3, Elsevier Inc. 2004, pp. 557-582.

② 参见杨泽伟：《国际能源法：国际法的一个新分支》，载《华冈法萃》（台湾）2008年第40期，第185~205页；杨泽伟：《中国能源安全法律保障研究》，中国政法大学出版社2009年版，第226~245页。

的这一特点也是经济全球化的客观要求。

其次，国际能源法反映了国际法与国内法相互渗透、相互转化和相互影响的发展趋势。例如，国际能源法和国内能源法虽然是两个不同的法律体系，但由于国内能源法的制定者和国际能源法的制定者都是国家，因此这两个体系之间有着密切的联系，彼此不是互相对立而是互相渗透和互相补充的。一方面，国际能源法的部分内容来源于国内能源法，如一些国际能源公约的制定就参考了某些国家能源法的规定，国内能源法还是国际能源法的渊源之一。另一方面，国内能源法的制定一般也参照国际能源公约的有关规定，从而使与该国承担的国际义务相一致。此外，国际能源法有助于各国国内能源法的趋同与完善。

最后，国际能源法印证了"国际法不成体系"或曰"碎片化"（Fragmentation of International Law）的时代潮流。近些年来，国际法发展呈两种态势：一方面，国际法的调整范围不断扩大，国际法的发展日益多样化；另一方面，在国际法的一些领域或一些分支，出现了各种专门的和相对自治的规则和规则复合体。因此，国际法"不成体系成为一种现象"。国际能源法的产生和发展，就是其中一例。

为了进一步推动中国新能源法律与政策问题的研究，2009 年 9 月，全国哲学社会科学规划办公室以"美、日等西方国家新能源政策跟踪研究及我国新能源产业发展战略"作为国家社科基金重大项目，面向全国招标。在武汉大学国际法研究所的大力支持下，我以首席专家的身份，组织国家发展与改革委员会、国务院法制办、外交部、中国能源法研究会、煤炭信息研究院法律研究所、湖南省高级人民法院、中国人民大学、华北电力大学、北京理工大学、中南财经政法大学、郑州大学、辽宁大学、英国邓迪大学"能源、石油和矿产法律与政策研究中心"（Centre for Energy, Petroleum and Mineral Law & Policy）等国内外一些研究新能源问题的学者和实务部门的专家，成功申报了国家社科基金重大招标项目"发达国家新能源法律政策研究及中国的战略选择"，并获准立项。经过近几年的潜心研究，我们推出了《新能源法律与政策研究丛书》，作为该项目的阶段性研究成果之一。

《新能源法律与政策研究丛书》以21世纪以来国际能源关系的发展为背景，从新能源涉及的主要法律与政策问题入手，兼用法学与政治学的研究方法，探讨发达国家和地区新能源的最新立法特点、发展趋势、政策取向及其对中国的启示，阐明中国新能源发展过程中的法律问题，提出完善中国新能源法律制度的若干建议等。

由于新能源法律与政策问题，是法学特别是国际法学很少涉足的领域，加上我们研究水平的局限，因此《新能源法律与政策研究丛书》必然会存在诸多不足之处，请读者不吝指正。

杨泽伟[①]

2011年6月

于武汉大学国际法研究所

---

① 武汉大学珞珈特聘教授、法学博士、博士生导师、国家社科基金重大招标项目"发达国家新能源法律政策研究及中国的战略选择"首席专家。

目 录

引 言 ………………………………………………………… 1

第一章 气候变化国际应对下的清洁发展机制 ……………… 8
第一节 气候变化的国际形势 ………………………………… 8
一、气候变化问题的产生、成因及其影响 ……………… 9
二、气候变化的国际治理 ………………………………… 17
第二节 清洁发展机制的内涵与特点 ………………………… 22
一、清洁发展机制的由来及概念 ………………………… 22
二、清洁发展机制的市场基础：温室气体排放权交易
制度 …………………………………………………… 25
三、清洁发展机制的性质与特点 ………………………… 29
第三节 清洁发展机制的基本制度 …………………………… 33
一、清洁发展机制的管理体制 …………………………… 33
二、清洁发展机制的项目规则与运行程序 ……………… 40
三、清洁发展机制的国际法与国内法双重监管体制并行 … 60

第二章 清洁发展机制的国际法基础 ………………………… 63
第一节 清洁发展机制的国际法依据 ………………………… 63
一、《联合国气候变化框架公约》 ………………………… 63
二、《京都议定书》 ………………………………………… 67
三、《布宜诺斯艾利斯行动计划》 ………………………… 72
四、《波恩协议》 …………………………………………… 74
五、《马拉喀什协定》 ……………………………………… 77

第二节 清洁发展机制的国际法理论基础 ………………… 80
　一、国际气候合作原则与清洁发展机制 ………………… 80
　二、可持续发展原则指导下的清洁发展机制 …………… 83
　三、共同但有区别责任原则为核心的清洁发展机制 …… 87
　四、清洁发展机制与三项原则之间的关系 ……………… 91

第三章 清洁发展机制实施及若干重要问题 ……………… 94
第一节 清洁发展机制项目的法律依据：减排量购买协议 … 94
　一、减排量购买协议的概念 ……………………………… 95
　二、减排量购买协议的法律效力问题 …………………… 96
　三、减排量购买协议的完善及其意义 …………………… 98
第二节 清洁发展机制项目的核心：经核证的减排量 …… 101
　一、经核证的减排量概述 ………………………………… 101
　二、关于经核证的减排量的法律属性问题 ……………… 102
　三、经核证的减排量在交易中的问题及其应对 ………… 104
第三节 清洁发展机制项目中的技术转让问题 …………… 107
　一、清洁发展机制技术转让的内涵 ……………………… 108
　二、清洁发展机制项目中技术转让难题 ………………… 109
　三、清洁发展机制技术转让机制未来的发展和完善 …… 113
　四、结论 …………………………………………………… 115
第四节 当前清洁发展机制项目实施状况 ………………… 117
　一、全球清洁发展机制项目规模与格局分布概况 ……… 117
　二、清洁发展机制项目分布的特点 ……………………… 120
　三、实施清洁发展机制项目取得的成就 ………………… 122
第五节 当前清洁发展机制项目实施中存在的问题 ……… 125
　一、清洁发展机制的方案设置存在不合理之处 ………… 125
　二、清洁发展机制管理制度存在的问题 ………………… 128
　三、清洁发展机制项目实施面临诸多风险 ……………… 130
　四、清洁发展机制实施效果的质疑 ……………………… 134

第四章 欧盟排放权交易制度对清洁发展机制的挑战与启示 ………… 138
  第一节 欧盟排放权交易制度基本内容 ………… 138
  第二节 欧盟排放交易制度的特点及其取得的成就 ………… 140
    一、欧盟排放权交易制度的主要特点 ………… 140
    二、欧盟排放权交易制度所取得的成就 ………… 143
  第三节 欧盟排放权交易制度对清洁发展机制发展的挑战 ………… 144
    一、清洁发展机制在欧盟境内的补充性 ………… 144
    二、欧盟一体化政策为欧盟排放权交易制度提供了更有利的契机 ………… 145
    三、欧盟排放权交易制度的阶段性控制着清洁发展机制的进程 ………… 146
  第四节 欧盟排放权交易制度的评价 ………… 147
  第五节 欧盟排放权交易制度的启示 ………… 149
    一、欧盟排放权交易制度对清洁发展机制发展的借鉴 ………… 149
    二、欧盟排放权交易制度对中国清洁发展机制发展的启示 ………… 152

第五章 清洁发展机制实施困境的国际法分析 ………… 153
  第一节 清洁发展机制国际法治理存在局限性 ………… 153
  第二节 气候变化国际法适用的不确定性 ………… 154
    一、气候变化问题的不确定性 ………… 154
    二、国际气候变化法律制度的不确定性 ………… 157
    三、清洁发展机制国际法律制度不确定性的主要体现及其影响 ………… 160
  第三节 国际气候谈判的多元化利益格局制约 ………… 162
    一、气候变化谈判中的多元化利益格局 ………… 163
    二、多元化利益格局对气候变化制度的影响 ………… 170
  第四节 气候变化国际法的实施效力对清洁发展机制规则的局限性 ………… 173

一、气候变化国际法律制度的软法性因素……………… 173
二、运用共同但有区别责任原则解决气候变化问题
出现的困境 …………………………………………… 176
三、气候变化国际法缺乏有效的履约保障机制………… 178
四、国际气候变化条约的缔约模式缺陷………………… 182
五、公约—议定书框架外机制的影响…………………… 184

第六章 后京都时代清洁发展机制的发展前景……………… 188
第一节 后京都时代国际气候变化法律制度的发展……… 188
一、从蒙特利尔路线图到哥本哈根协议………………… 188
二、后京都机制谈判的焦点……………………………… 200
第二节 后京都时代清洁发展机制的改革………………… 203
一、改革的必要性：当前清洁发展机制面临的挑战…… 203
二、改革的可行性：清洁发展机制在国际温室气体
排放权市场的前景 …………………………………… 204
三、改革的瓶颈…………………………………………… 207
四、改革的方向及其法律定位…………………………… 208
第三节 完善后京都时代清洁发展机制的若干建议……… 211
一、推动气候变化国际立法的实质性进展……………… 211
二、加快执行理事会对清洁发展机制程序性事项的
改革 …………………………………………………… 218
三、降低清洁发展机制项目风险………………………… 221
四、强化清洁发展机制资金援助和技术转让制度……… 222
五、平衡清洁发展机制市场机制与项目公平分配……… 224
六、从整体上提高发展中国家的清洁发展机制能力
建设 …………………………………………………… 226

第七章 中国清洁发展机制法律制度及其完善……………… 229
第一节 中国当前的清洁发展机制制度框架……………… 229
一、中国参与清洁发展机制项目的指导战略…………… 229
二、中国的清洁发展机制法律制度框架………………… 235

第二节 中国的清洁发展机制项目现状及其存在的问题…… 239
 一、中国清洁发展机制项目发展现状…………………… 239
 二、中国清洁发展机制项目建设取得的成就…………… 244
 三、中国清洁发展机制项目发展存在的问题…………… 250
 四、具体项目实践：中国—欧盟清洁发展机制促进项目
  ……………………………………………………………… 260
第三节 完善中国清洁发展机制的法律对策………………… 262
 一、及时调整和优化对清洁发展机制的政策扶持偏向与
  力度…………………………………………………… 262
 二、加强清洁发展机制在中国实施的法律基础………… 265
 三、进一步完善清洁发展机制管理体制………………… 268
 四、培育并发展清洁发展机制市场运行机制…………… 272
 五、中国参与清洁发展机制未来谈判的立场…………… 276

结　论………………………………………………………… 281

附　录………………………………………………………… 284

参考文献……………………………………………………… 295

后　记………………………………………………………… 314

引 言

一、选题理由

当前气候变化已经成为全球面临的共同挑战。1992年颁布的《联合国气候变化框架公约》（以下简称公约）对人类排放温室气体行为进行了控制，并为气候问题的国际后续谈判奠定了基础。1997年公约缔约方又进一步达成了《联合国气候变化框架公约京都议定书》（即《京都议定书》，简称议定书），以明确公约附件一国家在第一个承诺期内（2008—2012年）具体的温室气体减排义务。《京都议定书》创造性地确立了联合履约、排放贸易和清洁发展机制（Clean Development Mechanism，简称CDM）三种灵活机制，以帮助公约附件一国家完成减排义务。2005年2月16日议定书正式生效后，CDM在缔约方各国内正式实施。

作为京都机制中附件一国家唯一直接与发展中国家挂钩的机制，CDM是一个双赢的机制。发展中国家可由此获得可持续发展的先进技术和资金，而发达国家也可用技术到发展中国家换取能源产业的发展，从而大幅度降低其在本国减排的成本。然而，议定书只对2008—2012年的减排合作进行了规定。当前围绕后京都时代[①]国际

---

① "后京都时代"是国际社会对《京都议定书》执行完毕之后一个阶段的称呼，一般认为，它起始于《京都议定书》中义务执行完成的2012年。根据议定书规定，2008—2012年为第一承诺期，2013—2017年为第二承诺期。由于第一承诺期的减排目标和任务、具体细则在《京都议定书》中及其生效前后的多次缔约方会议中已经有了明确规定，因此也有学者将以《京都议定书》为核心的第一承诺期称之为"京都时代"，将第一承诺期内的气候变化机制称之为"京都机制"。与此相对应，将2012年后的阶段称之为"后京都时代"，与其相对应的气候变化制度称之为"后京都机制"。当前对后京都时代的国际谈判，主要着眼于2013年后各国排放指标、发展中国家是否承担减排义务、技术和资金机制等关键议题。

气候制度的谈判已进入关键时期，它直接决定着CDM的命运。现有的CDM制度虽在实践中已经颇有成就，但仍存在诸多弊端，要想在第二承诺期继续发展壮大，势必要进行改革完善，才能更好地实现其宗旨。

另一方面，CDM作为一种代表环保领域的可持续发展模式，在为保护全球气候变化提供良好合作的同时，也给我国带来了前所未有的发展机遇。据CDM官方网站公布的最新消息，截至2010年7月10日，全球注册和准备中的CDM项目已超过4200个[①]，其中截至2010年9月8日已成功注册了2363个CDM项目。而根据中国国家发改委气候司2010年10月26日公布的最新数据，截至2010年10月12日，我国已批准了CDM项目2732个。[②] 作为CDM项目最大的交易平台，我们应抓住机遇积极参与实施CDM项目，在帮助发达国家完成减排指标的同时，推进资源友好型社会建设的步伐。目前，我国企业的环保技术相对比较落后，改建环保设备的投入资金不足。CDM可以为企业引进先进的技术和丰厚的外来资金，促进经济与环境的协调发展。其间，我国企业也可以为未来采取温室气体减排行动积累经验，从而为我国实施可持续发展战略创造更好的条件。

二、研究意义

研究CDM对国际法理论发展有着重要的意义。第一，对于加强CDM的理论和实践研究将进一步深化主权观的转变，推动主权国家环境责任研究。第二，通过国际和国内层面的实施状况和法律制度比较研究，有利于推动国际法与国内法在气候变化领域的整合。第三，探索公平与责任原则的定量化，体现并顺应了全人类共同利益与国际法本位观的转变趋势。第四，扩大CDM作为有效的

---

① CDM Home：CDM Statistics, http://cdm.unfccc.int/Statistics/index.html, last visited on July 25, 2010.

② 中国CDM项目官方受理申请最新进展，参见 http://cdm.ccchina.gov.cn/WebSite/CDM/UpFile/File2518.pdf，访问日期：2010年10月27日。

境外减排途径,既增强了国际环境法的软法功能之规范性指引作用,又进一步完善了国际环境法的弹性履约机制。

而从研究的国内法意义上来看,CDM 涉及国内环境法、节能减排法律、行政法等诸多方面的问题,对其进行透彻的分析研究有助于我国行政环境法体系和能源法体系的完善。CDM 是国际法律规范中确立的规则,其具体实施还需要国内法律的配合。作为 CO_2 排放大国,中国所面临的减排压力越来越大。从我国目前的立法现状来看,近年来政府加大了环保节能的力度,在科学发展观的指导下,国家制定了一系列政策措施,有效地遏制了环境和能源问题进一步恶化的势头,我国已经初步形成了实施 CDM 的法律环境。但是,还存在很多的不足,特别是环境治理相对滞后,相关政策法规还不完善。简言之,目前中国 CDM 的法律制度还是单薄的,尤其缺乏具体的、系统的、富有操作性的法律制度。而现有的 CDM 法律制度和其他相关的法律、法规之间的配合程度还不够,二者之间的协调性有待进一步提高。

就研究的实践意义来说,本书对 CDM 在我国具体实施程序进行了详细分析,为有意实施该机制的项目业主提供了具体的实践指引,从而能够大大推动我国 CDM 项目的发展,对于我国实施可持续发展战略具有十分重要的现实意义。而且,CDM 还涉及排放权①交易制度的发展,对 CDM 制度的研究还可以为我国建立排放权交易制度提供理论支持和依据。CDM 项目合作实际上是温室气体排放权的交易,是排放权交易理论的实践履行。排放权交易制度在我国尚属创新探索阶段,CDM 的实施对中国可持续发展的能源、环境和经济等方面都产生了积极的影响,但在项目的建立、机遇的把握、技术的引进以及规避短期负面影响等方面还存在一些问题。针对这些问题,本书提出了一些促进 CDM 实施并更好地为可持续

---

① 需要指出的是,由于目前对于 Emission-Trading 有多种不同的表达,但最常见的为排放权或排污权。为了保持使用一致,书中通用"排放权"。在引用参考文献和注释中所出现的"排污权",是为了表示对原文作者的尊敬,仍将保留原词使用。

发展服务的建议。

总而言之，CDM 既是一个机遇也是一个挑战，虽然《京都议定书》第一阶段没有规定中国减少温室气体排放的义务和法律责任，但在排放总量的硬约束下，中国的减排势在必行。我们应该未雨绸缪，尽快加强和完善 CDM 在中国实施的法律环境。

三、国内外研究动态

自从《联合国气候变化框架公约》和《京都议定书》通过以来，国内外有很多学者对公约和议定书进行了研究。这些研究集中在经济、环境、能源等方面的论述比较多，针对 CDM 的法律方面研究不常见。虽然在各类国际环境法的著作和论文中，对气候变化的国际法律制度的形成和发展及其基本原则进行了颇多论述，这对于认识气候变化国际法大有裨益，但这些研究缺乏对 CDM 的具体探讨。

由于附件一国家承担着温室气体减排的具体承诺，有更加直接的切实关联，所以其国内学者对该问题的关注早，研究层次深，涉及面十分广泛。具体来说主要集中在日本、荷兰、德国、英国等发达国家，这些国家主要通过设立 CDM 研究机构、中介机构、基金公司，重点研究如何提高资金的投资效益以及获得更多的减排量等问题。它们从宏观方面注重分析 CDM 项目国际合作所带来的环境、经济、社会影响以及新的理念与方式；微观上注重有关减排承诺对本国经济政治的影响，主张对 CDM 加以充分和灵活的运用，并纳入到全球的贸易体系中，以期能够大大降低减排温室气体的成本，减轻本国减排的压力。在研究方法上，主要是采用项目案例研究的方法，从成本—效率的角度来考虑 CDM 减排效果。

《京都议定书》生效之后，国内学者对其进行了深入广泛的研究。在这些研究中附带了对 CDM 的研究，主要有从自身学科的角度出发，重点研究气候变化的国际政治动态及其中国的选择；从全球气候变化与国家的可持续发展的角度进行的思考；针对 CDM 中的某个方面的问题进行研究等。但总地来说，当前国内学界对 CDM 的研究集中于自然科学和环境领域，以探讨和研究方法学为出发点。主要是从项目和行业的微观层面开展，研究主要集中于在项目实施过程中，针对中国市场环境的实际情况，技术引进和实施问题、CDM项目的立项审批程序、政府政策要求、项目可行性研究、额外性研究、基准线研究、风险研究以及最后的经济评价等方面。其原因在于我国开展CDM研究相对较晚，而且普及力度不够、人才不足，特别是CDM对可持续发展影响等方面的研究不足。

由于笔者的专业和能力所限，对环境科学领域的文献掌握有限。从文献收集整理来看：在研究机构层面，中国社会科学院世界经济与政治研究所成立了全球气候变化课题组、国内最早研究CDM的单位有清华大学核能技术研究院、国家发展改革委员会能源研究所、国家科技部、国家环境保护部和中国人民大学环境经济研究所等。其中，国家发改委能源研究所能源环境与气候变化中心①在CDM的基本理论问题方面进行了许多有益的探讨，特别是在CDM基准线理论与基准线确定方法、CDM能力建设，以及CDM项目的定价机制方面取得了明显的进展，为CDM项目的案例研究提供了一定的理论依据。

在CDM研究与信息数据库方面，国内主要有中国气候变化信息网②、中国清洁发展机制网③、中国清洁发展机制法律服务网④、中国CDM信息中心⑤等。

在我国法学界，学者主要侧重于探讨《京都议定书》及CDM为我国发展经济、改善环境以及提高能源效率等带来的机遇。现有的关于CDM法学方面的研究，限于《京都议定书》的原则和环境法学者对《京都议定书》从环境保护和能源视野出发的论述，鲜有对CDM的相关法律问题做深入细致的研究。相关成果主要有吕学都、刘德顺《清洁发展机制在中国：采取积极和可持续的方

---

① Website http：//www.eri.org.cn/list.asp/.
② Website http：//www.ccchina.gov.cn/.
③ Website http：//cdm.ccchina.gov.cn/.
④ Website http：//www.chinacdmlaw.com/.
⑤ Website http：//www.china-cdm.org/.

式》、中国21世纪议程管理中心与清华大学编著的《清洁发展机制》和《清洁发展机制方法学指南》、刘德顺与马玉清等的《清洁发展机制（CDM）及气候公约综合谈判对策研究专题总报告》、陈谦磊编著的《清洁发展机制的指南和发展》、邓海峰2006年博士后报告《清洁发展机制法律问题研究》① 等。这些研究成果不仅为笔者提供了大量素材，还极大地拓展了本书的研究视野。

在高校学位论文方面，截至2010年10月20日，受到资料获得渠道的限制，共检索到CDM方面的博士学位论文16篇，其中经济与管理学10篇，环境科学2篇，农业科学2篇，法学2篇。其中的一篇法学博士论文是2006年苏州大学宪法与行政法学朱谦博士的《全球温室气体减排的清洁发展机制研究》，论文以CDM国内法制为基础从行政许可、行政环境技术和行政程序的角度对CDM进行了探讨。另一篇是2008年吉林大学法理学赵惊涛博士的《排污权研究》，论文主要研究了排污权的内涵和法律基础以及对我国构建排污权交易制度的建议，文中提出将CDM作为排污权发展新的增长点。目前尚没有发现有博士论文专门从国际法理论的角度对CDM进行探讨。

四、研究难点与研究方法

从研究内容来看，本书预计研究难点有以下几个方面：

第一，各国特别是发达国家对环境经济的期望很高，对这些技术的保密程度也很高，即便是向发展中国家提供了相应的信息，也尽量对信息资料进行保密，因此，在撰写过程中对相关项目合作特别是资金和技术的描述会相对较少。

第二，CDM是一个全新的研究领域，涉及政治学、外交学、环境科学、能源科学、工程学、社会学等诸多学科，涵盖领域较广。而作者从本科至今，一直致力于法学专业学习，基于专业背景

---

① 该博士报告主要从环境行政管理和物权法的角度进行研究。参见2006年清华大学公共管理学院管理科学与工程博士后报告《清洁发展机制法律问题研究》。

考虑,跨领域研究难度比较大。

第三,关于资料的搜集与查证。由于国内的研究资料比较少,搜集资料的难度较大,有些著作获取较难。由于专业性较强,某些英文资料的领悟也是一项艰巨的任务。要解决这些问题,需要花大量精力从政治学和法哲学角度以及社会学角度加以综合分析,学习一些基本的理论并领会各学者在使用时的思路。

在研究方法上,本书将主要运用以下方法:

第一,运用法经济学上的成本—效益研究的方法。经济学的方法又主要偏重于对制度成本的分析,从发达国家和发展中国家的角度对CDM市场进行成本和收益的经济分析,揭示其双赢性特点。

第二,跨学科研究方法。CDM是一个影响广泛、涉及领域极为宽阔的问题,并不是一种研究方法或一门学科知识所能完成的。需要结合法学特别是国际法、国际关系、国际政治学、社会学、经济学、环境科学等相关理论进行综合分析。但本书主要是从国际法和比较法的角度对CDM进行分析。

第三,比较分析法。通过对CDM的理论和实践操作的比较分析,并结合中国的具体国情和法律体制,可以让我们对中国CDM有清晰的了解,从而为完善我国CDM法律机制提供可参照、借鉴的来源。

第四,理论结合实践研究的方法。通过对当前CDM制度上的缺陷和实践上存在的问题进行分析,为CDM的发展前景和改革作出一些思考。

第一章 气候变化国际应对下的清洁发展机制

在全球化时代，作为减缓全球气候变化所带来的不适应影响的全新机制，CDM应运而生。国际社会探索着借助CDM这一"双赢"性桥梁，沟通起发达国家和发展中国家在控制气候变化、维护人类可持续发展合作的同时，促进各国经济发展，并以较低成本履行其所承担的温室气体减排国际义务。CDM所确立的国际制度及其赖以存在的国际关系，既对现代国际法的一些基本原则和制度提出了挑战，也为当今及以后国际气候变化法律制度带来了机遇。"但从范畴学角度而言，CDM首先是属于国际气候变化领域的研究对象。"[①] 因此，要探讨CDM，首先必须了解其产生的背景和当前国际气候变化的形势。

第一节 气候变化的国际形势

气候是地球上生命现象赖以生存和发展的基本条件。然而，人类活动已经并且正在对气候资源产生着严重的破坏作用。由于工业革命以来人类活动排放的温室气体明显增加，特别是工业化国家大量燃烧化石燃料排放的二氧化碳，使得大气中温室气体的浓度显著上升。它不仅造成了近百年来全球大部分地区变暖，也对地球自然生态系统和社会经济活动产生了重大影响。特别是20世纪下半叶

[①] Jacqueline Peel, Climate Change Law: the Emergence of a New Legal Discipline, *Melbourne University Law Review*, Vol. 32, No. 3, 2008, p. 930.

以来，极端气候事件的频发，使得人类的生存和发展面临着极大的灾难。在国际层面，气候变化问题已经被联合国列入对国际和平与安全的潜在威胁之一。① 2005 年联合国发布的《千年生态环境评估报告》指出：过去 50 年中，由于人口急剧增加，人类过度开发和使用地球资源，一些生态系统所遭受的破坏已经无法逆转。目前，全球范围内环境问题首当其冲的就是全球气候变化和臭氧层的破坏。② 随着最近几十年来，越来越多的气候变化事实的涌现和国际社会对气候变化研究的深入，关于气候变化的认识已经取得了巨大的进步。

一、气候变化问题的产生、成因及其影响

（一）气候变化的定义

气候变化本身是自然界的一种现象，或者说是一种长期的天气变化，这个变化会影响到人们的生存环境。所以从通常意义上讲，它是一个外在环境问题。但从理论上而言，气候变化应该源于气候学。根据气候学科的观点，气候变化是指"一个特定地点、区域或全球长时间的气候转换或改变，是以某些或所有的与平均天气状况有关的特征（如温度、风向或降水量等要素的变化）来度量的。简单地说，也就是气候所发生的变动"。③ 也有学者将其定义为"气候平均状态和差距（距平）两者中的一个或两者一起出现了统计意义上显著的变化"或"持续较长一段时间（典型

---

① See United Nations, *A More Secure World: Our Shared Responsibility—Report of the Secretary-General's High-Level Panel on Threats Challenges and Change* (2004), see http://www.un.org/secureworld/report2.pdf, last visited on July 5, 2009.

② See United Nations, *UN Millennium Ecosystem Assessment*, 2005, http://www.millenniumassessment.org/en/index.aspx, last visited on July 5, 2009.

③ 郑新奇、姚慧、王筱明：《20 世纪 90 年代 Science 以来关于全球气候变化研究述评》，载《生态环境》2005 年第 3 期，第 422 页。

的为 10 年或更长）的气候变动"。①

从气候变化产生的原因来分析，气候变化可以分为自然原因导致的气候变化和人类活动导致的气候变化。前者是指"大气运动以及气候系统内部的相互作用与反馈的过程，比如太阳活动、火山爆发、地球转动以及海洋、大气、陆地、冰雪等气候系统各子圈层之间的相互作用等"②。后者"主要是人类活动排放的大量温室气体导致大气中温室气体浓度变化所致"③。在经济发展过程中，化石能源的燃烧产生的大量温室气体排放到大气中去，将产生温室效应，进而引起全球变暖。

政府间气候变化专门委员会（IPCC, Intergovernmental Panel on Climate Change）对气候变化的定义较为广泛，涵括了"气候随着时间推移发生的任何变化，无论是由于自然因素还是人类活动"④。本书采用的是 1992 年《联合国气候变化框架公约》第 1 条对气候变化的定义："气候变化是指除在类似时期内所观测的气候的自然变异之外，由于直接或间接的人类活动改变了地球大气的组成而造成的气候变化。"⑤ 公约将因人类活动而改变大气组成的气候变化

---

① 参见国家气候变化对策协调小组办公室与中国 21 世纪议程管理中心主编：《全球气候变化：人类面临的挑战》，商务印书馆 2004 年版，第 17~18 页；庄贵阳、朱仙丽、赵行姝：《全球环境与气候治理》，浙江人民出版社 2009 年版，第 76 页。

② 陈光裕：《关注气候变化对经济社会发展的影响》，http://www.china.com.en/xxsb/txt/200705/20/content-8716122.html，访问时间 2009 年 7 月 21 日。

③ Michael Grubb, *The Kyoto Protocol: A Guide and Assessment*, London: the Royal Institute of International Affairs, 1999, p. 3.

④ 2007 IPCC Report Ⅳ, Working Group Ⅰ, Summary for Policymakers: *The Physical Science Basis of Climate Change*, http://www.ipcc.ch//pdf/assessment-report/ar4, last visited on September 12, 2009.

⑤ UNFCCC Article 1 (2).

与归因于自然原因的气候变化区分开来①，呼吁各国将应对气候变化的行动与社会、经济发展相协调，以减轻后者对前者的不利影响。鉴于当今公约的广泛参与性，国际社会在应对气候变化问题上大多采纳了这一定义。我们可以这样理解，应对气候变化法律制度所调整的，实际上只包括人类活动引起的气候变化（Anthropogenic Climate Change），也即是根据公约第 1 条来界定。

（二）温室气体排放是引起全球气候变化的最关键因素

所谓温室气体，从物理学上讲，是指大气中允许太阳辐射通过而吸收射向外空的来自地球表面及大气的辐射，造成地球表面温度升高的气体。《联合国气候变化框架公约》中对温室气体的定义为"大气中那些吸收和重新放出红外辐射的自然和人为的气态成分"②。受到目前科学水平的限制，人类现在对于自然界中产生的温室气体的量和浓度尚无法控制，而且从地球远久的发展历程来看，其影响也微乎其微。真正需要且可以控制的是人类需要减少人为温室气体的排放以及森林的砍伐。《京都议定书》附件中将所限制排放的温室气体统一规定为六种③：二氧化碳（CO_2）、甲烷（CH_4）、氧化亚氮（N_2O）、氢氟碳化物（HFC_s）、全氟化碳（PFC_s）以及六氟化硫（SF_6）。

科学家经过大量的观测和研究，认为人类活动产生的温室气体排放是引起全球气候变化的主要原因之一。其中最具权威的是 IPCC 所发布的评估报告。2007 年 IPCC 发布的报告中指出，"全球气候正在变暖的趋势至少有 92.5% 要归咎于人类活动，自然因素对气候的影响只占所有影响的 7.5%"④。报告中所称的人类活动

---

① See http://www.ipcc.cma.gov.cn/background/index.php? lang = cn&NewsID = 17, last visited on July 12, 2009.

② UNFCCC Article 1 (5).

③ See Kyoto Protocol Annex A.

④ 2007 IPCC Report Ⅳ, Working Group Ⅰ, Summary for Policymakers: *The Physical Science Basis of Climate Change*, http://www.ipcc.ch//pdf/assessment-report/ar4, last visited on July 12, 2009.

主要是工业革命以来温室气体特别是二氧化碳的排放量骤然增加。自 1750 年以来,由于人类活动的影响,全球二氧化碳、甲烷和氧化亚氮的浓度都显著升高。目前其浓度已经远远超过根据记录的工业化之前几千年的浓度值。① "虽然各种温室气体对温室效应的贡献不同,但在因人类引起的温室效应中,前三种气体所占的比例分别为 50%、18% 和 6%。"② 由于二氧化碳在大气中的含量远远大于其他温室气体的含量,二氧化碳所产生的增温效应占所有温室气体总增温效应的 63%,远远大于其他温室气体。排放到大气中的大部分二氧化碳是无法被吸收的,而是存留在大气中,最长可达 200 年,并最终可能使地球变暖。③ 根据报告所示,二氧化碳的浓度已经从工业化之前的 280ppm④,上升到 2005 年的 379ppm,到 2007 年已达 383ppm,是过去 65 万年中最高的。如果人类不采取应对措施予以减缓,二氧化碳的浓度最终将上升到 650~750ppm,地球升温幅度将达 2.4℃~6.4℃。而为了保证人类的可持续发展,必须将大气中的温室气体浓度控制在不超过 450ppm 限度内。

(三) 气候变化的影响

温室气体排放引起的全球气候变化给自然界和人类社会的生

---

① See 2007 IPCC Report Ⅳ Working Group Ⅰ, Summary for Policymakers: *The Physical Science Basis of Climate Change*, p. 141, http://www.ipcc.ch/pdf/assessment-report/ar4, last visited on July 12, 2009.

② 2007 IPCC Report Ⅳ, Working Group Ⅰ, Summary for Policymakers: *The Physical Science Basis of Climate Change*, p. 141, http://www.ipcc.ch/pdf/assessment-report/ar4, last visited on July 12, 2009.

③ See Environmental Defense Fund, *Global Warming: The History of an International Scientific Consensus*, http://www.edf.org/pubs/FactSheets/d-GWFFact.html, last visited on September 9, 2009.

④ ppm 为浓度单位,280ppm 意味着每百万个大气分子中,有 280 个 CO_2 分子。

产、生活带来了一系列的变化。① 尽管气候变化可能带来某些国家或地区的农作物增产等有利结果②，但总体来说，温室效应带来的负面影响远大于其益处。③ 其主要表现在：

1. 全球平均气温升高。由于温室效应，地球表面的平均气温从15℃的基础上逐渐上升。而且随着气候变化幅度的加大，呈现出加速的趋势。根据IPCC第三次评估报告显示，1860年以来，全球平均温度升高了0.6℃±0.2℃。④ 到2100年，地球表面温度将在1990年基础上再上升1.4℃～5.8℃，其中以陆地和北半球高纬地区增暖最为显著。这一增温值将是20世纪内增温值的2～10倍，可能是近一万年中增温最显著的速率。

2. 海平面上升。全球气温升高加速了两极和高山冰雪融化，加上海水受热膨胀等因素的作用，导致海平面上升。⑤ IPCC第三次报告指出，全球海平面在过去的100年中升高了10～25cm，并且大部分都源于地球温度的升高。随着气候变暖的持续，未来海平面将继续上升。⑥ 海平面上升不仅使地球上众多岛屿被淹没、海岸线被侵蚀，海岛上及沿海居民的生活将受到威胁。同时，还加剧了沿海地区的各种天气灾害。据估算，"到2100年，全球平均海平面升高幅度将达18～59cm，沿海及低海拔地区每年将有几百万人口遭到

---

① 关于气候变化的宏观影响，请参见中国气候变化网：《气候变化事实、趋势及其对社会经济的影响》，http：//www.ipcc.cma.gov.cn/Website/index.php? ChannelID=21&NewsID=126；以及陈光裕：《关注气候变化对经济社会发展的影响》，http：//www.china.com.en/xxsb/txt/2007—05/20/content-8716122.html，访问时间2009年8月22日。

② 例如全球变暖会使得高纬度国家俄罗斯和格陵兰岛地区升温，更充足的阳光将增加农作物的存活率和多产率，从而增收。

③ See Conference of Parties 5, *Understanding Climate Change: A Beginner's Guide to the U.N. Framework Convention and its Kyoto Protocol*, http://cop5.unfccc.de/convkp/begconkp.html, last visited on July 22, 2009.

④ See IPCC Report Ⅲ, 2001, pp.4-25.

⑤ 参见庄贵阳、朱仙丽、赵行姝：《全球环境与气候治理》，浙江人民出版社2009年版，第83页。

⑥ IPCC Report Ⅲ, 2001, pp.4-25.

淹没"。① 从全球来看，亚洲和非洲等小岛地区较脆弱，受影响的人口将最多。② 2007年印尼政府曾预测，由于全球变暖，在印尼约1.8万个岛屿中将有2000个小岛在2030年前被海水淹没，靠近南太平洋的一些小岛甚至将不复存在。③

3. 极端气候灾害频发。由于气候变暖，高温干旱加剧了部分地区的沙漠化和严重缺水，使得大气中能够形成降水的水分子增加，形成洪涝灾害进而造成部分地区强降水以及泥石流、山体滑坡的风险增加。

20世纪70年代以来，低纬度地区特别是非洲地区的持续干旱天气频繁严重，影响范围不断扩大。④ 在强降水方面，1996年、1997年的莱茵河洪水，1998年和2002年的东欧洪水，2004年的孟加拉国洪水（淹没了该国60%的土地）都是典型的例子。⑤ 最为显著的是，2004年12月26日印尼大海啸对东南亚及南亚地区造成巨大伤亡，远至波斯湾的阿曼、非洲东岸的索马里及毛里求斯、留尼旺等国家或地区，而受袭最严重的印度尼西亚总伤亡人数多达23万人。此外，台风和飓风的发生频率由20世纪70年代初的不到20%增加到21世纪初的35%以上。⑥ 2005年全球飓风灾害十分惨重。其中飓风"卡特里娜"成为有记录以来影响美国最严重的飓风。2007年夏天，东南亚地区遭遇三十年来最严重的洪灾，

---

① 姜冬梅、张孟衡、陆根法主编：《应对气候变化》，中国环境科学出版社2007年版，第35页。

② 参见庄贵阳、陈迎：《国际气候制度与中国》，世界知识出版社2005年版，第8页。

③ 参见韩良：《国际温室气体排放权交易法律问题研究》，中国法制出版社2009年版，第6~7页。

④ See http://ipccwg1.ucar.edu/wg1/Report/AR4WG1_Pub_SPM-v2.pdf, last visited on July 22, 2009.

⑤ 庄贵阳、朱仙丽、赵行姝：《全球环境与气候治理》，浙江人民出版社2009年版，第81页。

⑥ 参见罗勇：《气候变化评估的最新进展》，载王伟光、郑国光主编《应对气候变化报告2009——通向哥本哈根》，社会科学文献出版社2009年版，第70页。

造成三千多人死亡，数千万人受灾。2008年初，由于拉尼娜现象导致的大气环流异常，我国南方大部分地区和西北地区东部发生大规模罕见的降雪低温天气，造成严重的雨雪冰冻灾害。2009年4月中下旬，印度大部分地区出现持续高温，首都新德里气温一度高达43.5℃，为近50年来最热的4月。而在澳大利亚东南部2009年1月底至2月初遭遇高温热浪袭击，墨尔本1月30日的最高温度达45.1℃，此后连续3天高于43℃，为自1855年有相关记录以来的第一次。2009年11月19日，英国出现了40年一遇的罕见大风，之后又遭遇特大暴雨袭击，英国政府将这次暴风骤雨称为"千年一遇"。自进入2010年，欧洲多国遭罕见暴风雪侵袭，已造成数十人死亡，印度、韩国等国也出现极端天气；南半球则暴雨成灾、洪水泛滥。2010年1月26日，百年罕见的巴西暴雨持续达35天之久，已经造成至少62人死亡，大量公共设施被毁。2010年6月以来，欧洲、美国出现持续高温酷热天气，多国气温冲破数十年来的纪录；而亚洲暴雨成灾，台风侵袭，数个国家浸泡在一片洪水之中。

另外一种所熟知的灾害天气则是酸雨，其主要成分是硫酸和硝酸，是由人为排放的二氧化硫和氮氧化物转化而成的。全球化形势下，各国燃料消费量急剧增加，释放到大气中的二氧化硫和氮氧化物越来越多，在高空中发生化学反应形成酸雨降落到地面。酸雨造成森林的严重破坏和大量湖泊中鱼类种群的消失，并且对土地危害极大，影响农作物和植被的生存。同时酸雨还严重腐蚀建筑材料、金属结构和文物古迹。

21世纪全球气候仍将持续变化。中高纬地区降水可能增加，多数热带和副热带大陆地区降水量可能减少；台风和飓风风速更大、降水更强、破坏更严重；洪水发生频率可能更高；而在部分地区，可能会出现从未发生过的极端天气。

4. 水资源供求不足。作为生命之源，地球上水资源的总体积约为14亿立方公里，其中只有2.5%是淡水。而受到技术能力的限制，能为人类所用到的淡水总量约20万立方公里，仅占到地球淡水资源的0.57%，在整个地球水资源总量中不到0.014%。2006

年联合国第2期《世界水资源开发报告》指出:"全球用水量在过去一百年里增加了6倍,河流的掠夺式开发和全球变暖使得未来的水资源受到严重威胁。"① 全世界约有1/3的人口生活在中度或高度缺水的地区。在2008年12月召开的波兹南会议上,公约秘书处执行秘书伊沃·德博埃尔指出,"预计到2020年,非洲可能有2.5亿人口面临日益严重的水资源短缺危险。如果这一趋势得不到遏止,在30年内,全球55%以上的人口将面临水荒"。②

5. 对农业和生态系统的影响。农业是对气候变化反应最为敏感的产业部门之一。研究表明,农作物的种类和土壤特征、二氧化碳对农作物的影响、空气湿度、土壤湿度、矿物质成分、空气质量以及农作物的适应能力等因素之间的相互作用,使得农作物对全球变暖的反应相当脆弱。在低纬度地区,即使升温幅度较小,在干旱和热带地区,农作物产量将减少,并增加饥饿的风险。预计2050—2080年,气候变化将导致粮食贸易需求增加,大多数发展中国家将更加依赖粮食进口,粮价居高不下。

气候变化还引起了自然植被的地理分布和物种组成发生明显变化。全球气温和降雨形态的迅速变化,使得世界许多地区的农业和自然生态系统无法适应或者不能很快适应这种变化,造成大范围的森林植被破坏和农业灾害。

气候变化还会导致大量物种灭绝,生物多样性将会锐减。"根据2007年10月联合国环境规划署发布的《全球环境展望》,当前生物多样性锐减的速度是人类历史上最快的。在已经被全面评估的脊椎动物物种中,30%的两栖动物、23%的哺乳动物和12%的鸟类的生存受到威胁。第六次生物大灭绝时期已经来临,其主要原因

---

① The second UN World Water Development Report, *Water*, *A Shared Responsibility*, http://www.unesdoc.unesco.org/images/0014/001454/145405E.pdf, last visited on September 24, 2009.

② UNEP, *Global Environment Outlook 3 in 2002*, http://www.unep.org/geo/geo3/English/pdf.htm, last visited on October 23, 2009.

在于人类活动对气候变化的影响。"① 据估算，如果全球平均气温升高 1.5℃ ~ 2.5℃, 20% ~ 30% 的物种将濒临灭绝。②

6. 危害人类健康。全球气候变暖可能增加空气湿度和污染程度，尤其威胁着热带和亚热带的低收入人群，造成与高温相关的死亡和疾病流行。在一些居住稠密、资源短缺的人群地区，那些靠病菌、食物和水传播的疾病对气候状况变化十分敏感，疟疾和登革热等低纬度常见流行病发生范围将向更高纬度地区扩展。根据生态模型预测，如果二氧化碳加倍，热带病的立即发病率将从目前的每年 200 万~250 万增加到每年 250 万~380 万人次。③ 另外气候变化还增加了溺死、腹泻和呼吸疾病的风险，在不发达地区还存在着饥饿和营养不良问题。在发达地区也存在着热死亡、空调病和花粉过敏症等增加现象，与气候变化相关的社会心理压力和医疗费用也随之增加。④

二、气候变化的国际治理

（一）气候变化问题的全球性

虽然人类对气候变化并未完全了解，且当前科学界对气候变化问题的研究成果尚存争议，但这并不意味着研究这一问题毫无价值。现有的认知事实已经足以向我们昭示应对气候变化问题的紧迫性以及气候治理的必要性。

气候变化问题最显著的特征莫过于其影响的全球性。"它不是

---

① UNEP, *Global Environment Outlook 4*, http：//www.unep.org/geo/geo4/report/GEO-4_Report_Full_en.pdf, last visited on July 25, 2009.

② See 2007 IPCC Report Ⅳ Working Group Ⅰ, Summary for Policymakers: *The Physical Science Basis of Climate Change*, http：//www.ipcc.ch/pdf/assessment-report/ar4, last visited on July 12, 2009.

③ 参见佟新华：《基于清洁发展机制的东北亚环境合作研究》，长春出版社 2009 年版，第 19~20 页。

④ 参见罗勇：《气候变化评估的最新进展》，载王伟光、郑国光主编《应对气候变化报告 2009——通向哥本哈根》，社会科学文献出版社 2009 年版，第 72 页。

某一个国家或地区的事,而是全世界共同面对的,关系到整个人类生存和可持续发展的问题。"① 随着全球化进程的日益深入,人类所面临的生态环境问题越来越具有全球性。某一国排放的温室气体将会导致全球气候变化,从而影响其他国家。同样,一国采取措施限制本国温室气体排放,其他国家也将从中受益,产生"搭便车"现象。因此,应对气候变化需要各国合作,共同参与。

同时,现有的研究成果也足以引导和支撑我们去探索气候变化的应对机制。国际社会通过一系列气候变化国际法律制度的实施,整合了国家、国际组织、企业团体和全球市民社会的力量,建立起以国际合作和共同但有区别的责任为核心的国际气候治理体系,顺应了国际社会共同发展的这一内在要求。

(二) 两个层面:减缓与适应

2007年IPCC第四次报告指出,气候变化的速度比原先估计的更快,要想将升温幅度控制在2℃范围以内,必须在2015年前后使全球温室气体排放量达到最高值。面对全球气候变化及其带来的巨大危害,国际社会必须作出选择。减缓和适应是人类应对气候变化的两大途径。减缓(Mitigation)是通过人为干预,从源头上减少温室气体排放或增加温室气体的汇②。要想控制大气中温室气体排放浓度的增长,除了减少排放以外,还可以通过各种方式例如碳汇项目把排放到大气中的温室气体重新吸收起来。另一途径为适应(Adaptation),针对实际发生的或预期将会发生的气候变化或其后果所进行的自然系统或人类系统调整,以降低气候变化所带来的危

---

① 苏长和:《全球公共问题与国际合作:一种制度的分析》,上海人民出版社2000年版,第10页。

② 汇(Sink),指物质归结之所在,自然界的碳被固定在海洋、土壤、岩石和生物体中,这些都是汇。碳汇是指森林吸收并储存二氧化碳的量,即森林吸收并储存二氧化碳的能力。森林的生长可以吸收并固定二氧化碳,一旦森林被破坏,就变成了二氧化碳的排放源。因此,汇项目也是当前温室气体减排的重要项目之一。京都机制中的汇是指从大气中消除温室气体气溶胶或温室气体前体的任何过程、活动和机制。参见 http://china.findlaw.an/fagui/guojifa/gi/23/21870_2.htm,访问日期:2009年9月22日。

害或充分利用气候变化所带来的各种机遇。

虽然有计划的适应措施是减缓气候变化的重要补充手段，但是适应措施的滞后性、实施效果的不确定性，加上较高的成本，使得其无法避免气候变化所带来的损害。大自然本身的温室气体排放我们无法阻挡，但是我们可以通过各种努力减少人类活动排放。根据2007年IPCC第三工作组的报告，只要提供适当激励机制并增加研发投资，利用现有的技术就能够减少温室气体排放。因此，在这两大途径中，国际社会更倾向于采取积极的减缓措施来抑制温室气体排放的速度和总量，这也是当前国际气候合作与治理的方向。

（三）国际气候变化机制的发展进程

当前气候变化问题的基本应对途径是通过国际气候谈判，建立起国际气候变化机制。在气候变化问题领域，国际社会通过谈判和协商共同制定一系列的行为规范和环境规约。国际气候变化机制的演进是当今世界解决全球性环境问题过程的一个缩影。气候变化博弈背后的经济利益之争和地缘政治之争，构成了国际气候合作与治理的国际大背景。[1]

从1990年联合国启动气候公约的谈判算起，迄今为止国际气候制度的演进大约经历了以下三个阶段：第一阶段1990—1994年，《联合国气候变化框架公约》谈判启动到签署和生效的过程。这一阶段主要确定了应对气候变化的总体框架和基本目标以及各国的基本义务。第二阶段1995—2005年，《京都议定书》的谈判和签署生效阶段。它主要是讨论公约的具体实施，规定了附件一国家的具体减排指标，并引入了"京都三机制"。第三阶段从2005年至今，也称之为后京都时代，谈判主要围绕着第二承诺期内附件一国家的减排义务和进一步完善京都机制的执行机制来展开。

一般来说，1992年的《联合国气候变化框架公约》和1997年的《京都议定书》构成了气候变化机制的基本组成部分，是我们

---

[1] 庄贵阳、朱仙丽、赵行姝：《全球环境与气候治理》，浙江人民出版社2009年版，第260页。

探讨国际气候变化机制的主要国际法律依据。从公约生效以来，每年都要举行《联合国气候变化框架公约》缔约方会议（以下简称缔约方会议），就公约的履行等具体问题进行磋商。从1995年第一次柏林缔约方会议至今，已召开了15次会议。① 其中第一次到2004年第十次都是围绕《京都议定书》的起草、签署和生效，这一时期也被称为"京都时代"，所建立的气候变化机制被称为"京都机制"。从2005年第十一次会议开始，公约缔约方会议与《京都议定书》缔约方会议同时召开，至今共举行了五次，其主题围绕第二承诺期内（根据《京都议定书》规定2008—2012年为第一承诺期，当前即将到期，2013—2017年称为第二承诺期）气候变化问题的应对和对京都机制的完善，因此也被称为"后京都时代"。

（四）政府间气候变化专门委员会的评估报告

IPCC（Intergovernmental Panel on Climate Change）② 即政府间气候变化专门委员会，它是1988年由世界气象组织和联合国环境规划署联合设立的机构，以评估有关气候变化的科学、技术和社会经济信息、潜在影响和各种适应和降低危害的选择。该机构向所有联合国和世界气象组织的成员开放，并独立于《气候变化框架公约》及《京都议定书》。

IPCC的主要工作是出版气候变化评估报告以及多种议题的技术报告、方法报告和特别评估报告，它是对气候变化领域内的全球现有科研成果的最新总结，具有高度的权威性。其报告的主要内容包括：气候和气候变化科学知识的现状；气候变化，包括全球变暖的社会、经济影响的研究和计划；对推迟、限制或减缓气候变化影响可能采取的政策；确定和加强有关气候问题的现有国际法规以及

---

① 参见文末表1《联合国气候变化框架公约》和国际气候治理的发展历程。

② 详情参见官方网站 http://www.ipcc.ch/.

将来可能列入国际气候公约的内容。①

　　截至目前，IPCC 共发布了 4 次评估报告。1990 年第一次评估报告确认了有关气候变化问题的科学基础，它促使联合国大会作出制定《联合国气候变化框架公约》的决定，启动了公约的谈判。1995 年第二次评估报告为系统阐述公约的最终目标提供了坚实的科学基础，在《京都议定书》的谈判中发挥了重要作用。② 2001 年第三次评估报告为各国政府制定应对气候变化的政策提供了坚实基础，为《京都议定书》的最终生效起到了决定性作用。2007 年第四次评估报告在吸纳此前三次报告和六年间的最新科研成果的基础上，对当前气候变化的主要原因、科学事实进行阐述，并对未来的气候变化趋势进行了预测。该报告指出，现有各种技术手段和许多在 2030 年以前具有市场可行性的低碳和减排技术，可以实现低成本的有效减排。该报告还认为，通过国际合作的一致行动以及合理的政策措施，可持续发展与减排之间并不矛盾，还可以相互促进，最终实现公约中"将温室气体浓度控制在较低水平的"长期目标。这些结论为后京都时代的国际谈判和各国国内气候政策的制定提供强有力的证据。③

　　IPCC 的评估报告对气候变化国际谈判产生了重要影响，其研究成果影响着国际谈判的进程，在国际气候变化事务中持续发挥着不可估量的作用。值得注意的是，2008 年 8 月 IPCC 正式开始了第五次评估报告工作，预计将于 2014 年完成。新报告主要关注未来气候变化的趋势和影响程度，以期为后京都机制的发展指明方向。同时，新报告还将加强气候变化的经济学分析，以及对区域气候变化的科学评估。

---

① See http://www.ipcc.cma.gov.cn/Website/index.php?ChannelID=16&NewsID=128, last visited on September 26, 2009.

② See http://www.ipcc.ch/pdf/climatechanges-1995/ipcc-2 nd-assessment/2 nd-assessment-cn.pdf, last visited on September 26, 2009.

③ See http://www.ipcc.ch/pdf/assessment-report/ar4/syr/ar4_syr_cn.pdf, last visited on September 26, 2009.

第二节 清洁发展机制的内涵与特点

一、清洁发展机制的由来及概念

在《联合国气候变化框架公约》的谈判进程中,虽然发达国家同意率先承担温室气体减排的义务,但同时指出应当允许发达国家采取灵活的措施和行动来实现减排目标,包括允许其在境外减排。如前文所述,气候变化的影响具有全球性,因而减少温室气体的排放也应当具有全球性的环境效益,在世界上任何地方进行的减排活动都能起到减排效果。但由于各地区经济条件的不同,在不同国家和地区进行的相同的减排活动所需的成本可能会有较大的差异。按照国际经济学比较优势理论,如果在一个国家生产某种商品具有较低成本的比较优势,外资就有可能被吸引到这个国家该种商品的生产中来。CDM 就可以被理解为这样一种跨国贸易和投资机制:某一削减温室气体成本较高的国家为了避开高额的削减成本而到另一个削减成本较低的国家去投资项目,从而产生实际削减效果,以此换取本国所需要的削减额度。如果这样的投资符合东道国的产业政策以及整体可持续发展战略,同时投资国又可以降低其自身为履约而产生的额外成本,交易就可以使双方受益。

以此思想为指导,1997 年的《京都议定书》中确定了基于市场的三种温室气体减排机制:联合履行机制、国际排放贸易机制和清洁发展机制。在议定书所确定的三机制中,只有 CDM 与发展中国家有关,"且对发展中国家意义最大"①。

CDM 源于巴西在京都会议上提出的"清洁发展基金"。1997 年 5 月,巴西代表团提出,由于历史的累积排放,发达国家对温室气体排放负有较大的历史的和现实的责任,从污染者付费和公平原

---

① Paul Curnow, Supplementarity and the Flexibility Mechanism under the Kyoto Protocol: How Flexibility is "Flexible"? *Asia Pacific Journal of Environmental Law*, Vol. 6, No. 2, 2001, p. 167.

则出发，发达国家应该先承担减排义务；对完不成减排义务的发达国家应根据其违约程度处以议定的罚金，并将取得的资金作为"清洁发展基金"，用于发展中国家减缓与适应气候变化的项目。"清洁发展基金"受到广大发展中国家的欢迎，但是发达国家对此提案态度并不积极。在这种情况下，美国代表借用了巴西提案的该名词，提出了"清洁发展机制"。当发达国家在国内不能完成减排目标时，其不足部分可以通过对发展中国家资金援助的形式，共同实施有助于减缓气候变化的减排项目以获得经核证的减排量。美国的提案取消了针对发达国家的违约罚金机制，使之成为发达国家为降低减排成本而寻求海外减排机会的重要途径。这一提案最终在《京都议定书》中得以确立为清洁发展机制（CDM），并在随后的缔约方会议中不断完善其运行规则。

《京都议定书》第12条对CDM规定如下[①]：

1. 兹此确定一种清洁发展机制。

2. 清洁发展机制的目的是协助未列入附件一的缔约方[②]实现可持续发展和有益于公约的最终目标，并协助附件一所列缔约方实现遵守第3条规定的其量化的限制和减少排放的承诺。

3. 依清洁发展机制：

（a）未列入附件一的缔约方将获益于产生经证明的减少排放的项目活动；

（b）附件一所列缔约方可以利用通过此种项目活动获得的经

[①] 关于《京都议定书》中第12条所规定的CDM的内容来自于《京都议定书》中文翻译本。

[②] 在《联合国气候变化框架公约》中，缔约方被分为附件一缔约方、附件二缔约方和其他缔约方。其中附件二包括美国、英国、德国、日本、土耳其等24个国家和欧盟，附件一包括附件二中的国家以及正在朝市场经济过渡的国家，主要是东欧国家和独联体成员。这两类国家都称为发达国家，它们与发展中国家的义务都不相同。这与我们通常所理解的发展中国家和发达国家的划分方法也不同，通常经合组织的成员都被认为是发达国家。但是，在《联合国气候变化框架公约》中，墨西哥和韩国这两个经合组织的成员都没有被要求与发达国家承担相同的义务。

证明的减少排放，促进遵守由作为本议定书缔约方会议的公约缔约方会议确定的依第3条规定的其量化的限制和减少排放的承诺之一部分。

4. 清洁发展机制应置于由作为本议定书缔约方会议的公约缔约方会议的权力和指导之下，并由清洁发展机制的执行理事会监督。

5. 每一项目活动所产生的减少排放，须经作为本议定书缔约方会议的公约缔约方会议指定的经营实体根据以下各项作出证明：

（a）经每一有关缔约方批准的自愿参加；

（b）与减缓气候变化相关的实际的、可测量的和长期的效益；

（c）减少排放对于在没有进行经证明的项目活动的情况下产生的任何减少排放而言是额外的。

6. 如有必要，清洁发展机制应协助安排经证明的项目活动的筹资。

7. 作为本议定书缔约方会议的公约缔约方会议，应在第一届会议上拟订方式和程序，以期通过对项目活动的独立审计和核查，确保透明度、效率和可靠性。

8. 作为本议定书缔约方会议的公约缔约方会议，应确保经证明的项目活动所产生的部分收益用于支付行政开支和协助特别易受气候变化不利影响的发展中国家缔约方支付适应费用。

9. 对于清洁发展机制的参与，包括对上述第3款（a）项所指的活动及获得经证明的减少排放的参与，可包括私有和/或公有实体，并须遵守清洁发展机制执行理事会可能提出的任何指导。

10. 在自2000年起至第一个承诺期开始这段时期内所获得的经证明的减少排放，可用来协助在第一个承诺期内的遵约。

根据议定书第12条规定，CDM的主要内容可以概括为：在议定书范围内，允许附件一发达国家缔约方与非附件一发展中国家缔约方进行合作，在附件一缔约方境内实施温室气体减排项目。发展中国家可由此获得可持续发展的先进技术和资金，而发达国家也可用技术到发展中国家换取能源产业的发展，从而大幅度降低其在本国减排的成本。发达国家通过提供资金和技术的方式，与发展中国家开展项目级的合作，在发展中国家进行既符合可持续发展政策要求，又产生温室气体减排效果的项目投资，由此换取投资项目所产生的部分或者全部减排额度，作为其履行京都机制下减排义务的组成部分，这个额度在清洁发展机制中被定义为"经核证的减排额度"（Certified Emission Reductions，简称 CERs①）。

二、清洁发展机制的市场基础：温室气体排放权交易制度

（一）排放权交易的理论基础②

毋庸置疑，只要有人类的生产与生活就会有排污行为发生。大自然的环境承载力是有限的，随着人类社会的不断前进，当人类排污超过了环境容量③就会产生环境问题。④ 由于经济的快速发展，温室气体排放资源的需求量大大增加，当各国对此资源的需求超过国内排放界限时，要么提高能源利用效率或抑制经济发展；要么不改变经济发展的现状，在环境资产交易市场上购买所需的排放量。理性的经济主体在比较了两种获取途径之后，会选择成本较低的方式获取排放资源。如果国家自行削减的成本过高，就会选择购买排

---

① 1CER 等于 1 吨二氧化碳或等效的其他温室气体的排放指标。

② 关于排放权交易的理论基础和性质，详见肖鹏、郝海清：《排污权交易的若干法律问题探析》，载王金南、毕军主编：《排污交易：实践与创新——排放交易国际研讨会论文集》，中国环境科学出版社 2009 年版，第 80~83 页。

③ 也称为环境的自净能力，环境容量是指在一定的环境质量目标下，环境可容纳污染物质的最大量。根据生态平衡原理及"负载定额"规律，在一定限度内，自然界对于人类在生产生活过程中排放的废弃物能自动进行容纳、吸收和消化，即环境具有自净能力。当污染物的排放在限度之内时，这种自净功能可以维持生态环境的正常运行，但当污染物的排放超过限度时，这种自净功能就会破坏而出现环境污染和生态失衡。这里所说的"一定限度"就是指环境容量，也称为环境承载力。

④ 参见高利红、余耀军：《论排污权的法律性质》，载《郑州大学学报（哲学社会科学版）》2003 年第 3 期，第 83 页。

放量。于是,一个创造性的思想,即排放交易便应运而生。① 与此同时"一项新型的权利——排放权也进入了法学的研究视野"②。这就是温室气体排放权交易的社会与经济渊源。

1968年,美国经济学家戴尔斯(J. H. Dales)在其《污染、财产与价格:一篇有关政策制定和经济学的论文》一书中首次提出了排放权交易(Emissions Trading Program)的理论,同时界定了排放权,"即是指权利人在符合法律规定的条件下向环境排放污染物的权利"③。排放权最大的特点在于它是对环境容量的限量使用权。排放权是与环境容量资源的稀缺性相联系的,它并不是指企业拥有污染环境的权利,而是"现实经济活动中由环境资源的产权主体向企业配给的有限制的污染排放权"④。作为人们对环境容量的使用权,它包括:利用权,即排放权人向环境排放废水、废气等污染物的权利;收益权,即排放权人可利用已获得的排污权获取正当利益,如在排污交易中通过转让排放权取得经济收益等;请求保护权,即排放权人有权禁止他人妨碍其行使权利,对非法妨碍者有权请求法律保护,如请求排除妨碍或者赔偿损失。⑤

排放权交易的核心在于建立合法的污染物排放权利,并将其通过排放许可证的形式表现出来,令环境资源可以像商品一样买卖。目前,在解决温室气体排放问题中,排放权交易成为了控制温室气

---

① 关于排放权交易的经济效益和环境功能,主要体现在低成本减排的灵活性方面,see David Harrison Jr. and Per Klevnas and Albert L. Nichols and Daniel Radov, Using Emissions Trading to Combat Climate Change: Programs and Key Issues, Ali-Aba Course of Study Materials: *Clean Air: Law, Policy, and Practice*, Cosponsored by the Environmental Law Institute, December 2008, p. 3.

② 龙平川、吴建丽:《"排污权交易"之中国试验》,http://www.dffy.com/,访问日期:2009年7月11日。

③ A. Denny Ellermann, *Market for Clean Air-The U.S Acid Rain Program*, Cambridge University Press, 2000, p. 6.

④ 耿世刚:《排污权的产权性质分析》,载《中国环境管理干部学院学报》2003年第3期,第10页。

⑤ 参见高来龙:《排污权交易法律制度研究——以火电厂二氧化硫排污交易为例》,清华大学2006年法律硕士论文,第5页。

体排放的重要手段。① 由于二氧化碳是最普遍的温室气体，也因为其他五种温室气体根据不同的全球变暖潜能，都是以二氧化碳来计算其最终的排放量，因此国际上也把温室气体排放权交易市场简称为碳交易市场。

在发达国家与发展中国家之间，由于经济发展水平或劳动力成本等多种条件的差异，使得两者的温室气体边际减排成本不同。通过对不同地区产生的减排量进行贸易，可以在全球范围内实现资源的最优配置，以相对较小的成本来获取最大的减排效益。"在满足减排限额的同时使减排的总成本降至最低，这便是 CDM 项目产生的 CERs 运行的经济学基础。"②

（二）清洁发展机制是温室气体排放权交易制度的新发展

温室气体排放权交易是指排放者在环境保护主管部门指导和监督下，依据有关法律法规，通过市场交易机制，平等、自愿和有偿地转让温室气体减排后的多余指标，通过以实现温室气体排放总量的削减，取得较低成本的减排效果，从而保护和改善气候环境质量的行为。"排放权交易制度则是关于排放指标的转让程序、方式、法律效力和监测监督的法律规定的总称。"③

温室气体排放权交易的原理可以概述为：首先由国际社会根据全球的环境质量目标，评估全球的环境容量；然后确定全球的温室气体的最大允许排放量，按照一定的标准，将其分割成不同的排放量分配给议定书缔约方；为了对各国分得的排放量进行再次分配，建立起排放权交易制度和交易市场，以供不同国家对其排放量的合法流转。④ 在 CDM 中，买方获得的减排指标是由具体的合作项目

---

① See http://finance.sina.com.cn/roll/20100131/09353204766.shtml, last visited on September 16, 2009.

② Nieholas Stern, *The Economies of Climate Change: the Stern Review*: Cambridge University Press, 2007, pp.19-23.

③ 韩良：《温室气体排放权交易法律问题研究》，中国法制出版社 2009 年版，第 45 页。

④ 参见韩良：《温室气体排放权交易法律问题研究》，中国法制出版社 2009 年版，第 45 页。

产生，该减排量必须经过 CDM 执行理事会核证后才予以确定。

从本质上分析，排放权交易制度，属于基于市场的环境政策工具，它鼓励环境主体通过市场信号作出行为决策，而不是为环境主体制定明确的减排任务或方法。它在促使经营者和各参与方追求自身利益的同时，客观上促使减排任务的实现。CDM 项目合作中，项目所在国或东道国政府通过控制 CERs 在市场的交易来实现其目标：通过排放权交易制度把排放问题资本化，把具体的行政管理行为市场化，在创造出新的资本形式的同时，还具有较强的市场化程度。这一制度安排既符合环境的公共物品属性，又具有政府宏观调控的效果。这种政策工具力求使参与方的边际减排成本相等，此时，减排成本最低的经营实体被激励去进行最大量的减排。从这一角度而言，CDM 的本质就是实现排污权的可交易，明晰环境问题中所涉及的产权问题，用市场经济的灵活调控方式来取代生硬的罚款或者行政约束，同时尽量做到在世界范围内的减排成本最小化。

《京都议定书》的生效意味着排放权经济时代的到来，它为全球创造出了一种新的产品：温室气体排放权，并且被迅速商品化。当前，排放权交易在国际市场发展非常快。据世界银行估算，2008—2012 年全球每年的二氧化碳排放配额需求量达到 7 亿～13 亿吨，由此形成了一个年交易额高达 140 亿～650 亿美元的国际温室气体排放配额的贸易市场。① 从其发展的特点看，排放权交易既存在于发达国家之间，更存在于发达国家与发展中国家之间，因为绝大部分发达国家根本无法单独完成议定书中规定的减排任务。CDM 作为一种新型的排放权交易机制和载体，既为全球温室气体减排行动提供了有利的合作机会，更为世界低碳经济的转型提供了有利的契机。

归结起来，与传统的排污权交易相比，CDM 的创新之处主要在于：

首先，传统的排污权交易对双方都有排放限定，为了完成许可

---

① 参见胡迟：《排污权交易的最新发展及我国的对策》，载《中国经济时报》2007 年 2 月 27 日第 3 版。

量至少等于排放量这个目标买卖许可，双方都有可能成为交易的买方或者卖方。而 CDM 下 CERs 只能由非附件一国家卖给附件一国家。因为在《京都议定书》中只有发达国家作出了承诺，而发展中国家并没有承诺减排指标。

其次，交易开展的地理范围不同。"由于《京都议定书》是以国家为单位签署的协议，并以国家为单位计算减排量，所以 CDM 项目的合作都是国家间的合作，是全球范围内的合作。"[①] 而传统的排污权交易通常局限在某一个国家或地区内部，很少超出一国范围。

最后，与传统的排污权交易只限于主体内部之间技术传播不同，CDM 在全球层面推动了节能减排先进技术的转移。这既包括附件一国家向非附件一国家提供的技术转让援助，也包括其所提供的资金援助，都成为非附件一国家加快经济发展的重要助推力。

三、清洁发展机制的性质与特点

（一）清洁发展机制是附件一各国国内减排的补充性手段

CDM 允许发达国家在发展中国家开展减排项目来获取减排额度，作为其履行京都机制下义务的一部分。"OECD 的一项调查报告显示，京都机制下 31%~55% 的减排目标是可以通过 CDM 得以实现的。联合国可持续发展中心的调研则表示这一比例将高达 57%。"[②] 相比较第一承诺期的巨大减排任务额以及 CDM 给发达国家在节能降耗、提高能效上的低成本优势，更凸显了 CDM 的补充性。

但是对于 CDM 是否作为附件一国家国内减排的补充地位，依

---

① 王江、赵莉：《中国开展 CDM 的理论与实践研究》，载《未来与发展》2009 年第 1 期，第 8 页。
② See Ian H. Rowlands, The Kyoto Protocol's Clean Development Mechanism: A Sustainability Assessment, *Third World Quarterly*, Vol. 22, No. 5, 2001, p. 801.

然充满争议。① 其焦点在于：适用境外减排是否有量化的限制。考虑到温室气体的流动性特征，减排行动的地区差异从全球范围来讲，其效果是一样。而境外减排的实施有利于先进技术的扩散，对于发达国家来说，既可以节约减排成本，又可以避免减排技术的重复投资和重复利用。据统计，使用 CDM 比使用其他减排机制，能节约发达国家减排成本的 20%～50%。因此，部分国家如美国提出反对对 CDM 机制的应用进行限制，主张以最低的成本获得环境效益，并提出为了履行本国承担的减排义务，不应局限于获取减排额度的方式。②

而另一方面，比起不适用 CDM 项目而言，长期大量的境外 CDM 项目在发展中国家实施将可能导致全球排放量的增加。因此，绝大部分国家是赞成对于 CDM 的境外减排必须实施量化控制。欧盟国家一直主张减排行动首先应当在本国进行，通过 CDM 获取的减排额度只能作为本国国内减排行动的补充，并且应当限制在减排总体指标 50% 的比例范围内。

（二）清洁发展机制是一项双赢性机制

CDM 是发达国家与发展中国家之间的一项"双赢"（Win-Win）机制。"由于发展中国家技术普遍比较落后，同时又处在经济高速增长的时期，与温室气体排放密切相关的能源、交通、住房等基础设施及部分高耗能工业部门都具有较高的增长潜力。"③ 因此，无论是使用清洁的可再生能源，还是提高现有的能源使用效率，都需

---

① See Conference of the Parties, *Principles, Nature and Scope of the Mechanisms Pursuant to Articles* 6, 12 and 17 *of the Kyoto Protocol*, Decision 15/CP.7, 7th sess, 8th plen mtg, 2, UN Doc FCCC/CP/2001/13/Add.2 (21 January 2002), http：//unfccc.int/resource/docs/cop7/13a02.pdf#page=2, last visited on September 19, 2009.

② See Ian H. Rowlands, The Kyoto Protocol's Clean Development Mechanism: A Sustainability Assessment, *Third World Quarterly*, Vol.22, No.5, 2001, pp.802-803.

③ 金萍：《促进 CDM 项目合作的问题与对策》，载《国际经济合作》2008 年第 4 期，第 92 页。

要引进先进技术，改造现有的落后设备，引进外资弥补国内资金的不足，这无疑为 CDM 项目提供了潜在的广阔空间。"对于发展中国家而言，通过参加 CDM 项目合作可以获得额外的资金和先进的环境技术，从而促进本国可持续发展。"①

而对于发达国家而言，其基础设施建设均已完成，更新改造周期长，置换费用较高，一般而言削减成本也相应较高。发达国家企业为了从这样一种减排差额中获取收益，将有动力在发展中国家投资，寻求旨在实现温室气体减排目标的国际合作。"由于获得的 CERs 成本远低于其采取国内减排行动的成本，发达国家政府和企业通过参加 CDM 项目可以大幅度降低其实现减排义务的经济成本。"② 发达国家的政府可以获得项目产生的全部或者部分 CERs，并用于履行其在议定书下的温室气体减排义务。"对于发达国家的企业而言，获得的 CERs 既可以用于履行其在国内的温室气体减排义务，也可以在相关的市场上出售获得经济收益。"③

由此可见，CDM 就是以"资金+技术"来换取"经核证的减排额度"。④ CDM 的出现在南北合作的关系史上是一个突破。"气候变化国际法所设立的 CDM，为陷入停顿的南北经济合作关系注入新的活力，为公约附件一和非附件一缔约方之间开辟了新的交流渠道"⑤，是气候变化应对机制的第一阶段（发达国家减排）向第

---

① 迟远英：《基于低碳经济视角的中国风电产业发展研究》，吉林大学 2008 年博士学位论文，第 35 页。

② 迟远英：《基于低碳经济视角的中国风电产业发展研究》，吉林大学 2008 年博士学位论文，第 35 页。

③ 王馨：《雄县地热供暖工程及 CDM 机制应用研究》，天津大学 2007 年硕士学位论文，第 7 页。

④ See Kevin A. Baumert, Participation of Developing Countries in the International Climate Change Regime: Lessons for the Future, *George Washington International Law Review*, Vol. 38, No. 2, 2006, pp. 383-384.

⑤ Lavanya Rajamani, Re-negotiating Kyoto: A Review of the Sixth Conference of Parties to the Framewok Convention on Climate Change, *Colorado Journal of International Environmental Law & Policy*, Vol. 12, No. 3, 2001, p. 205.

二阶段（发展中国家参与减排）过渡的桥梁。

（三）清洁发展机制的运行以项目为基础，以市场为导向

CDM 是以项目为基础的机制。根据《京都议定书》第 12 条第 5 款规定，CDM 项目的实质性条件为：项目所带来的必须是额外的、实际的、可测量的和长期的效益，并且对于在没有进行经证明的项目活动下产生的任何减少排放而言是额外的。[1] 根据额外性要求，项目开发人员必须建立一个基线排放情景，以对比检测项目产生的效果，并根据排放量基准和实际排放量之间的差异来计算减排额度（CERs）。每一个具体的 CDM 项目的实施程序和效果根据项目所涉及的具体能源类型、程序繁简、实施规模等差异而不同。在项目运行之初，项目业主首先必须进行项目识别和项目设计，在其可行性获得批准以后才能付诸实践。

同时，发达国家和发展中国家之间在 CDM 上的合作是以市场为导向的。CDM 项目的最终产品 CERs 的交易，其实是一种法律拟制交易。它将一般意义上不能构成物权客体的温室气体环境容量资源导入拟制市场交易的环节，构成一种无形物的交易市场。在 CDM 交易中，有的买方以股权或者贷款的方式投资于项目市场，获得项目的减排量；有的买方直接购买市场上的减排量，不进行项目投资。而且在国际市场上，CERs 的交易价格主要是根据市场调节后由合同约定的方式来加以确定的，足见其市场导向性。

（四）发展中国家参与清洁发展机制项目的自愿性

议定书并没有明确规定发展中国家在其国内有必须开展 CDM 项目的义务，也没有关于发展中国家利用从 CDM 项目中获取的 CERs 来完成其减排目标的规定。发展中国家参与项目的根本宗旨在于充分利用项目合作的机会，促进本国的可持续发展，议定书对东道国政府的唯一要求是它必须积极促进本国境内的 CDM 项目实施。因此，"CDM 在发展中国家的具体实践在很大程度上将取决于

---

[1] Kyoto Protocol Article 12 (5).

东道国政府的态度"①。只有东道国采取积极自愿的配合措施才能促成高效的 CDM 项目运行。甚至有学者提出"促进发展中国家的可持续发展才是 CDM 的首要目标,协助附件一国家完成减排目标则是其次"②。

第三节 清洁发展机制的基本制度

一、清洁发展机制的管理体制

CDM 在管理制度上的最大特点是其国际与国内双重管理体制。在国际层面,主要是公约和议定书所设立的管理机构,包括缔约方大会、根据缔约方会议决议成立的执行理事会,以及实施执行理事会职责的具体专家组或工作组。在国内层面,CDM 项目运行主要由项目所在国的指定国家权力机构来加以管理。③

(一)清洁发展机制的国际管理机构及其职责

1. 公约和议定书的缔约方大会。在国际层面,《联合国气候变化框架公约》缔约方大会(COP,Conference of Parties)与《京都议定书》缔约方会议(MOP,Meeting of Parties),作为最高决策权力机构,可以就 CDM 的规则、相关参与者资格以及各种管理问题作出最终的决定。除非缔约方另有规定,COP/MOP 每年必须要举行一次缔约方大会,且两会同时召开。但是由于其最终决策性以及开会频率的缘由,缔约方大会仅可能就一些重大的问题作出决策。

具体而言,缔约方大会在 CDM 方面的权力包括:对 CDM 的决定和指导权;通过执行理事会的议事规则,决定执行理事会关于程

---

① Kevin A. Baumert, Participation of Developing Countries in the International Climate Change Regime: Lessons for the Future, *George Washington International Law Review*, Vol. 38, No. 2, 2006, p. 390.

② Jennifer P. Morgan, Carbon Trading Under the Kyoto Protocol: Risks and Opportunities for Investors, *Fordham Environmental Law Review*, Vol. 18, No. 1, 2006, p. 157.

③ 参见文末附录中 图 3 CDM 项目参与方之间的关系。

序、规则的推荐；决定执行理事会所认证、委派的指定经营实体（DOE）；审查执行理事会的年报；对经营实体和 CDM 项目活动在世界各地的发展和分布进行审查，并采取适当决定促进对发展中国家这类实体的认证；必要时协助 CDM 项目活动资金的筹集和安排等。

同时，公约还设有两个常设性的下属机构：科技咨询下属机构（SBSTA, Subsidiary Body for Scientific and Technological Advice）和执行下属机构（SBI, Subsidiary Body for Implementation），这两个机构在授权范围内为 COP 和 MOP 提供咨询建议，每年至少两次同时碰面开会。

2. CDM 的执行理事会。执行理事会①（EB, Executive Board）是在缔约方会议的指导下具体管理 CDM 的运行和规则指定、监督 CDM 项目活动的实施，并对缔约方会议完全负责的机构。执行理事会定期召开大会，讨论 CDM 执行过程中的各种问题，并就方法学、项目申请以及执行程序等问题讨论的结果形成会议报告递交缔约方会议，并向公众公布。

作为 CDM 最重要的管理机构，执行理事会的主要职责包括：向 COP/MOP 提交执行理事会程序规则的建议；向 COP/MOP 提交关于 CDM 的进一步规则和程序的建议；根据委派标准负责委派指定经营实体（DOE）；审批关于项目基准线、监测计划和项目边界确定方面的新方法学和指南；审核有关小规模 CDM 项目活动的简化模式、程序和有关定义，并在需要时向 COP/MOP 提交建议；向公众提供已批准的规则、程序、方法学和标准的资料；开发和维护 CDM 的登记系统；审核批准 CDM 项目的注册；签发项目所产生的 CERs 等。

可以看出，在履行其职责的过程中，执行理事会有机会获得大量与 CDM 项目有关的信息。为了维护项目参与者的权益，执行理事会从项目参与方获得的、标明为专有或机密的信息，未经信息提

---

① For information about the Executive Board, see UNFCCC, CDM: Executive Board, http://cdm.unfccc.int/EB.

供者书面同意不得透露,除非相关国家的法律另有规定。但用来确定额外性、描述基准线方法及其应用的信息以及用来说明环境影响评价的信息不被视为保密信息。

根据公约规定,执行理事会必须每年开会不少于3次。执行理事会的10名成员均来自于批准了《京都议定书》的其中10个国家。在达成会议决定过程中,必须有3/4多数的到会委员表决同意方能通过,且之中至少有2/3的执行理事会委员参会到场,并代表了附件一国家的多数和非附件一国家的多数,才符合与会法定人数要求。在2005年召开的议定书第一次缔约方会议决议中明确规定了CDM执行理事会的成员产生办法:在10名成员中,联合国五大区域每个区域各1名,此外,2名来自附件一缔约方,2名来自非附件一缔约方,1名来自发展中国家小岛国集团。[①]

3. 专家组或工作组。根据《马拉喀什协定》的授权,执行理事会下设若干个专家组或工作组(Panels and Working Groups),以协助执行理事会的管理和监督机制的运行。执行理事会可以从公约的专家库中选择人才,但应该充分考虑各地区的平衡。

目前设有5个专家组或工作组,分别为:

方法学专家组(MP, Methodology Panel):该组负责向执行理事会推荐CDM项目的各种基准线和监测方法学,项目设计文件的修改等。执行理事会的2名委员同时担任该专家组的正副主席,包括这2名委员,专家组共有15名成员。

小规模CDM项目活动工作组(SSC WG, Small-scale CDM Working Group):负责向执行理事会推荐小规模项目活动的基准线和监测方法学。由执行理事会的2名候补委员担任正副主席,包括这2名候补委员,工作组一共有5名成员,而其中的2名还应来自方法学组。

造林和再造林项目活动工作组(ARWG, Afforestation and Reforestation Working Group):负责向执行理事会推荐关于造林和

---

① See Decision adopted by the Conference of the Parties serving as the meeting of the Parties to the Kyoto Protocol, UNFCCC/KP/CMP/2005/8/Add.

再造林项目活动的基准线和监测方法学,项目设计文件的修改等。执行理事会的2名候补委员担任正副主席。包括这2名候补委员,该工作组最初一共有7名成员。

注册和签发组(EB-RIT, Registration and Issuance Team):对CDM项目的注册和签发CERs的请求进行评估。评估它们是否符合执行理事会的要求和经营实体是否作出了正确的核证、核查。该组的成员不少于20人。

CDM委派专家组(CDM-AP, Accreditation Panel):也成为DOE资格审定专家组,负责向执行理事会推荐关于申请实体(AE, Application Entity)的委派,关于指定经营实体(DOE)的资格暂停、取消或再委派。包括执行理事会委员所担任的正副主席,该专家组由6人组成。在委派专家组下面还设有CDM的委派评价组(CDM-AT, Accreditation Assessment Team),承担起对所申请经营实体的评价,并向委派专家组提交评价报告。该组由1名负责人和至少2名委派专家组成员构成,执行评价工作。

(二)清洁发展机制的国家管理机构及其职责

CDM的国内管理主要由项目参与国的指定国家权力机构①(DNA, Designated National Authority)来负责的。指定国家权力机构是参加CDM的附件一或者非附件一各国必须指定的一个权力部门,它可以是某国的环境部门、气象部门或者气候变化办公室,甚至其他权力机构,例如中国的国家发展和改革委员会。指定国家权力机构的职责是为本国企业参与CDM项目提供各种指导和服务,尤其是出具国家性书面批复文件。机构的具体工作程序和职责由各国根据公约和议定书的履行要求自行决定,但项目所在地的东道国的批复应该包括此项目活动有利于本国可持续发展的肯定意见。项目参与方所在国的国家权力机构的正式批复文件,是CDM项目申报执行理事会和注册项目的必要文件。

---

① For a complete list of countries with Designated National Authorities (DNAs), see UNFCCC, Designated National Authorities, available at http://cdm.unfccc.int/DNA.

1. 投资国政府①。投资国应来源于附件一国家，多为发达国家。根据《京都议定书》要求，成为项目投资国必须具备以下条件：一是成为议定书的缔约方和批准国；二是为 CDM 项目指定一个国家主管机构；对于"想利用 CERs 辅助其遵守部分履约义务"的缔约方而言，除了以上两个条件外，还应当遵守：

（1）它的分配数量已经计算和记录在案；②

（2）已经确立一个估算《关于消耗臭氧层物质的蒙特利尔议定书》③ 未予管制的所有温室气体的各种来源的人为排放和各种汇消除的国家体系；

（3）已经建立国家登记处；

（4）已经每年提交了所要求的最近期年度排放清单；

（5）已经提交了关于分配数量的补充信息。

为了履行《京都议定书》所设定的义务，投资国政府承担的与 CDM 项目直接相关的职责主要包括：

设立、确定本国的 CDM 国家主管机构；出具本国政府自愿参加 CDM 项目的正式证明文件；对参与 CDM 项目的本国机构、组织、项目业主和个人等进行监督和指导；在本国企业和组织等参与 CDM 项目的情况下，依然对本国履行温室气体减排的义务负责等。

2. 东道国政府④。以政府间合作实现减排和经济发展是 CDM 项目与一般投资项目的最大区别，因此，CDM 项目首先必须要得到项目参与国家相关政府管理机构的批准。

东道国应为非附件一国家，一般为不承担京都机制减排义务的发展中国家，其政府在促进 CDM 项目活动的开发和实施过程中起

---

① 附件一国家各国 CDM 主管机构，see http：//cdm.ccchina.gov.cn/web/NewsInfo.asp? NewsId=180, last visited on September 15, 2009.

② Kyoto Protocol Article 3.

③ Montreal Protocol on Substances that Deplete the Ozone Layer，http://hq.unep.org/ozone/Meeting_Documents/mop/04mop/4mop-15.e.pdf, last visited on September 28, 2009.

④ 非附件一国家各国 CDM 主管机构 see http：//cdm.ccchina.gov.cn/web/NewsInfo.asp? NewsId=38, last visited on September 16, 2009。

着十分重要的作用。根据议定书规定，非附件一国家必须满足以下三个条件：一是成为其缔约方；二是为 CDM 指定一个国家主管机构；三是需要发布自愿参与项目活动的书面证明并确认该项目能促进本国可持续发展。东道国通过颁布 CDM 项目管理政策、建立专门机构、制定项目运行制度和规则等方式来管理本国的 CDM 项目，并对项目合作领域进行监控和调节等。其主要职责包括：设立、确定本国的 CDM 主管机构；对在本国实施的 CDM 项目进行审批；出具书面的批准证明文件，包括确认该 CDM 项目可以促进本国的可持续发展；对参与 CDM 项目的本国组织、机构、企业和个人等进行监督和指导。

（三）清洁发展机制项目参与机构

CDM 项目开发运行中除了以上管理机构以外，还包括其他的项目参与机构，主要包括项目业主、指定经营实体和其他利益相关者[①]。

1. 项目业主。项目业主是 CDM 项目开发和实施的主体。根据相关国际规则，除了在一般项目中应该承担的责任外，项目业主的主要职责还包括：

编制 CDM 项目涉及文件，包括确定项目的基准线、监测计划、进行项目的环境影响评价和咨询利益相关者的意见等；确定项目产生的减排量在项目参与者之间如何分配，并签订合同；向项目东道国政府和投资国政府提交项目申请，并获得其批准；邀请指定经营实体对项目活动进行审定；在项目获得执行理事会的批准并注册后，实施项目；根据项目涉及文件中包含的要求对项目实施情况进行监测，并且向负责核查项目减排量的指定经营实体进行报告；邀请指定经营实体定期对项目活动所产生的温室气体减排量进行核查

---

① 缔约国内实体参与 CDM 的法律依据，see Conference of the Parties Serving as the Meeting of the Parties to the Kyoto Protocol, Montreal, Canada, Nov. 28-Dec. 10, 2005, Modalities and Procedures for a Clean Development Mechanism, Article 20-34, UN. Doc. FCCC/KP/CMP/2005/8/Add. 1, http://cdm.unfccc.int/Reference/COPMOP/08a01.pdf, last visited on September 22, 2009.

和核证;除此之外,项目业主还应该承担由东道国政府和投资国政府所要求的特定责任和义务。

2. 指定经营实体。指定经营实体①(DOE, Designated Operational Entity)是经联合国气候变化相关机构认证的、主要负责对温室气体排放进行核查和核证,以确保减排量的真实性和可靠性的独立机构。它在 CDM 项目执行过程中发挥着非常重要的作用,"是对项目运行进行监督和核查的最高机构"②。其关键作用主要表现在两个方面:一是可以审定 CDM 项目活动的合格性并向执行理事会申请项目的正式注册;二是可以核查所注册的项目的实际减排量,确认是否适当并向执行理事会申请签发相应的 CERs。

根据相关规则,指定经营实体可以是某国国内的一家具有法律实体资格的公司或机构,或国际组织,由执行理事会委派和指定并由缔约方会议确认,通过执行理事会对缔约方会议负责。它必须处于中立的地位,才能保证核证的公正性,实现其设立的初衷。其主要职责有:以项目设计文件为主要依据,对所建议的 CDM 项目进行核查;出具审定报告,并且提交给执行理事会,申请对 CDM 项目进行注册登记;以项目的监测计划等为基础,核查项目的温室气体减排量;在核查的基础上,出具核证报告,提交给 CDM 执行理事会,申请项目签发经核证的减排量即 CERs。

通常情况下,一个指定经营实体在同一个项目中只能承担审定以及核查和核证两项职责中的一项。除非在获得执行理事会批准的情况下,同一个指定经营实体也可以同时承担两项职能。

此外,在履行职能的过程中,指定经营实体应该保持较高的透明度。首先,在审定一个建议项目之前,应该将该项目的项目设计文件公开,同时征求缔约方、利益相关者和授权的非政府组织的意见。其次,在向执行理事会提交审定报告的同时,应该将其向公众

---

① 也有称之为第三方核证人,详情参阅 CDM Designed Operational Entities http://cdm.unfccc.int/DOE。

② 佟新华:《基于清洁发展机制的东北亚环境合作研究》,长春出版社 2009 年版,第 91 页。

公开。再次，在核查项目减排量的过程中，可以根据需要进行现场调查、应用其他来源的数据等。最后，在向理事会提交核证报告时，应该将报告公开，并应向公众提供所有其负责审定以及核查和核证过程的 CDM 项目的清单。

值得注意的是，指定经营实体在任何可减排温室气体的行业的委派期限，应从执行理事会正式委派起三年有效。执行理事会有权在三年的任何时间对指定经营实体进行定期或不定期的现场检查。如果检查发现某一指定经营实体不再满足获得委派的标准或缔约方会议决定的其他要求时，执行理事会应推荐暂停或撤销该实体的资格，并立即书面通知所涉及的项目相关参与方。已经注册的项目不会受到有关指定经营实体的资格变动的影响，除非该指定经营实体所完成的审定、验证和核证等存在着重大的纰漏。

3. 其他利益相关者。在 CDM 项目活动中，利益相关者通过向该活动提供评论意见的方式参与项目的开发和实施。他们可以在项目的设计阶段和审定阶段分别向项目业主和指定经营实体提出自己的意见和建议。"在 CDM 项目设计文件中，专门设了一部分论述'利益相关者的意见'（Stakeholder's Comments[①]），明确要求 CDM 项目业主应该征求利益相关者的意见，对其进行整理。"[②] 同时，项目业主应该将收到的意见汇总递交给指定经营实体进行审定，并汇报在项目的实施过程中将如何考虑这些意见。而指定经营实体在作出是否审定项目的决策时，也应该充分考虑其所收到的关于该项目的评论。

二、清洁发展机制的项目规则与运行程序

（一）清洁发展机制项目的合格性要求

根据缔约方会议有关决议，CDM 项目需要具备一系列条件以

[①] EB 25 Report Annex 15, Revised CDM-PDD form, version 03, July 2006.

[②] 黄山枫、陆根法、刘庆强：《CDM 的项目合格性识别分析》，载《环境科学与管理》2007 年第 5 期，第 34 页。

达到有效减排的目的,包括实现长期可测量的减排效益、满足可持续发展和具有实际可证的额外性等。《京都议定书》附件 A 中规定,只有产生规定种类的六种温室气体(二氧化碳、甲烷、氧化亚氮、氢氟碳化物、全氟化碳和六氟化硫)才具有京都机制减排效果,这是实施 CDM 项目的一个最直接目的,也是最基本前提和要求。"一个合格的 CDM 项目所带来的直接环境效益应当是实现这六种温室气体的减排,如果有些项目具有明显的社会效益和环境效益,但是几乎没有什么温室气体的减排效果,那么也不应当视为合格的 CDM 项目。"①

前面已经讨论过 CDM 的一个重要目标就是促进发展中国家的可持续发展,但是对于是否能促进可持续发展的评估责任是由项目所在地的东道国来承担的。"CDM 项目除了要有助于发达国家履行温室气体减排的承诺外,还要特别满足发展中国家的自身可持续发展要求,要有利于当地经济的发展,有利于环境保护和减缓温室效应,有利于当地减少贫困,有利于社会进步和增进就业等。"② 每一个 CDM 项目都需要一整套衡量可持续发展的指标体系来对其进行评估,衡量标准由东道国政府来制定,并在项目设计文件中加以公布。项目能否促进可持续发展是项目审核的一个关键标准。如果东道国经审核认定 CDM 项目不能满足发展中国家的可持续发展要求,项目将不被批准。

为了保证 CDM 项目在减少人类活动产生的温室气体排放中,能够尽可能真实、可量化、长期和直接有效,《京都议定书》第 12 条第 5 款对 CDM 项目作出了如下规定:

"每一项目活动所产生的减少排放,须经作为本议定书缔约方会议的公约缔约方会议指定的经营实体根据以下各项作出证明:

(a) 经每一有关缔约方批准的自愿参加;

---

① 黄山枫、陆根法、刘庆强:《CDM 的项目合格性识别分析》,载《环境科学与管理》2007 年第 5 期,第 32 页。

② 黄山枫、陆根法、刘庆强:《CDM 的项目合格性识别分析》,载《环境科学与管理》2007 年第 5 期,第 32 页。

(b) 与减缓气候变化相关的、实际的、可测量的、长期的效益；

(c) 减少排放对于在没有进行经证明的项目活动的情况下所产生的任何减少排放而言是额外的。"

这三项通常也被称为 CDM 的三原则。第一项即"自愿性参与"，由项目参与方的国家权力机构负责，并要在国家批准文件中明文确认。关于这点，前文第二节中"CDM 的国家管理机构及其职责"已涉及，在此不重述。

第二项即减排"可测量性"，是指 CDM 项目的执行对温室气体的减少排放，客观上能够使用物理学方法测定和记录，使用数学方法统计，同时监测仪器和技术上能够确保持续、真实和稳定。这一原则的设定一是为了保证 CDM 项目下的排放的确少于正常排放水平；二是为了能可靠测量出项目实施具体减排量，包括了监测方法学、基准线排放、项目排放、项目边界和泄漏估算等关键要素，必须在项目设计文件中作出明确、科学的阐述、规定和计算。

第三项即"额外性"，它是 CDM 项目实施中一个核心问题。额外性意味着该项目在没有 CDM 支持下，"存在着资金、技术、风险和人才等当前的劣势或障碍因素，靠国内条件难以实现，因而该项目的减排量在没有 CDM 时就难以产生"①。因此，当某一项目活动在没有 CDM 的情况下也能够正常运行，那么它就不具备额外性要求，更不可能产生额外减排量。关于额外性的评价问题，在下面将会详细探讨。

（二）清洁发展机制的方法学

在实际操作中，为了准确识别和开展 CDM 项目，缔约方会议对项目方法学的开发和应用也作了详细的规定，为开发 CDM 项目提供了有力的技术保证。CDM 项目从操作上来说，是按照已经批准通过的基准线方法学和监测方法学，由项目参与方设计、研究、开发、执行和监测有关直接或间接减少或储存或隔离那些温室气体

---

① 黄山枫、陆根法、刘庆强：《CDM 的项目合格性识别分析》，载《环境科学与管理》2007 年第 5 期，第 32 页。

的具体项目活动。基准线方法学确定了基准线状况排放水平的测算方法,其核心功能是保障在确定基准线途径上的科学性,从而促进明确 CDM 项目的减排效益。① 而检测方法学则要合理、准确并持续地检测出 CDM 项目活动实施后温室气体排放水平的新结果,促进 CDM 项目质量保障和质量控制。

在 CDM 项目发生的情况下,基准线项目并不会实际存在,它是虚拟的。为此,国际社会需要建立一套相关的方法学,涉及基准线确定、额外性评价、项目边界和泄漏估算等方面,来指导 CDM 项目的开发、实施、减排量的计算和 CERs 的最终签发。

1. CDM 项目的额外性。额外性(extraditionality)是 CDM 模式和程序中最复杂的问题之一。根据《马拉喀什协定》,"CDM 项目活动如果实现'温室气体源人为排放量减至低于不开展所登记的 CDM 项目活动情况下会出现的水平',即具有额外性"。附件一缔约方必须在非附件一缔约方自身减排的基础上,通过 CDM 项目获取额外的减排量,"它才有资格将其作为抵消额替代本国内高成本的减排量"②。从这个角度而言,额外性原则符合了公约附件一国家履行减排义务的实质目的,保证了 CDM 对全球环境贡献的最大化和完整化,是努力实现"实质性减排"的具体反映。

具有额外性的 CDM 项目能为东道国带来溢出效益,比如当地环境质量的改善、发达国家环境友好技术的引进、源自于发达国家公共或私人投资的获得以及东道国的一些市场障碍消除等。同时,"借由额外性的审定可以保证经核证的减排量即 CERs 只签发给那

---

① 在确定 CDM 项目基准线的方法学中,集中在从以下三种方法中选择一种:一是现有的实际排放量或历史排放量,视可适用性而定;二是在考虑了投资障碍的情况下,一种有经济吸引力的代表性的主流技术所产生的排放量;三是过去五年在类似社会、经济、环境和技术状况下开展的,其效能在同一类别位居前 20% 的类似项目活动的平均排放量。

② Dennis D. Hirsch, Trading in Ecosystem Services: Carbon Sinks and the Clean Development Mechanism, *Journal of Land Use & Environmental Law*, Vol. 22, No. 2, 2007, pp. 623-630.

些合格的项目活动,从而实现议定书的完整性"①。

当前进行额外性评估的是执行理事会通过的"额外性评估和展示工具"(CDM Tool for Assessment and Demonstration for Additionality V4),它提供了项目参与方在步骤、程序上分析、比较和展示额外性的一系列标准。如果项目设计文件中,令人信服地通过了额外性的评估和展示工具,则可以证明该项目具备了额外性,拥有申请注册成为 CDM 项目的资格条件。执行理事会的额外性判断标准主要通过环境效益、项目资金、项目投资以及减排技术四方面来确定。

(1)环境效益额外性。环境效益额外性是指 CDM 项目应当带来缓解气候变化相关的、实际的、可测量的和长期的环境效益,并且当不存在该 CDM 项目时,该环境效益将无法以东道国国内其他途径得以实现。② 只要将 CDM 项目的排放和基准线进行比较就可以清楚而定量地得出该项目所带来的减排效益。"它能够并且必须对任何一个 CDM 项目都适用,不论该项目是在哪个部门或哪个国家。"③

实现温室气体减排的项目并不必然具有环境效益的额外性。发达国家在发展中国家的某个高能耗部门进行了项目投资,改善了能源利用效率,使得该企业的能耗要小于东道国同类企业,从而可以实现一定的温室气体减排。但是这是一种普通的投资行为,其目的是寻求商业利润,并不具有环境效益的额外性。因此,不能因为其实现了温室气体的减排就可以必然认定为合格的 CDM 项目。要准确评价一个 CDM 项目的额外性,必须从发展中国家的具体条件出

---

① 佟新华:《基于清洁发展机制的东北亚环境合作研究》,长春出版社 2009 年版,第 95 页。

② 参见张坤民、何雪扬:《气候变化与实施清洁发展机制的展望》,载《世界环境》1999 年第 4 期,第 12 页。

③ 吕学都、刘德顺:《清洁发展机制在中国:采取积极和可持续发展的方式》,清华大学出版社 2005 年版,第 28 页。

发,分析这些国家自主实现温室气体减排的最主要障碍因素是什么。①

（2）资金额外性。"资金额外性是指,投资于 CDM 项目并用于获取温室气体减排量的资金如果来自发达国家的公共部门,则必须额外于发达国家根据联合国有关规定承担的官方发展援助义务。"② 议定书规定了发达国家应该承担的其他国际资金义务。"实际上,很难用这个标准来评价 CDM 项目的额外性。因为,从某种意义上来说,从资金方面判断一个项目的额外性实际上是一个政治谈判和判断的过程。"③

在第六次和第七次缔约方会议上,各缔约方已经对资金额外性问题达成了协议。主要发达国家以不批准《京都议定书》相威胁,为了维护议定书的框架,发展中国家在这个问题上作出了让步,不再坚持明确写入不能将官方发展援助用于 CDM 项目以获取减排量的内容,但同时要求发达国家必须提供证明,证明用于该项目的公共资金未导致官方发展援助的转移。实际上,双方目前对这个内容有着不同的理解,这意味着这个问题仍然将是未来国际谈判中的焦点问题之一。

（3）投资额外性。投资额外性是指投资国应提供额外于该项目商业性投资的、纯粹用于温室气体减排的投资,补偿 CDM 项目相对于基准线项目而增加的减排成本,从而使该 CDM 项目相对于基准线项目具有足够的财务竞争力。CDM 项目产生的减排量将作为非商业性减排投资的回报。

项目业主作为理性的投资者,在存在投资障碍（例如经济、财务障碍,创新的项目活动难以获得借贷融资,或由于项目活动实施所在国存在本国或者外国直接投资的实际或潜在风险,无法进入

---

① 参见朱谦:《全球温室气体减排的清洁发展机制——以行政许可为中心》,苏州大学 2006 年博士学位论文,第 116 页。

② 段茂盛、刘德顺:《CDM 中的额外性问题探讨》,载《上海环境科学》2003 年第 4 期,第 252 页。

③ 吕学都、刘德顺:《清洁发展机制在中国:采取积极和可持续发展的方式》,清华大学出版社 2005 年版,第 29 页。

国际资本市场等）时，必然会选择基准线方案。单纯从商业角度来考虑，CDM项目成本要高于基准线方案，因而不具有吸引力。但如果可以产生减排量，则项目总投资中有一部分资金是CDM项目的减排投资，那么减排量便是对其投资的回报，从而使得该项目原本缺乏价值的减排量变成了有附加值的产品，提高了整个项目的经济回报率，也使得该项目较之基准线项目更具有竞争力。

为了比较基准线项目和建议的CDM项目的吸引力，从投资角度来评价项目的额外性，必须使用一些指标。在用于描述项目活动财务性能的各种指标中，内部收益率、投资回收期、净现值和项目成本是最经常用到的。它们可以从投资的角度评价所建议的CDM项目活动的额外性，具体的准则是所建议项目的经济性应该比基准线项目要差。

（4）技术额外性。通常CDM项目在技术上比常规基准线项目更先进，在国内尚未国产化或者商业化，因此在没有CDM项目的支持下，会面临着因技术和投资风险带来的投资或者融资障碍：缺乏技能熟练或训练有素的员工来运行和维护该技术，并且在东道国没有相应的教育或培训机构来提供所需的技术人才，导致设备故障和失修；缺乏实施该技术的基础设施；流行的技术势力造成的障碍，包括该项目活动是该类型项目的首次，在东道国或者所在地区没有正在运行的此类项目活动。

"技术额外性对于保证CDM项目的额外性是必不可少的，它至少应包括两方面含义：一是参与CDM项目的发达国家应该为该项目提供先进的环境友好技术，而且该技术应该领先于东道国国内已经实现商业化的同类技术；二是发达国家向CDM项目提供的技术还必须有别于其技术转让义务，以及其他任何已有的技术转让义务。"① 技术额外性评价指标是一个复杂的系统，它通常包括项目技术、固定成本、基础设施投资、产品价格、市场机制、法律法规、环境壁垒等。

---

① 段茂盛、刘德顺：《CDM中的额外性问题探讨》，载《上海环境科学》2003年第4期，第252页。

从上面分析中可以看出,"CDM 项目的减排环境效益额外性是一个最基本的准则,而技术额外性、投资额外性和资金额外性,分别从项目的技术可获得角度、项目的经济竞争力角度以及发达国家的国际投资义务完整性的角度来保障了 CDM 项目的额外性"①。

公约的缔约方大会以及 CDM 的执行理事会怎样定义 CDM 项目的额外性以及实施什么样的具体判断准则,将对未来国际上流向 CDM 项目资金产生重要影响。如果额外性准则过于宽松,则温室气体减排量的供应量将会增加,生产成本也将降低,对发达国家有利,发展中国家从 CDM 项目中获得的收益将减少,同时 CDM 项目对全球环境效益的贡献也较小。过于严格的额外性准则,则会阻碍资本流向 CDM 项目,从而限制 CDM 项目的总规模,影响发展中国家的总收益。不同投资者具有不同投资准则,一个项目本身是否经济上可行也取决于很多方面。因此,额外性判断准则的制定,必须在鼓励投资流向 CDM 项目和保证 CDM 项目能带来实质性减排这两个因素之间进行某种平衡。这将是国际社会不得不面对的一个两难选择。②

2. CDM 项目的基准线。基准线(baseline)是指在没有该 CDM 项目的情况下,为了提供同样的服务,最可能建设的其他项目(即基准线项目)所带来的温室气体减排量,它应该涵盖项目边界内附件 A 所列的所有气体、部门和源类别的排放量。与基准线相比,CDM 项目减少的温室气体排放量就是该项目的减排效益。

在议定书第 12 条第 5 款 c 项中指出"减少排放对于在没有进行经证明的项目活动的情况下所产生的任何减少排放而言是额外的",在评价 CDM 项目的额外性时必须提供参照情况,而这种参照情况就是项目的基准线。《马拉喀什协定》对基准线作出了清晰的界定:"CDM 项目的基准线是一种假设的情景,合理地代

---

① 段茂盛、刘德顺:《CDM 中的额外性问题探讨》,载《上海环境科学》2003 年第 4 期,第 253 页。

② 参见段茂盛、刘德顺:《CDM 中的额外性问题探讨》,载《上海环境科学》2003 年第 4 期,第 253 页。

表了在没有拟议的 CDM 项目活动时会出现的温室气体源人为排放量。"

设定基准线的目的在于对 CDM 项目活动的减排量、减排环境效益额外性和减排增量成本进行核算、评价。因此，确定基准线是整个 CDM 项目活动的基础。为此，必须熟悉项目影响范围内的经济活动以及当地的经济和社会状况。具体说来，就是在东道国国内技术条件、财务能力、资源条件和法律法规政策下，合理确定可能出现的排放水平。确定基准线必须从以下四个要素来综合考虑：

（1）环境有效性。环境有效性是指产生"与减缓气候变化相关的实际的、可测量的和长期的效益"。基准线的确定应当防止不真实的减排情况，以免夸大某些工业化国家的减排效果，造成实际排放量的增加。CDM 项目应当带来真实的、可测量的、长期的碳减排量，在基准线设定的时候必须能够保证这个目标的实现。

（2）经济效益性。CDM 的产生是以经济成本与效益分析理论为基础的，其实施的过程也不可避免地考虑到经济效益。所以，项目基准线的设置不应该成为经济效益追求的障碍。这包括在设置基准线时要考虑到其可行性。一是要考虑到基准线管理的可行性，即所有参与方的制度与管理方面的能力以及项目资助方面的交易费用的情况下，此种基准线方法在实践中是否有用；二是要考虑到基准线的政治可行性，即此种基准线方法是否满足了参与方的政策目标，是否符合了东道国的社会经济发展要求。

（3）透明性。基准线应该由第三方的机构进行认证，它的设定程序必须具有足够的透明性。其结构应该能够被清楚地解释，所使用的参数与方法应当明确，并且可以被第三方修正。在 CDM 项目中使用程序透明的基准线，使潜在的项目投资者也能够更便捷地通过项目的审批获得与项目相关的减排额度，也有助于项目基准线的核查。

（4）排放量的准确性和可靠性。基准线应该是对具体的 CDM 项目的技术尽可能精确地描述。"但是在实际上，无论多么详尽，在设置基准线时都不可避免需要作出一些大胆的假设，也就是说，基准线不可避免地会具有随意性，它是一个涉及主观的决策过程。"①

基准线的设定是确定 CDM 项目活动的减排量的关键步骤，较高的基准线能够带来更多的 CERs 和更高的投资回报，对于项目业主和投资者来说都具有更大的吸引力。而在分析项目基准线中，又存在着许多不确定因素，这些直接影响着合作双方的根本利益。这在实际上不但会造成较大的误差，而且还会导致决策者作出错误的，甚至根本不切实际的决策。②

3. 项目边界和泄漏。按照《马拉喀什协定》通过的 CDM 模式和程序，项目边界（boundary）包括项目参与方控制范围内的、数量可观的并可合理归因于该项目活动的所有人为温室气体排放量或者碳汇吸收量。只有确认了项目边界，方法学对温室气体排放的基准线状况、排放源和排放水平的分析，才能在一个有限和准确的空间方位内作出估计，监测和项目核查才有了可依据的对象。

泄漏（leakage）是指审定项目边界之外的、可计量的和可归因于 CDM 项目活动的温室气体人为排放量的净变化。产生泄漏的可能性及大小在一定程度上取决于项目边界的大小。项目边界越大，将所有可能影响因素考虑在内的几率就越大，因而泄漏产生的几率就越小。因此，减少泄漏的一个重要方法就是设定一个可接受的较大的项目边界。为了避免泄漏的产生，在 CDM 项目设计时应该预先确定合理的项目边界，将 CDM 项目和基准线项目的所有直接排放源都考虑在其中。

（三）清洁发展机制项目运行程序

根据 2001 年《马拉喀什协定》，一个典型的 CDM 项目从开始准备到实施，并且最终产生减排量，需要经历一些主要阶段。接下

---

① Jepma, C. J., W. P. van der Gaast and Issues: *overview of discussion and result of previous workshop on the criteria of baselines*, prepared for the Expert Workshop to Development Initial Guideline Determination Amsterdam, January 17-19, 2000.

② 参见翟青、刘星、杨玉峰：《CDM 项目温室气体减排成本的不确定分析》，载《环境科学学报》2004 年第 4 期，第 649～654 页。

来，将具体介绍 CDM 项目各阶段的运行流程。①

1. 项目识别。所谓项目识别，就是在开始实施 CDM 项目前，附件一国家的项目业主与非附件一国家的项目业主或实体进行接触，探讨可能实施的项目并检查其是否符合 CDM 的条件即项目参与资格和合格性的审查以及相关的合作事项，包括技术、资金和价格等重要问题。这是 CDM 项目开发和实施的第一步。同时，了解对方指定国家权力机构的政策信息和本国政府批准该项目的要求和流程也是非常必要的。基于 CDM 项目必须为非附件一国家的经济、社会可持续发展作出贡献，因而项目东道国指定国家权力机构的审批尤其重要。例如，中国政府列明了可持续发展的标准和 CDM 项目对清洁可再生能源项目、能源效率的优先考虑。

具体来说，一个 CDM 项目要重点关注以下核心要点，才能筛选和判断众多潜在项目的可行性：

（1）CDM 的宗旨决定了东道国拥有特权来确认该项目是否有利于本国可持续发展；

（2）当 CDM 项目活动不存在时，所应该发生的温室气体排放就不会减少，即 CDM 项目应该是额外的；

（3）附件一国家不允许使用来自核能产生的 CERs 去满足温室气体减排目标；

（4）土地利用及其改变和森林活动在 CDM 项目下的合法性只限于造林和再造林活动；

（5）来自附件一国家的 CDM 项目公共资金，不能造成有关官方发展援助的性质改变，因此需要和附件一国家的财政援助进行分隔。如果附件一国家的援助和 CDM 开发可能重复同一项目附件一国家应提供文件来说明两者之间的关系。

（6）因为项目所在地区或国家的政策、法规、标准及政府的要求而不得不减排温室气体，那么此类项目不能实行 CDM。但是，如果所批准的基准线和监测方法学可以清楚地定义和分辨项目边界，避免重复计算，并保证有关减排是真实、可测量的和可核证

---

① 文末附录表 4CDM 项目开发和实施流程表。

的，且对于政策、法规、标准等同样具有额外性，那么该项目也能够注册成为单一的CDM项目。

另外，在识别潜在的CDM项目时，项目参与者需要考虑一些关键的因素，包括项目的开发模式、开发成本和风险等。

通常来说，CDM项目有三种开发模式：一是单边模式，由发展中国家独立开发实施CDM项目活动，项目注册成功后，项目业主将项目产生的CERs在国际碳市场上出售，在项目开发的前期没有发达国家的政府或机构参与。二是双边模式，由发达国家或其实体和发展中国家共同开发CDM项目，项目注册成功后产生的CERs直接出售给该发达国家的买方机构。发达国家参与者有两种方式获得减排量，或者是对项目进行前期投资而获得项目的减排量，或是直接购买项目产生的减排量。后者也称为直接购买减排量，它是目前国际碳市场上的主要交易方式。三是多边模式，将CERs出售给一个由多个发达国家的投资者组成的基金。与双边模式一样，发达国家的参与者既可以前期投资而获得减排量，也可以直接购买。

此外，在项目开发风险方面，除了一般的项目开发风险外，CDM项目还可能面临不能成功注册而无法产生减排量，或者在项目核查和认证时出现问题而无法顺利签发CERs的风险。因此，在前期的项目识别中需要对这些风险进行详细的评估。选择合适的基准线和监测方法学，并准确评估项目额外性能够有助于减少项目风险。在双边或多边开发模式中，项目业主和买方需要以合同的形式就项目风险和责任的分摊达成共识，共同努力降低风险。而在单边模式下，项目业主需要独自承担的风险比较大，但是这类减排量交易通常发生在项目成功注册之后。由于业主之前已经独立承担了注册风险，因此CERs的交易不确定性大大降低，其价格也会大大提升，业主出售CERs的利益会高于前两种开发模式。

最后，关于CDM项目的交易成本。在CDM项目实施过程中会产生较高的成本。例如，来自项目搜寻，选择基准线方法学、估计项目减排量、准备相关的技术文件，东道国的批准、利益相关者的咨询和环境影响评价、准备CERs购买协议、指定经营实体对项目的审定、注册费等的一次性成本；以及贯穿整个项目过程的监测费用、核查和核证费用、适应性费用和CDM的管理费用等。据估计，一个CDM项目的交易成本一般在几万到十几万美元。而且，部分费用发生在CERs签发之前，项目开发者需要提前垫付，若所开发的项目不能成功注册，则有资金无法收回的风险。因此，如果项目太小，其可能获得的收益还不足以支付开发项目的费用，就不值得开发了。①

2. 谈判和签署减排量购买协议。减排量购买协议（Emission Reductions Purchase Agreement，简称ERPA）是京都机制中CDM项目开发、合作、交付CERs、转移碳信用的最核心合同文件。除了购买减排量协议外，项目各参与方之间还能就项目开发和执行所需的技术引进、设备采购、专业技术的服务和咨询，甚至项目启动的资金筹措等进行复杂的谈判。项目业主应当全面、深入地统筹调研和分析项目的所有技术路线、设备供应、改造和资金来源等，并和CERs买方及聘用的技术供应商等密切诚恳地合作，才能促成项目的顺利执行，实现减排量和各方收益的最大化。

3. 项目设计。在确定了要开发的CDM项目之后，项目业主需要完成项目设计文件（Project Design Document，简称PDD）以递交给指定经营实体进行审定。项目设计文件的具体格式由执行理事会规定，针对项目运行、基准线的确定、额外性的分析、监测计划、减排量计算、环境影响以及利益相关者的意见等方面对拟建的CDM项目进行详细的说明。2002年8月31日公布了第一个PDD版本。随着CDM项目的不断开展和实践，PDD的格式也会针对实际操作中的各种问题不断进行修改，目前使用的是2006年7月执行理事会第25次大会上修改并通过的第三版。②

项目设计文件需要清楚而简洁，重要的程序和概念需要用专业化的程序和图表来支持。数据的需求和来源也需要作特别的注明。除了国际规则的要求外，缔约方政府也可能对CDM项目提出一些

---

① 通常CDM项目年减排量在1万tCO_2以上才值得开发实施。

② 最新版本参见 http://cd.unfccc.int/Reference/Documents/cdmpdd/English/CDM_PDD.pdf, last visited on October 26, 2009.

额外的要求，项目业主应对此高度关注，并提供明确的相关信息。这些信息对于相关政府机构快速审批项目非常关键。

在编制项目设计文件时，最重要的是需要确定项目的基准线，即不存在该项目活动时的温室气体排放量，这是计算项目减排效益的基础。项目基准线的确定必须应用经过执行理事会批准的方法学。项目业主可以选择自己开发一种新的方法学，并提交给执行理事会批准，也可以从已经批准了的方法学中选择合适本项目的方法学。由于审批新方法学的时间周期较长，程序比较复杂，因此项目业主都尽可能地选择已经获得批准的方法学。

为了计算项目的减排效益，项目业主还需要监测本项目本身的排放。因此，项目业主必须在这个阶段就确定项目的边界，并根据项目的特点确定监测计划。同样，监测计划中所应用的方法学也必须经过执行理事会批准。根据执行理事会的决定，已经批准的基准线方法学和监测方法必须匹配应用，不能将其分开应用。否则就被视为新的方法学。

另外，项目开发者还需要确定项目产生减排量的计入期，即项目可以产生减排量的最长时间期限。根据《马拉喀什协定》，项目业主可以从两个项目减排计入期中选择一个：或者适用可更新的计入期，一次最长7年，最多可以更新两次，但每次更新时都需要重新审查基准线；或者适用固定的计入期，最长一次10年，不可更新。

最后，项目业主还需要说明本项目如何促进东道国的可持续发展。如果项目促进了向发展中国家的基础转移，也应该在项目设计文件中明确说明。如果项目中应用了来自发达国家的公共资金，则需要说明该资金的应用没有导致官方发展援助的转移。如果东道国要求或者项目业主认为必要的话，还需要附上依据东道国的法律实施的环境影响评价的结论和相关文档。国际规则对此没有特别具体的要求，这方面的责任被赋予了项目东道国。同时，项目业主也应该准备一份利益相关者的咨询报告，并说明如何在项目的设计文件中考虑所收到的来自于利益相关者的意见和建议。

4. 项目批准。项目批准是指参与CDM项目的各缔约方权力机构批准该项目作为 CDM 项目实施。根据相关规定，一个 CDM 项目要进行注册，必须由参加该项目的各个缔约方的国家主管机构出具该缔约方自愿参加该项目的书面证明，包括东道国指定的国家权力机构对该项目可以帮助该国实现可持续发展的确认。项目设计阶段所提交的设计文件对于项目能否顺利获得批准具有重要的影响。

根据东道国自身的优先领域，项目业主可以采用多样的标准去评价项目对东道国可持续发展的贡献。一般来说，在促进可持续发展方面的评价准则大致包括：

第一，环境方面。主要有减少温室气体排放、减少其他大气污染物、减少化石燃料的使用、节约能源和其他的当地资源、保护和改善当地环境、给健康和环境带来的间接好处、支持当地的可再生能源的发展目标和标准以及对当地环境政策的其他支持。第二，社会方面。主要表现在改善当地居民生活水平，缓解贫困、改善公平和能力建设等方面。第三，经济方面。包括能够吸引新的投资、当地实体可获得积极的投资回报、对当地收支平衡的积极影响、加快新技术的转移和增加当地就业等。

5. 项目审定①。一个项目只有通过审定程序，才能成为合法的 CDM 项目。在获得了各国指定国家权力机构的批准后，项目的参与方应该从指定经营实体（DOE）名单中挑选一家并签订服务合同，委托其进行项目的核实。

指定经营实体是 CDM 执行理事会委派和指定的第三方机构，具有审定、核查、核证 CDM 项目的资格和权力。指定经营实体在签署服务合同时，一般要仔细审阅项目设计文件和其他资料，以确认项目是否满足了 CDM 的有关要求，并建立和公布一个网址，使得项目的设计文件可以链接到联合国 CDM 官方网站上。项目设计文件在网上公布的 30 天内，对收到的各利益向官方、有授权的非政府机构等的各种评价，应及时地予以承认和公示所有评论的内容、解释、说明及评论者的联系方式等。如果审定阶段中，项目参

---

① CDM project Activities Request for Review, http://cdm.unfccc.int/projects/review.html.

与方希望改变所用的已批准方法学，或改变所使用方法学的版本，指定经营实体必须把有关内容公布于网站上 30 天。

指定经营实体对项目设计文件的审定和评价，应重点考察一下要点的说明和分析是否足够和可信：

（1）符合 CDM 的参与要求，参加 CDM 项目活动是自愿的；

（2）项目当地的利益相关方均邀请发表了意见，对其内容进行了总结，以及如何对这些意见给予适当的考虑；

（3）项目参与方提交的文件中包括了东道国政府所要求的、对项目活动的环境影响和影响评价的分析文件；

（4）项目活动所期望产生的温室气体减排具有额外性；

（5）基准线和监测方法学符合了执行理事会原来批准的有关方法学的原则和要求，或有关直接建立一个新的方法学模式或程序；

（6）监测、审核和汇报的条款符合了 CDM 方法学专家组的要求和缔约方会议的有关决定；

（7）项目活动还符合执行理事会、专家组的其他各方面要求。

CDM 项目所运用的方法学是审查的一个非常重要的内容，由执行理事会负责基准线和监测方法学的批准和公布。如果一个 CDM 项目所运用的方法学是已经获得批准的方法学，而且签约的指定经营实体认为项目参与者恰当地应用了该方法学，则该指定经营实体就可以认可对这种方法学的应用。如果指定经营实体认为该项目应用了一种新的方法学，则它必须在将该项目提交执行理事会注册之前将该方法学提交执行理事会批准。如果项目参加者想要修改某种已获批准的 CDM 方法学，则应该遵循与开发新方法学一样的程序和规则。而且，对已经批准的方法学的任何修改只能适用于在该方法学修改日起之后注册的 CDM 项目，不影响已经注册的项目活动。

除了审查项目设计文件等之外，指定经营实体在核实 CDM 项目的过程中还将安排一个 30 天的评论期，将相关材料在官方网站上公示，以听取各缔约方、各利益相关者、《联合国气候变化框架公约》认可的非政府组织对该项目的评论，并将这些评论予以公开。在评论期结束之后,指定经营实体将根据各种信息完成一个对该项目的审定报告(validation report),确定该项目是否被认可为 CDM 项目,并给出认可或不认可的理由,同时将结果通知项目参与方。

6. 项目注册。项目注册是指指定经营实体在完成审定 CDM 项目的合格性之后,将 CDM 项目活动注册和审定报表、项目设计文件、东道国书面批准函以及如何处理所收到的公众对该项目的评论等一同准备好审定报告。然后使用公约秘书处提供的电子文件提交工具,向秘书处传递项目注册的申请。

在提交了所有文件信息后,指定经营实体会自动收到一个唯一的编号,可用来确认注册费的转账费和查询注册审批的进展。秘书处将决定指定经营实体提交的有关项目注册的所有文件和信息是否齐全。在注册费先行缴纳和秘书处发出关于申请注册文件齐全的确认之后,"项目注册的申请"就算是正式开始并在公约的 CDM 网站上公示至少 8 周。

执行理事会在项目注册申请收到并正式开始之日起的 8 周内,如果没有项目参与方或至少 3 名执行理事会委员对项目活动提出审查的请求,那么该项目自动注册成功。如果有提出要求,则执行理事会应该对该项目进行审查,但仅限于与审查要求相关的事项。而且审查的最终结果应该不迟于提出审查请求之后的第二次执行理事会会议,并对外公布有关审查结果的决定和理由。如果审查通过,该项目可以进行注册。如果审查发现该项目不符合 CDM 项目的有关要求,则要求项目参与者重新修改。经过修改如果符合了 CDM 关于审查和注册的规定,可以重新申请注册。

一旦 CDM 项目通过了执行理事会的正式注册,项目就可以产生减排量。项目在注册之前需要缴纳一定的注册费,这实际上是预先支付的部分 CDM 行政管理费用。① 根据《京都议定书》第一次缔约方会议的决定,CDM 项目的注册费为项目在减排计入期内的年平均减排量乘以用于管理费用的收益分成。但减排计入期内年均

---

① 文末附录表 5 CDM 项目的注册费。

排放量低于 15 000t CO_2 的项目不用缴纳注册费,其注册费将从用于管理的收益分成中扣除。每年 15 000 t CO_2 需缴纳 0.1 美元/CER;超出 15 000t 以上的部分按 0.2 美元/CER 收取。无论多大的项目,注册费的缴纳总额均不超过 350 000 美元。如果项目注册没有成功,则对于超过 30 000 美元的注册费予以返还。因此,指定经营实体在申请时,应对项目设计文件所指明的可能减排量的可能性进行申明,执行理事会将据此作为计算注册费的基础。①

7. 项目实施、监测和报告。注册以后,CDM 项目就进入具体的实施阶段。要确定项目的减排量,就需要对项目的实际排放进行监测。项目活动的监测(Monitoring)是项目参加者按照项目设计文件所描述的监测计划,在项目活动的执行过程中,对有关温室气体减排的所有数据、参数等进行有目的、定期、可复查的记录、收集和归档。监测过程中需要获取的数据和信息包括:估计项目边界内排放量所需的数据、确定基准线所需的数据以及关于血流的数据。按照公约的规定,检测是"为决定基准线、测量某一 CDM 项目边界内的温室气体排放和可适用的泄漏,对全部的有关数据进行收集和存档"。

根据 CDM 形式和程序规则的规定,在项目设计文件中必须包含相应的监测计划,以确保项目减排量计算的准确、透明和可核查性。同时,监测计划中所应用的方法学必须是经过批准的,并且要获得指定经营实体的认可。项目参与者必须严格按照经注册的设计文件中的计划进行监测,并按期向负责核查和核证的指定经营实体提交监测报告②,报告监测结果必须接受指定经营实体的监督和检查。

如果由于某些原因,项目的参与者认为对原有监测计划进行修改可以提高监测的准确性,或者有利于获得更加全面的项目实施信

---

① See UNFCCC: *Report of the Conference of the Parties Serving as the Meeting of the Parties to the Kyoto Protocol on its First Session*, Held at Montreal from 28 November to 10 December 2005, http://cdm.unfccc.int/Reference/COPMOP/index.html.

② CDM issuance of CERs: Monitoring reports, http://cdm.unfccc.int/issuance/monitoringReports.

息，则可以向指定经营实体提交一份监测计划的修改报告，报告中必须证明修改的必要性和可行性且修改应在签发 CERs 之前进行。指定经营实体对修改计划的审查通过之后，项目参与者才能对监测计划进行修改并据此实施监测活动。

8. 项目核查与核证①。在项目业主实施了监测计划并提交了监测报告后，由相关负责的指定经营实体（DOE）进行项目核查和核证。核查是指由指定经营实体按照正式的程序对所监测的温室气体进行定期和独立的检查和时候的确认。为了进行核查，指定经营实体可以：

（1）审查项目参与者提供的监测报告等文件是否符合经注册的项目文件等的要求；

（2）需要时进行实地考察，包括咨询项目的参与者和当地的利益相关者以及检查监测仪器的准确性；

（3）如有需要，指定经营实体也可以在计算中应用来自于其他渠道的数据；

（4）审查项目参与者是否正确应用了经过批准的监测计划，以及所提供的有关资料和信息是否全面、透明；

（5）向项目参与者提出它所关心的问题，并要求提供必要的信息或进行说明等；

（6）必要时，就后续计入期内的监测方法学提出修改意见。

核证是指指定经营实体以书面保证函的形式保证某一个 CDM 项目活动在一个具体时期内所达到的温室气体减排量得到了核实。根据经核实的监测数据以及经过注册的计算程序和方法，指定经营实体可以计算出 CDM 项目的减排量，这些减排量就被称为"经核证的减排量"（Certification Emission Reductions，简称 CERs）②，它可以在市场上进行交易。如果指定经营实体认为监测方法正确，并

---

① Verify and Certify ERs of a CDM project activity，http：//cdm.unfccc.int/Projects/pac/howto/CDMProjectActivity/VerifyCertify/index.html，last visited November 20, 2009.

② CDM Designed Operational Entities，http：//cdm.unfccc.int/DOE.

且项目的文档完备、透明，它就可以向项目的参与方、相关缔约方和执行理事会提交核证报告，并对核证报告公开公示。

下图给出了 CDM 项目减排量的计算步骤。

计算基准线情景下的排放量
↓
计算 CDM 项目活动的排放量
↓
项目减排量=基准线情景下的排放量-CDM 项目活动的排放量
↓
扣除泄漏

如果项目边界内包括多种气体的排放，则每种气体都要进行上述计算。最后对各种气体的减排量进行加总，就可以得到整个 CDM 项目活动的排放量，也即 CDM 项目的温室气体减排效益。

9. CERs 的签发①。当指定经营实体完成项目核查和核证并向执行理事会提交核证报告以后，最后一步就是签发项目所产生的 CERs。指定经营实体提交给执行理事会的核证报告实际上就是一个申请，请求执行理事会签发与核查的减排量等量的 CERs。如果在执行理事会受到签发请求之日起 15 日内，有任一项目参与缔约方或者至少 3 名执行理事会成员提出需要对签发 CERs 的申请进行审查，则执行理事会应该在收到审查请求的下一次会议上决定是否对其进行审查。审查内容将局限于指定经营实体是否有欺骗、渎职行为及其资格问题上。审查结论应该在作出审查决定的 30 日内完成，并将其结论通知各项目参与方和利益相关方。如果没有收到审查请求，则认为签发 CERs 的请求自动得到了批准。

执行理事会批准减排量的签发申请之后，CDM 登记系统的负责人应该将 2% 的 CERs 作为适应性费用存入特定的账户中，如果是在最不发达国家实施的 CDM 项目则可以免除此项费用；同时，

---

① CDM issuance of CERs: Requests for issuance, http://cdm.unfccc.int/issuance/requests-iss.html.

将尚未确定数量的 CERs 作为管理费用开支转入相应的账户，将剩下的部分根据账户注册时的项目参与各方的约定存入到有关缔约方或项目参与方的账户。

一旦 CDM 项目活动产生了 CERs，它们就可以被用于附件一国家完成其在《京都议定书》下的义务。项目业主可以用这些减排量完成其在气候变化下的国家义务，或者将这些减排量作为商品与其他实体或政府进行交易。

至此，一个典型的 CDM 项目完成了从项目选择到签发 CERs 的整个过程。

三、清洁发展机制的国际法与国内法双重监管体制并行

当前对 CDM 项目的法律规制主要是从国际法律制度和国内法律政策两个层面来进行的。

（一）国际层面的清洁发展机制法律体制

国际层面的 CDM 法律制度可以分为国际条约、缔约方会议决议和执行理事会决定三类，其法律效力逐次递减。其中，国际条约主要包括：

1. 1994 年生效的《联合国气候变化框架公约》和 2005 年生效的《京都议定书》。它们从宏观上为国际社会应对气候变化建立了框架并规定了 CDM 的指导思想和原则目标。

2. 在数次公约和议定书的缔约方会议上达成的协定。在京都机制下，涉及 CDM 法律制度和规定的主要集中在：1997 年第三次缔约方会议通过的《京都议定书》为附件一国家规定了具有法律约束力的减排义务和时间表，并引入了京都三机制；1998 年第四次缔约方会议通过的《布宜诺斯艾利斯行动计划》要求各国在 2000 年前解决有关减少温室气体排放的机制；2001 年第六次缔约方会议达成的《波恩协议》进一步细化了《京都议定书》的实施细则①；2001 年第七次缔约方会议通过的《马拉喀什协定》规定

---

① 2001 年 7 月的波恩会议是 2000 年在荷兰海牙召开的第六次缔约方会议的续会。

了 CDM 的方式和程序，同时选举产生了 CDM 的执行理事会；2002 年第八次缔约方会议通过了《德里宣言》并规定了适用于小型 CDM 项目的简化方式和程序；2003 年第九次缔约方会议解决了京都机制的操作和技术层面的问题，并通过了适用于第一承诺期中的造林和再造林 CDM 项目的规则，同意定义小型造林和再造林 CDM 项目；2004 年第十次缔约方会议通过了适用于小型造林和再造林 CDM 项目的简化程序；2005 年第十一次缔约方会议达成的《蒙特利尔路线图》、2007 年第十三次缔约方会议达成的《巴厘岛路线图》以及 2009 年第十五次缔约方会议达成的《哥本哈根协议》。

3. 执行理事会关于具体实施 CDM 的规则和程序等事项的决定。[1] 作为 CDM 在国际层面的管理和监督实施机构，执行理事会在日常工作中发布了大量项目参与及规则指示，这些大多形成了文件并在 CDM 官方网站上予以公布，供各项目参与国参考。由于数量繁多，本书在此不一一列举。

(二) 国内层面的清洁发展机制法律体制

由于制定 CDM 的根本目的在于通过国际合作促进全球温室气体减排，因此 CDM 的实施离不开项目参与国家在国内政策和法律上的支持。

通常情况下，项目参与国首先根据本国的实际情况制定本国应对气候变化的国家战略和基本立场；然后以此为据制定 CDM 实施的相关法律和具体规则、制度，并建立相应的管理体制；随后在具体的运行中，不断更新、完善项目程序性管理事项。此外，在 CDM 的实施中，还必须遵守项目参与国内的环境保护、能源发展、碳排放权交易、外资引进和技术引进相关法律、法规。值得注意的是，在发展中国家 CDM 项目首先必须符合当地可持续发展战略的审查要求。

(三) 双重监管体制并行

一方面，在具体的 CDM 项目中，国际和国内层面的法律制度同时运行，因此有必要理清两者之间的关系，减少国际法和国内法

---

[1] See CDM: Executive Board, http://cdm.unfccc.int/EB.

律之间不一致的地方。从立法上来看，国际 CDM 法律制度作为国内 CDM 立法的指导，设立了国内相关立法的方向与框架。而国内立法实践则是 CDM 得以在国际市场运作的基础与初始动力。

另一方面，CDM 相关国际法规定还可能对平行的两个国家——项目合作国国内法律构成挑战。由于项目中所涉及的发达国家和发展中国家对各自境内的 CDM 都有不同规定，同一项目必须同时符合两国法律要求，因此项目各国有必要加强现有国家法律和 CDM 规则之间的互动关系和兼容性考察。

基于上述，CDM 的实施实际受到两个层面规范、双边或多边国家法律的制约，其体系相当复杂。而且由于 CDM 相关国际法规定可能与已经存在的国际贸易、国际合作、双边或多边投资等国际法分支存在冲突，因此正确认识 CDM 需要对影响其实施的相关国际国内法加以综合研究。

第二章 清洁发展机制的国际法基础

第一节 清洁发展机制的国际法依据

在国际气候谈判的第一阶段关于如何应对气候变化的框架性探讨,为 CDM 奠定了原则和基础,这也催生了 CDM 在第二阶段(即京都时代)的建立与发展。这些相关的会议决议和文件所通过的制度,成为 CDM 的直接国际法依据。

一、《联合国气候变化框架公约》

(一)公约制定的背景

20 世纪 80 年代开始,气候变化问题被频繁地纳入国际会议日程。1985 年 10 月,联合国环境规划署、世界气象组织和国际科学联盟在奥地利的菲拉赫召开了温室气体国际研讨会。大会呼吁加强对气候变化的原因和影响的研究,会议还倡议在必要的时候应当考虑起草一个国际公约来控制温室气体、气候变化和能源利用。"这是国际社会首次提出制定一个关于气候变化的国际公约的倡议,也成为《联合国气候变化框架公约》的国际立法序幕。"[①]

1988 年 6 月,在加拿大多伦多召开的"变化中的大气:对全球安全的影响"世界大会讨论了气候变化的威胁及其应对。"会议声明指出,全球应采取共同行动应对气候变化,争取到 2005 年全球应减少 50% 的二氧化碳排放量。为此各国政府应紧急制定一项

[①] 杨兴:《气候变化框架公约研究——国际法与比较法视角》,中国法制出版社 2007 年版,第 9 页。

国际框架性公约，并制定具体的行动计划。"① 随后，国际社会进一步加强了在气候变化问题上的国际合作，于1988年11月建立了政府间气候变化委员会，在经过四次科学评估报告的推动下，国际气候合作进程虽曲折艰辛，仍缓慢前行。

1990年10月，第二届世界气候大会在日内瓦召开并达成会议宣言，指出保护全球气候是各国的共同责任。宣言还呼吁发展中国家在可行的限度内，应采取适当的行动努力为保护全球环境作出贡献。"虽然宣言没有明确提出控制温室气体的目标，但是在共同但有区别责任原则、可持续发展原则、风险预防原则和国家平等原则等问题上达成了一致。该宣言的通过为起草《联合国气候变化框架公约》奠定了比较坚实的基础。"②

1990年第45届联大通过了第45/212号决议，决定建立政府间气候变化框架公约谈判委员会（Intergovernmental Negotiation Committee）来负责组织和谈判工作，最终于1992年5月9日就公约条文达成一致，并获得通过，《联合国气候变化框架公约》（*United Nations Framework Convention of Climate Change*，缩写为UNFCCC，以下简称公约）于1994年3月21日起生效。"这标志着气候变化问题正式纳入了国际法的调整范畴。"③ 我国于1992年6月11日签署了该公约，并于1993年1月5日批准了该公约。截至目前，已有192个国家批准了该公约。④ 这些国家即为公约缔约方，且均承诺制定出本国针对气候变化和全球变暖的国家政策。

（二）公约的基本内容

公约在前言中指出："各缔约国担忧的是人类活动已经大幅度

---

① 杨兴：《气候变化框架公约研究——国际法与比较法视角》，中国法制出版社2007年版，第9页。

② 参见李双元主编：《国际法与比较法论丛》（第九辑），中国方正出版社2004年版，第489页。

③ 杨兴：《气候变化框架公约研究——国际法与比较法视角》，中国法制出版社2007年版，第16页。

④ Parties to the UNFCCC, http://unfccc.int/parties_and_observers/parties/items/2352.php.

增加了大气中温室气体的浓度,这种情况增强了温室效应,平均而言将引起地球表面和大气进一步增温,并可能对自然生态系统和人类产生不利影响……我们必须下决心为当代和后代保护气候系统。"① 它为国际社会努力应对气候变化挑战制定了一个总体框架,即"将大气中的温室气体含量控制在不对气候系统造成危害的水平"。为了实现这一目标,公约按照缔约国经济发展水平将其分为附件一国家和非附件一国家。附件一国家②包括 24 个相对富裕的经济合作与发展组织即 OECD 的成员国、15 个欧盟成员国以及 11 个经济转型国家。非附件一国家③包括绝大多数发展中国家。

公约规定了所有缔约方的义务④及用于指导缔约方履约的五项原则:共同但有区别责任原则⑤、发展中国家特别情况原则⑥、预防原则⑦、可持续发展原则⑧和开放经济体系原则。⑨

"关于资金和技术机制,公约特别强调,发展中国家能在多大程度上有效履行其在本公约下的义务,将取决于发达国家对其在公约下所承担的资金和技术转让承诺的有效履行,并将充分考虑到经济和社会发展以及消除贫困是发展中国家的首要和压倒一切的优

---

① 参见公约前言。

② List of Annex I Parties to the UNFCCC, http://unfccc.int/parties_and_observers/parties/annex_i/items/2774.php, last visited on September 24, 2009.

③ List of Non-Annex I Parties to the UNFCCC, http://unfccc.int/parties_and_observers/parties/non_annex_i/items/2833.php, last visited on September 24, 2009.

④ UNFCCC Article 4 (1).

⑤ Common but differentiated responsibilities, UNFCCC Article 3 (1).

⑥ Requiring full consideration of the specific needs and special circumstances of developing countries and countries most vulnerable to the impacts of climate change, UNFCCC Article 3 (2).

⑦ The precautionary principle calling for measures not to be postponed on the basis of scientific uncertainty, UNFCCC Article 3 (3).

⑧ The principle of sustainable development, UNFCCC Article 3 (4).

⑨ Cooperation to promote a supportive and open international economic system, UNFCCC Article 3 (5).

任务。"① 据此,"发达国家向发展中国家提供资金和技术成为发展中国家履行公约的重要前提条件"②,这正促使国际社会寻求一种机制有效地将发达国家和发展中国家均纳入国际气候合作的轨道,使他们各尽优势,相互合作,而 CDM 的"双赢"性无疑成为此时最佳选择。公约要求的"发展中国家的首要任务是发展经济和消除贫困",也成为发展中国家引进 CDM 项目审查时"促进当地经济和社会进步和有利于本国可持续发展要求"的直接指导原则。

(三) 公约对国际法发展的影响

普遍认为,"国际气候变化法律制度以《联合国气候变化框架公约》的问世为开端,它确立了国际气候制度的核心指导原则,为应对气候变化建立了必要的体制"。③ 公约反映了当时国际社会对气候变化问题的认识水平,奠定了应对气候变化国际合作的国际政治和法律基础,是权威性、普遍性、全面性的国际框架,迄今仍处于国际气候治理的核心机制和主渠道地位。作为迄今为止在国际环境与发展领域中影响最大、涉及面最广、意义最为深远的国际法律文件,它涉及了人类社会的生产、消费和生活方式,涉及各国国民经济和社会发展的各个方面,具有最广泛的国际社会基础和代表性。

同时,公约为以后的国际气候谈判提供了目标和指导原则。在公约所规定的原则中,最重要的是共同但有区别责任原则。而且这也是第一次在国际条约中明确规定该项原则,具有重要的积极意义,该原则后来被气候变化领域的几乎所有国际法文件所频繁地援引。它反映了各国经济发展水平、历史责任、当前人均排放上的差异,凝聚了国际社会的共识,是开展国际合作的基础,也成为各国

---

① 参见庄贵阳、朱仙丽、赵行姝:《全球环境与气候治理》,浙江人民出版社 2009 年版,第 134 页。

② 庄贵阳、朱仙丽、赵行姝:《全球环境与气候治理》,浙江人民出版社 2009 年版,第 134 页。

③ Jacqueline Peel, Climate Change Law: the Emergence of A New Legal Discipline, *Melbourne University Law Review*, Vol. 32, No. 3, 2008, p. 928.

履约的重要法律基础。

此外,"公约最大的特点在于它采用了框架性立法的模式,既表明国际社会对气候变化问题的重视,也避免了可能因为制定具体规则而引发旷日持久的谈判"。① 作为框架性公约,公约所规定的义务没有法律约束力,属于"软义务"。由于公约只规定了关于防止气候变化的最基本的法律原则,并没有涉及缔约方的具体减排义务,这在客观上有利于在较短的时间内吸引绝大多数国家加入该公约,从而达到通过国际立法的形式来开创应对气候变化国际法律新秩序的目的。实际也是如此,公约通过后不久,便得到了国际社会的普遍接受,大多数国家已经开始制定温室气体减排的国内法律。②

但也正因缺乏明确的、具体的、实质性的关于各国排放指标的承诺③,对于资金援助和技术转让也未能达成具体协议,这在很大程度上就注定了公约履行上的困难重重和今后谈判的艰辛。

二、《京都议定书》

(一) 议定书的主要内容④

由于公约没有为发达国家规定具体量化减排指标,于是1995年在柏林举行的第一次缔约方会议通过的"柏林授权"⑤决定通过谈判来制定一项议定书,为发达国家规定2000年后的减排义务

---

① 金瑞林:《环境与资源保护法学》,北京大学出版社2000年版,第407~408页。

② 参见韩良:《国际温室气体排放权交易法律问题研究》,中国法制出版社2009年版,第52~53页。

③ See Kevin A. Baumert, Participation of Developing Countries in the International Climate Change Regime: Lessons for the Future, *George Washington International Law Review*, Vol. 38, No. 2, 2006, p. 381.

④ Kyoto Protocol to the Framework Convention on Climate Change, December 10, 1997, http://unfccc.int/resource/docs/convkp/kpeng.pdf/.

⑤ U. N. Doc. FCCC/CP/1995/7/Add.1, Decision 1/CP.1 (1995), http://unfccc.int/resource/docs/cop1/07a01.pdf, last visited on July 23, 2009.

和时间表,同时决定不为发展中国家引入除了公约以外的任何新义务。国际社会为此经过了激烈的谈判和多次会议,最终形成了一份谈判草案提交给第三次缔约方会议。1997年12月第三次缔约方会议在日本京都举行,会议协商一致通过了《〈联合国气候变化框架公约〉京都议定书》(Kyoto Protocol,即《京都议定书》),在55个缔约方批准后,于2005年2月16日起生效。目前已有184个缔约方签署①,但美国政府于2001年3月宣布退出,成为目前唯一游离于议定书之外的发达国家。

议定书的内容包括28条和两个附件,主要涉及为发达国家规定具有约束力的减排目标和时间表、灵活机制、实施审查和程序性问题等。

议定书第3条和第4条对2008—2012年第一承诺期内发达国家的减排目标作出了具体规定,整体而言发达国家温室气体(即议定书附件A规定的6种)排放量要在1990年的基础上平均减少5.2%。② 具体地说与1990年相比,欧盟削减8%③、美国削减7%、日本削减6%、加拿大削减6%、东欧各国削减5%到8%。新西兰和俄罗斯稳定在1990年的水平。议定书同时允许爱尔兰、澳大利亚和挪威的排放量比1990年分别增长10%、8%和1%。④

为了达成既定目标,议定书在其第2条第1款对附件一国家履行减排承诺提出了制定国内相关政策和措施的要求。同时,议定书第11条第2款还规定,发达国家缔约方应该提供新的和额外资金帮助发达国家缔约方支付履行有关承诺所引起的全部增加费用;并规定考虑到资金流量必须充足和可以预测以及发达国家缔约方之间

---

① Kyoto Protocol: Status of Ratification, http://unfccc.int/files/essential_background/kyoto_protocol/application/pdf/kpstats.pdf, last visited on July 23, 2009.

② See UNFCCC/CP/1997/L.7/Add.1, 1997.

③ 欧盟作为一个整体,在《京都议定书》中承诺了8%的减排目标。1998年欧盟15国根据《内部分担协议》对减排目标进行了分割,两个最大的排放国——英国和德国承担了总减排量40%的减排任务。

④ 参见文末附录中表2《京都议定书》中各国的减排目标。

适当分担的重要性。

关于议定书的生效,第 25 条规定必须同时满足以下两个条件①:一是必须有不少于 55 个公约缔约方批准加入;二是必须有批准并加入议定书的附件一缔约方以 1990 年为基数的二氧化碳排放量不少于当年附件一缔约方总排放量的 55%。换言之,如果有其相应排放量综合高于 45% 的附件一缔约方不批准议定书,则议定书无法生效。这一苛刻的生效条件也为日后的谈判和议定书的生效带来了重重阻碍。

(二)京都机制下的清洁发展机制

议定书中具有创造性的成果是建立了三个灵活机制,即京都机制。在议定书第 6 条、第 12 条和第 17 条分别建立了旨在帮助实现减排的联合履行机制(Joint Implementation,简称 JI)、清洁发展机制(CDM)和排放贸易机制(Emission Trading,简称 ET)。这些机制允许发达国家通过碳交易市场等灵活完成减排任务,而发展中国家可以获得相关技术和资金。

其中,根据《京都议定书》第 6 条规定,"联合履约"机制是指允许附件一国家之间投资温室气体减排项目,项目投资国可以获得该项目产生的减排单位(Emission Reduction Units,简称 ERUs)或者转让此减排单位,以履行其在议定书下的温室气体减排承诺。根据《京都议定书》第 17 条规定,"排放贸易"机制是指一个附件一国家超额完成了其所承诺的减排任务后,便可以将其多余的减排额度出售给某个排放量超过减排目标的附件一国家。排放贸易是以确定的减排目标为依据,分配由排放目标所决定的排放额度,并允许对排放额度进行贸易。通过温室气体的排放贸易,既可以使附件一国家之间的边际减排成本区域平衡,达到附件一国家总减排成本的最小化,又可以促使附件一国家实现其减排任务。

虽然京都三机制都是附件一国家实现海外减排的重要部分,但

---

① The Kyoto Protocol requires fifty-five ratifications by countries accounting for 55% of the total Annex I carbon dioxide emissions as of 1990, Kyoto Protocol Article 24 (1).

CDM 和其他两者之间仍然存在着诸多不同：

第一，联合履约机制和排放贸易机制是附件一国家之间的合作机制，而 CDM 则是附件一国家和非附件一国家之间的合作机制，它们所涉及的合作参与方资格有着明显的差异。

第二，联合履约机制和 CDM 都是基于项目基础上的国际合作机制，而排放贸易机制则是以市场为基础的国际合作机制，其实施的载体不同。在项目合作下，缔约方通过投资于其他缔约方的减排项目从而获得减排额度，并非在市场上购买减排额度。而在排放贸易市场机制下，附件一国家可以在国际市场上购买其他附件一国家的排放额度，作为履行本国减排义务的组成部分。

第三，即使同为基于项目的国际合作机制，CDM 和联合履行之间也不尽相同。如果被投资方为减排成本较低的附件一国家，则为联合履约机制；如果被投资方为非附件一国家，则为 CDM。

第四，在项目减排成本上，CDM 比较符合经济学原理要求。联合履约的项目仅限于附件一国家之间，这些国家的减排成本相对于投资 CDM 的附件一国家而言比较高。因此，"当附件一国家选择以项目为基础的减排机制时，更青睐于 CDM"①。

虽然 CDM 在议定书中得以确立，然而关于如何具体履行 CDM，则是在经过了多年曲折艰苦的谈判之后，于 2001 年 7 月召开的第六次缔约方会议续会的波恩会议上，各缔约方才达成了一致协议，同时 CDM 规则也得以实践操作。

（三）议定书的评价及其影响

《京都议定书》的形成是大气科学与法律经济学的融合，是发达国家与发展中国家政治协调和利益博弈的结果。议定书代表着"经济和环境法律政策全球化的发展倾向"②，并界定了未来气候

---

① See Michael I. Jeffery, Using Market-Based Incentives to Curtail Greenhouse Gas Emissions: Factors to Consider in the Design of the Clean Development Mechanism, Joint Implementation and Emission Trading, *Asia Pacific Journal of Environmental Law*, Vol. 6, 2001, No. 2, pp. 145-146.

② Michael Grubbatel, *The Kyoto Protocol—A Guide and Assessment*, Royal Institute of International Affairs and Earth Scan Publication Ltd., 1999, p. 33.

变化国际法的基本结构。作为人类反省自身活动对环境造成破坏的结果,议定书也是人类自我修正和改错的开始。它为推动人类可持续发展、保护全球环境进程提供了真正全球性的框架,"为缓解全球气候变化问题搭建了更为细致的规则"①。

"议定书以具体的法律机制实现了对公约框架性法律原则的补充,它忠实地体现了公约的法律原则并就达到公约目标指定了多元化的可替代履约途径。公约与议定书实际形成了国内法体系中通常的'基本法律及其实施细则'的立法模式。"② 作为公约的补充,它与公约的最主要区别在于,公约鼓励发达国家减排,不具有法律约束力;而议定书强制要求发达国家减排,具有法律约束力。

作为人类历史上第一个为发达国家单方面规定减少温室气体排放具体义务的法律文件,议定书为37个发达国家及欧盟设立了强制性减排目标。但同时,在强制减排的规定下,议定书也带有一定的灵活性。议定书从各国能够接受的实际条件出发,并没有规定所有的发达国家都要减排。它规定新西兰、俄罗斯和乌克兰三国不减排,而挪威、澳大利亚和冰岛等国甚至还允许排放增长。③ 而且发达国家的减排目标相对比较低,议定书规定发达国家在2008—2012年平均减排5.2%,远远低于欧盟和广大发展中国家提出的"发达国家到2010年减排15%、到2020年再减排20%"的目标。④ 对于纳入减排范围的六种温室气体,议定书规定必须同时减排,而不能分步骤、分种类地进行削减,并要求承诺减排的国家定期公布其可证实性的实施进展。

此外,京都机制在不同程度上体现了共同但有区别责任原

---

① 薄燕:《国际谈判与国内政治:美国与〈京都议定书〉谈判的实例》,三联书店2007年版,第94页。

② 杜群:《气候变化的国际法发展:〈联合国气候变化框架公约京都议定书〉述评》,载《环境资源法论丛》2003年第3卷,第256页。

③ 议定书规定,挪威增长1%,澳大利亚增长8%,冰岛增长10%。

④ See Stewart Smith, *IPCC Report Confirms EU Call for Deep Cuts in Global Greenhouse Gas Emissions*, http://engineers.ihs.com/news/eu-en-greenhouse-gases-5-07.htm, last visited on May 16, 2010.

则，没有规定发展中国家必须采取的措施，这正是因为发达国家应该对全球变暖承担更多的责任。① 而 CDM 则更充分地显示了这一原则，因为 CDM 的核心意义在于要求发达国家为发展中国家实现可持续发展和温室气体减排提供资金和技术援助。

"为了应对气候变化，全球应减排 60% 以上才能恢复以往的水平，而《京都议定书》才要求减排 5% 而已，远远不够。"② 可以说，议定书的达成是各方利益妥协的结果，在很大程度上满足了各谈判主体的要求。它在不阻碍发达国家经济发展的同时，为发达国家规定了有约束力的减排目标，又提供了灵活履约机制。大部分的发展中国家也实现了双赢，既加强了发达国家的减排承诺，又避免了自身承担强制减排的义务。然而，在实践中，京都机制可能导致夸大项目减排的效果，在一定程度上减少发达国家根据议定书所承担的减排义务。③ 根据排放贸易机制，发达国家之间可以进行减排额度的排放权交易，这种方式虽然可以帮助实现其减排目标，但却无助于减缓全球变暖的趋势。联合履约和 CDM 制度下，由于项目带来的减排量将用于增加发达国家的排放许可，因此参与方可能会夸大项目的实际减排效果，增加在缺乏项目情况下原本可能排放量的估算值，使得双方的减排量严重缩水，从而影响了议定书在减缓全球变暖上的实际功效。

三、《布宜诺斯艾利斯行动计划》

《京都议定书》签订后 10 个月，1998 年在阿根廷布宜诺斯艾利斯召开的第四次缔约方会议通过了关于具体实施减排的时间表，

---

① 参见杨兴：《气候变化框架公约研究——国际法与比较法视角》，中国法制出版社 2007 年版，第 181 页。

② Ian H. Rowlands, The Kyoto Protocol's Clean Development Mechanism: A Sustainability Assessment, *Third World Quarterly*, Vol. 22, No. 5, 2001, p. 803.

③ See Harro van Asselt, From UN-ity to Diversity? The UNFCCC, the Asia-Pacific Partnership, and the Future of International Law on Climate Change, *Carbon & Climate Law Review*, Vol. 1, No. 1, 2007, p. 17.

决定在 2000 年就减缓全球温室气体排放的计划采取具体行动。在会上，发达国家坚持将发展中国家自愿减排承诺①列入议程，遭到了发展中国家普遍的坚决反对，从而引发了激烈的矛盾。在 161 个参与国家通过两个星期的讨论和谈判后，终于通过了包括《布宜诺斯艾利斯行动计划》(Buenos Aires Plan of Action)② 和《审评资金机制》等在内的 19 项决定。

《布宜诺斯艾利斯行动计划》是此次缔约方会议所取得的最主要的成果，它把 2000 年定为最后期限，要求国际社会必须在此之前解决有关减少温室气体排放的机制问题。包括发达国家如何向发展中国家转让环保技术，以及发达国家是否能通过向那些排放量远低于其所规定标准的国家提供资金等方式来促进京都机制的灵活运行。尤其是规定了 CDM 机制的行动细则，包括 CDM 的性质和范围、项目合格性标准、与可持续发展的协调、审查和核证标准、制度定位、原则和指南等，使得议定书中显得空泛的 CDM 具备了实际操作性。这在进一步增强京都机制的操作性基础上，有力地推动了议定书的批准和生效。同时，《布宜诺斯艾利斯行动计划》还初步涉及公约的遵守机制问题，提出了对于违反公约者应采取相应的惩罚措施。

总的来说，《布宜诺斯艾利斯行动计划》在京都机制的基础上向前迈进了一步。虽然在减少温室气体排放量方面仍然存在着

---

① 所谓自愿减排承诺，是指一些可能受到气候变化严重影响的国家（特别是岛国）和没有直接利害关系的发展中国家积极加入到温室气体的减排中去，承担减排任务，并使自愿减排承诺成为有法律约束力的条款。参见杨兴：《气候变化框架公约研究——国际法与比较法视角》，中国法制出版社 2007 年版，第 27 页。

② 《公约缔约方会议第四次会议报告：布宜诺斯艾利斯行动计划》，1999 年 1 月 25 日通过。See Conference of the Parties to the Kyoto Protocol, Buenos Aires, Arg., Nov. 2-14, 1998, *Report of the Conference of the Parties on its Fourth Session—Part Two: Action Taken by the Conference of the Parties at its Fourth Session*, Decision 9/CP.4, U. N. Doc FCCC/CP/1998/16/Add—.1（Jan. 25, 1999），http：//unfccc.int/resource/docs/Chinese/cop4/cp0416a01c.pdf # page=4, last visited on September 29, 2009.

诸多的问题,但是《布宜诺斯艾利斯行动计划》为克服这些问题提供了有力的解决基础和条件。在发展中国家的努力坚持下,自愿减排承诺未被列入会议议程,使得发达国家让发展中国家承担减排义务的目的没有实现,充分体现了共同但有区别责任原则。

但同时此次会议也提供了一个信号,即随着缔约方会议谈判进程的不断发展和京都机制的不断深化,发展中国家阵营中出现了分裂因素。这不仅加大了谈判的难度,也不利于维护发展中国家的整体利益,更不利于国际社会在气候变化制度上携手前进。

四、《波恩协议》

第六次缔约方会议于 2000 年 11 月 13 日至 25 日在海牙召开,会议的主要目的是提出落实议定书的具体措施,以切实履行发达国家在议定书中作出的减排承诺,同时发展中国家期望通过这次会议得到发达国家向他们转让清洁能源技术的保证。[①] 但由于发达国家和发展中国家在技术转让、资金机制和能力建设等问题上的立场大相径庭,使得会议无果而终。

在此次海牙会议中,涉及 CDM 的争论焦点主要有:

第一,关于京都机制的补充性问题。欧盟国家主张首先应该通过严格的国内政策努力实现减排计划,当国内的减排措施不能完成减排任务时,才考虑利用京都三机制。而美国和其他国家则认为,排放权交易是各国的自由选择,不应该设定限制。相反,应该在不减慢经济发展速度的前提下,选择较低成本的方式来履行减排义

---

① See Conference of the Parties to the Kyoto Protocol, The Hague, Neth., Nov. 13-25, 2000, *Report of the Conference of the Parties on the First Part of its Sixth Session—Part Two: Action Taken by the Conference of the Parties at the First Part of its Sixth Session*, Decision 1/CP. 6 Annex, Note by the President of the Conference of the Parties at its sixth session, dated 23 November 2000, Box C, U. N. Doc FCCC/CP/2000/5/Add. 2 (Apr. 4, 2001), last visited on September 29, 2009.

务。然而，大多数发展中国家都倾向于前者，主张将京都机制作为实现国内减排目标的补充。①

第二，关于 CDM 的项目对象问题。欧盟主张应优先考虑具有确定性的项目，发展中国家和欧盟以外的发达国家则主张应该由项目实施地国家即发展中国家来判断和选择项目。

第三，关于 CDM 项目的适应基金来源问题。议定书规定"要征收 CDM 项目所得利益的一部分作为发展中国家的气候变化适应基金"②。"发展中国家认为，如果只从 CDM 项目征收而不从其他项目征收，那么 CDM 的资金要求比例将很高，因此，要求对排放贸易和联合履行机制也征收以充实适应基金。"③

第四，关于 CDM 项目的基准线设定、项目管理组织的构成与权限等问题，发达国家与发展中国家也未能达成共识。

海牙会议的失败，阻滞了国际社会为落实议定书而前进的步伐，也充分表明了国际气候变化谈判的复杂性与艰巨性。由于美国与欧盟之间、发达国家与发展中国家之间在一些关键性问题上的僵持使得议定书的生效与实施前途不明。作为全球最大的温室气体排放国，2001 年 3 月美国宣布退出议定书，随后加拿大、日本、澳大利亚等国对议定书的消极态度更是给国际社会所进行的努力蒙上了阴影。在此背景下，如何挽救议定书的命运成为各缔约方首要关注的问题。为此，第六次缔约方会议的波恩续会于 2001 年 7 月召开，有 181 个国家的代表团参与。会议在京都机制的实施、吸收汇、不履约惩罚机制和对发展中国家的资金和技术援助等问题上陷入僵局。最终缔约各方借助于会议执行主席、荷兰环境大臣普龙克

---

① 《中国代表团团长刘江部长在气候变化公约第六次缔约方会议上的发言》，see http://www.ipcc.cma.gov.cn/upload/unfccc/liujiang2004.pdf, last visited on September 27, 2009.

② Kyoto Protocol Article 12 (8).

③ 李慎明等主编：《2002：全球政治与安全报告》，社会科学文献出版社 2002 年版，第 176 页。

提出的一揽子建议而达成妥协,通过了《波恩协议》(Bonn Agreement)。①

《波恩协议》的主要内容②包括:首先,关于京都机制的补充性。《波恩协议》规定京都三机制都可以被用来履行各缔约方在京都机制下的义务,对于附件一缔约方适用京都机制获得的减排量上限不予限制。③ 同时,京都机制应该作为缔约方履行国内减排义务的补充,各国国内减排和使用京都机制获得的减排额度都可以作为完成规定减排任务的组成部分。

其次,关于 CDM 项目的适用问题。根据协议规定,东道国拥有确认某一 CDM 项目是否能够实现本国可持续发展的权力。在第一承诺期内,发展中国家所进行的防止森林砍伐的项目不得算作 CDM 项目,且附件一缔约方不得使用由核设施产生的减排来完成京都义务。同时,协议还对小型 CDM 项目的类型和规模作出了规定,允许小型项目实施简化、快捷的管理模式和程序。

另外,关于资金机制问题。协议规定在公约框架下设立"气候变化专项基金"用来应对气候变化的适应措施、技术转让和管理事项等;设立"最不发达国家基金"以协助建立国家适应计划与行动方案等;设立"适应基金"用于计算 CDM 项目的研讨与执行,基金主要来源于 CDM 所产生的收益和其他资金。这三项资金

---

① See Conference of the Parties to the Kyoto Protocol, Bonn, F. R. G., Oct. 25-Nov. 5, 1999, *Report of the Conference of the Parties on its Fifth Session—Part Two: Action Taken by the Conference of the Parties at its Fifth Session*, Decision 13/CP. 5, pmbl., U. N. Doc FCCC/CP/1999/6/Add. 1, last visited on September 28, 2009.

② 关于协议内容,参见王曦主编译:《联合国环境规划署环境法教程》,法律出版社 2002 年版,第 222~223 页;李慎明主编:《2003 年全球政治与安全报告》,社会科学文献出版社 2003 年版,第 108~110 页;秦天宝、周艳芳:《关于气候变化的〈波恩协定〉及其前景展望》,载《世界环境》2002 年第 1 期,第 22~24 页。

③ See United Nations, *Governments Adopt Bonn Agreement on Kyoto Protocol Rules*, ENV/DEV/594 (July 23, 2001), available at http://www.un.org/News/Press/docs/2001/envdev594.doc.htm, last visited on September 22, 2009.

机制的出台得到了广大发展中国家的赞成，但在实践中由于发达国家的资金援助有限，使得这三项机制的实施付诸流水。

此外，《波恩协议》规定，允许将吸收汇项目作为 CDM 项目，但按照议定书第 12 条 CDM 项目下的合格土地使用及其变化和林业活动限于造林和再造林项目，其使用的总量不得超过 1990 年排放基准量的 1%。协议还允许发达国家将自 1990 年开始因造林和再造林而吸收的二氧化碳量纳入所承诺的减排量。这实际上是允许某些森林大国运用本国林业优势来减轻其所承担的减排额度，以换取对议定书的批准。

从《京都议定书》的前途而言，《波恩协议》在关键时刻挽救了其命运，为议定书的生效进一步奠定了基础，也推动了国际气候谈判的继续。可喜的是，波恩会议在没有美国参与的情况下达成了协议，并在议定书的履行遵守方面达成了初步成果：附件一缔约方在第一承诺期内没有完成的减排额度应在第二承诺期内补足，还必须累加上 30%的惩罚性减排量，并且该缔约方在恢复到遵约状态之前，不能参加排放交易。然而，《波恩协议》只是笼统地强调了关于履约的手续和机制，并未对遵约制度作出最后的、明确的决议，这也从根本上决定了它在将来的执行力不足。但从另一方面而言，"协议本身对议定书的具体实施规则进行的探讨深化，是议定书履行道路上的突破，是对议定书的完整性所做的最大努力"。①

五、《马拉喀什协定》

2001 年 10 月在摩洛哥马拉喀什举行了第七次缔约方会议，此次会议的主要任务是落实《波恩协议》的技术性谈判。会议以一揽子的方式通过了一系列决定，统称为《马拉喀什协定》②

---

① 杨兴：《气候变化框架公约研究——国际法与比较法视角》，中国法制出版社 2007 年版，第 527 页。

② Marrakesh Accords, Conference of Parties to the UNFCCC, *Report of the Conference of the Parties on its Seventh Session*, 2001, UNFCCC/CP/2001/13/Add. 3, Decision 24/CP. 7（2001），see http：//unfccc. int/resource/docs/cop7/13a03. pdf#page=64，last visited on September 27, 2009.

（*Marrakesh Accords*）。为争取俄罗斯、日本等国批准议定书，发展中国家和欧盟在碳汇和履约问题上作出了让步。在波恩会议上形成的关于资金、技术转让和能力建设等问题的草案，未经修改即予通过，从而最大程度上维护了《波恩协议》的完整性。

在涉及 CDM 的实施问题上，《马拉喀什协定》对 CDM 的具体操作细则进行了解释，为 CDM 的实施铺平了道路，是 CDM 问题谈判过程中具有里程碑意义的事件。[1]《马拉喀什协定》第 17/CP.7 号决定《〈京都议定书〉第十二条的清洁发展机制的方式和程序》，内容包括决定、附件、附录等。第 17/CP.7 号决定于 2001 年 11 月 10 日第 8 次全体会议通过，并形成决定草案提请至缔约方会议审查。[2] 它详细说明了实施 CDM 所应遵循的方式和技术程序，并表明了大会对一些关键问题的态度。其主要宗旨在于：申明东道国有权确认某一 CDM 项目是否有助于实现可持续发展；督促附件一缔约方不得使用核设施产生的减排额度来履行议定书的义务；促进 CDM 项目在地域上的公平分布；强调附件一所列缔约方用于 CDM 项目的公共资金不应造成官方发展援助的转移，应区分于并不得计为附件一所列缔约方资金义务；在技术转让上，要求实现技术转让之外的环境安全和无害的技术；为项目参与方和指定的经营实体、特别是为确立可靠、透明和稳定的基准线提出指导意见，以评估 CDM 项目是否符合议定书第 12 条第 5 款 c 项的额外性标准。其具体内容包括：提出 CDM 的具体实施细则；对实施 CDM 项目的一些重要问题作出了清晰的原则性解释，如组建管理机构、植树造林项目与 CDM 的关系、简化小规模 CDM 项目的实施程序等；详细说明了 CDM 相关管理机构各自的职能以及选择标准；明确定义了 CDM 的相关重要概念；针对 CDM 实际操作中的程序和基本要求进行解

---

[1] See Conference of the Parties to the Kyoto Protocol, Marrakesh, Morocco, Oct. 29-Nov. 10, 2001, *Report of the Conference of the Parties on its Seventh Session—Part Two：Action Taken by the Conference of the Parties*, Decision 11/CP.7 Annex, UNFCCC/CP/2001/13/Add.1.

[2] Marrakesh Accords—Decision17/CP.7, Article 20.

释等。

协定附件中主要涉及CDM的具体实施规则，其主要内容包括：定义①（减排单位、经核证的减排量、分配数量单位、清除单位、利害关系方的定义）、明确作为议定书缔约方的会议缔约方的职责和作用②、执行理事会③、认证和指定经营实体④、指定经营实体⑤、参与要求⑥、审定和登记⑦、监测⑧、核查和核证⑨以及核证的减排量的发放⑩。在附录A中，主要是对经营实体认证标准进行详细解释，包括经营实体的对象范围和申请资格要求。附录B规定了CDM项目设计书的所需资料要求。附录C制定了CDM方式和程序的基准线指南和监测方法的职权范围。附录D详细规定了CDM的登记册要求，主要记载与已核证的减排量的发放、持有和转让或获取有关的共同数据，以确保各国登记册、CDM登记册和独立的交易日志之间准确、透明和有效的数据交换。

《马拉喀什协议》为《布宜诺斯艾利斯行动计划》的最终完成盖上了印记，恢复了人们对气候变化谈判进程的信心，它为促成议定书的早日生效进一步扫除了障碍。此外，《马拉喀什协定》将CDM的实施推进到了实质性的步骤，它充分考虑到发展中国家的可持续发展战略和发达国家的资金与技术援助。会议详细谈论并制定了京都机制的基本运行规则，"特别是对CDM的运行方式和程

---

① Marrakesh Accords—Decision17/CP.7 Annex, Article 1.
② Marrakesh Accords—Decision17/CP.7 Annex, Article 2-4.
③ Marrakesh Accords—Decision17/CP.7 Annex, Article 5-19.
④ Marrakesh Accords—Decision17/CP.7 Annex, Article 20-25.
⑤ Marrakesh Accords—Decision 17/CP.7 Annex, Article 26-27.
⑥ Marrakesh Accords—Decision 17/CP.7 Annex, Article 28-34.
⑦ Marrakesh Accords—Decision 17/CP.7 Annex, Article 35-52.
⑧ Marrakesh Accords—Decision 17/CP.7 Annex, Article 53-60.
⑨ Marrakesh Accords—Decision 17/CP.7 Annex, Article 61-63.
⑩ Marrakesh Accords—Decision 17/CP.7 Annex, Article 64-66.

序的确定,为 CDM 从理论到实践铺开了道路"。①

第二节 清洁发展机制的国际法理论基础

一、国际气候合作原则与清洁发展机制

气候变化已经由单纯的环境问题演变为一个关乎全球发展包括环境、国际政治、世界经济、国际贸易的复杂议题,而且这一特征极有可能在经济和环境问题全球化的双重作用下继续得以强化。这种严重性和紧迫性为气候领域的国际合作提供了内在要求,使国际社会认识到必须而且只有以国际合作的方式来解决全球气候变化问题。

(一) 国际合作原则

1945 年《联合国宪章》在述及联合国宗旨时,其第 1 条规定:促成国际合作,以解决国际间属于经济、社会、文化及人道主义性质之国际问题,且不分种族、性别、语言或宗教,增进并激励对于全体人类之人权及基本自由之尊重。这是国际合作原则被确立为国际法基本原则在国际法律文件中的最早体现。1970 年联合国大会一致通过《关于各国依联合国宪章建立友好关系及合作之国际法原则宣言》(简称《国际法原则宣言》)将国际合作原则明确定为现代国际法基本原则之一。从此,国际合作原则为国际公认和广泛接受,适用于国际法各个领域,作为具有普遍法律效力的国际法基本原则。

国际合作是现代国际法的一项基本义务,每个国家都应当与其他国家合作以解决关乎人类共同利益的重大问题。国际合作原则的存在基础是人类具有共同的利益。从一定意义上说,国际合作是主

---

① Christopher Carr and Flavia Rosembuj, Flexible Mechanisms for Climate Change Compliance: Emission Offset Purchases under the Clean Development Mechanism, *New York University Environmental Law Journal*, Vol.16, No.1, 2008, p.48.

权国家及其他国际行为主体为谋求自身生存和发展,增进各自利益的必然产物和必要手段。国际合作既是国际法形成的前提和基础,也是国际法得以实施和实现的关键。随着全球化进程的推进,国际合作原则成为制定一系列国际条约、公约的指导性原则。

国际气候合作是国际合作原则在气候领域的体现。气候变化问题关系到全人类的总体利益,世界各国必须提高共识,在保护气候环境上提供国际合作。

(二) 国际气候合作是应对气候变化问题的必然选择

1. 气候变化问题的全球公共属性和不平衡性是进行国际气候合作的基础。一方面,气候变化属于全球公共问题。在不同的国家之间,尽管存在着政治、经济、军事、文化、历史等诸多差异,但对于气候变化的影响,任何国家都无法避免。由于大气资源是公共资源,具有公共属性。在个体享有它时,不能排除其他人享用,也不存在着非得通过竞争才能获得,因而具有非排他性和非竞争性。生活在大气中的每个个体都享有相同的环境权益,这使得在气候治理中容易出现"公地悲剧"和"搭便车"现象。①

另一方面,基于气候系统的高度流动性,大气中温室气体的浓度不是以某一国家的排放量为基准,而是以所有国家在大气中的总排放水平为基准。这必将影响单个国家的减排积极性。即使所有国家都参与减排,但出于经济发展的考虑,每个国家都希望将本国的减排量降到最低。而且,由于气候变化影响的全球性,排污者并没有也无法对其排污行为负全部责任,气候资源的污染后果是由所有社会成员来共同面对的。这对于从历史上来看排放量较少的发展中国家而言有失公平。同时,减少温室气体排放获取的收益是非竞争性的,承诺削减排放的国家或地区也不可能阻止其他国家从中"搭便车"。

2. 国际气候合作是协调主权国家在气候领域内权益冲突的共同选择。全球气候变化也给国家主权带来了挑战。国家主权作为一

---

① See Peter S. Menell ed., *Environment Law and Policy*, New York Little Brown & Company Limited, 1994, p. 55.

国处理对内对外事务的最高权力,在气候治理领域不是绝对的。一国在对本国自然资源行使主权的同时,不得影响他国的资源利用和生态平衡;而一国的环境保护行为也应在维护本国利益的同时对他国、对全球负责。与此同时,气候问题的跨界属性使其一开始就与不同主权国家的政治、经济等利益问题纠缠在一起,呈现出内政和外交的双重属性,其治理的难度也远远超越了单个主权国家的能力范畴。而以国家主权平等为核心的现代国际关系体系缺乏一个可以通过自上而下的方式对应对气候变化作出制度安排的体制。如何协调一国的利益和人类共同利益之间的矛盾、在国家主权和气候治理之间寻求一个平衡点,使二者有机地结合,既能维护国家的主权权益,又能有效应对气候变化,是各国面临的共同问题。

事实证明,任何一个国家都没有能力解决全球气候问题,即使是一个国家内部的气候问题,往往也需要他国的支持和援助。气候变化问题的解决必须依靠国际合作,克服国家间存在的利益差别及矛盾,把共同利益放在首位,取得共识,才能实现最低成本的气候治理。

(三)清洁发展机制是国际气候合作形式的新发展

为了进一步落实国际气候合作原则,《京都议定书》中提出了具体操作方案。在议定书第10条第3款中提出:"所有缔约方应合作促进有效方式用以开发、应用和传播与气候变化有关的有益于环境的技术、专有技术、做法和过程,并采取一切实际步骤促进、便利和酌情资助将此类技术等特别转让给发展中国家或使他们有机会获得。"① 当前,国际气候合作的最显著成果是建立了京都三机制。其中,只有CDM是发展中国家直接参与的合作机制。CDM下的气候合作,提高了国家参与气候变化应对的积极性和灵活性。②

依托具体的合作项目,CDM必须遵守一整套国际规则和审核标准。对于CDM项目参与国来说,必须承担信息通报义务,并建

---

① Kyoto Protocol Article10 (3).
② 参见佟新华:《基于清洁发展机制的东北亚环境合作研究》,长春出版社2009年版,第73页。

立有效的国内管理体制和审核制度。在项目合作中，国际社会对项目及其产生的温室气体减排量有严格的要求，从项目识别到签发CERs，除了与项目收益密切相关的商业机密以外，所有的信息都应该公开，并接受缔约方的监督。只要项目的某一方面没有满足国际标准和规范，就将无法获得CERs。这些措施的实现，都依赖于CDM合作参与方之间所建立的信任和合作理念。

二、可持续发展原则指导下的清洁发展机制

"气候变化既是环境问题，也是发展问题，但归根结底是发展问题。"①

（一）可持续发展原则的形成及其内涵

作为当今发展理论与政策研究中最核心的概念之一，可持续发展概念从萌发到形成、从理论探讨到付诸政策实践，经历了漫长的过程。

1972年著名的报告《增长的极限——罗马俱乐部关于人类困境的报告》②，第一次将可持续发展列入人类思考和研究的范畴之内。此后，人类的思维方向发生改变，逐渐树立了使人类的增长与自然相和谐，实现可持续发展的意识。③ 1972年通过的《人类环境宣言》中强调，"人类负有保护和改善这一代和将来的世世代代的环境的庄严责任"。《人类环境宣言》体现了可持续发展的思想，它标志着可持续发展原则的萌芽。

"1987年世界环境与发展委员会向联合国提交的报告《我们共同的未来》(*Our Common Future*) 中首次提出可持续发展概念。"④报告指出，"世界各国经济和社会发展的目标必须根据持续性的原

---

① 2007年《中国应对气候变化国家方案》前言第一句。
② 参见［美］丹尼斯·米都斯：《增长的极限罗马俱乐部关于人类困境的报告》，李宝恒译，吉林人民出版社1997年版，第17页。
③ 参见徐崇温：《全球性问题和"人类困境"——罗马俱乐部的思想和活动》，辽宁人民出版社1986年版，第129页。
④ 参见世界环境与发展委员会：《我们共同的未来》，国家环境保护总局外事办公室译，世界知识出版社1993年版，第19页。

则加以确定……必须从持续发展的基本概念及实现战略的共同认识出发"①。在报告中,"可持续发展第一次作为一项原则和战略提出"②,并对其要求和目标予以明确,使得可持续发展初步形成为一项具有逻辑内涵和完整内容的思想体系。

1992年联合国环境与发展会议制定并通过了《里约环境与发展宣言》与《21世纪议程》等重要文件,会议确立"可持续发展原则作为国际法的一项基本原则"③,标志着可持续发展原则在国际社会的正式确立。《21世纪议程》作为《里约环境与发展宣言》的进一步细化,制定了实施可持续发展的详细计划,并要求各国都应将可持续发展原则贯穿于国内立法、决策和国际立法中去。

2002年约翰内斯堡可持续发展世界首脑会议敦促世界各国为贯彻和落实可持续发展原则作进一步的努力。"这给世界各国在21世纪参与全球可持续发展进程注入了新动力,开启了可持续发展原则在新世纪发展的新阶段。"④

虽然当前关于可持续发展原则的内涵并没有统一的表述,但从众多定义和解释中可以总结出,"可持续发展原则的核心在于其所追求的可持续性,它主要包括三个要素:生态性、经济性和社会

---

① 世界环境与发展委员会:《我们共同的未来》,国家环境保护总局外事办公室译,世界知识出版社1993年版,第19页。
② Sam Headon, Whose Sustainable Development? Sustainable Development Under the Kyoto Protocol, the Cold Play Effect, and the CDM Gold Standard, *Colorado Journal of International Environmental Law and Policy*, Vol. 20, No. 2, 2009, p. 131.
③ Sam Headon, Whose Sustainable Development? Sustainable Development Under the Kyoto Protocol, the Cold Play Effect, and the CDM Gold Standard, *Colorado Journal of International Environmental Law and Policy*, Vol. 20, No. 2, 2009, p. 131.
④ 徐祥民、孟庆磊等:《国际环境法基本原则研究》,中国环境科学出版社2008年版,第40页。

性,或称环境保护、经济发展和社会公平"①。可持续发展要求人类与生态环境共同发展,要求经济、社会经济的发展必须同资源的开发、利用和环境保护协调一致,在满足当代人需要的基础上,还要保持环境客体满足后代人需要的能力。

为此,坚持可持续发展原则首先必须致力于保证公平。公平包含代内公平(Intra-generational Equity)和代际公平(Intergenerational Equity)。代内公平要求经济发展必须满足全球当代人的基本需要和给予其提高福利水平的机会,消除不同阶层之间、不同地域之间和不同国家之间在机会选择和成果占有上的差别悬殊和两极分化现象。而根据代际公平②观点,"实现可持续发展必须在时间上遵守理性分配原则,代际之间必须按照公正和合理的原则去使用和管理属于全人类的自然资源与环境"③。

其次,风险预防原则也是实现可持续发展的必然要求。由于气候变化所致的严重损害,加上对其认识存在着诸多不确定性,风险预防成为应对环境和气候问题的基本理念。④它要求在预防危害的目标范围内,避免或减少会产生污染的危险行为,并对未来环境资

---

① Ian H. Rowlands, The Kyoto Protocol's Clean Development Mechanism: A Sustainability Assessment, *Third World Quarterly*, 2001, Vol. 22, No. 5, p. 798.

② 作为国际法领域的一项框架性原则,代际公平原则最早由 Professor Edith Brown Weiss 在其 1989 年出版的著作 *In Fairness to Future Generations: International Law, Common Patrimony, and Intergenerational Equity* 中予以详细阐释,她将当代人对资源的使用权利及其为后代充分保护储存资源的义务相融合,强调了代际公平的核心是当代人的权利和义务的统一。See Lynda M. Collins, Revisiting the Doctrine of Intergenerational Equity in Global Environmental Governance, *Dalhousie Law Journal*, Vol. 30, No. 1, 2007, p. 93.

③ 参见李强:《国际气候合作与可持续发展》,载《社会主义研究》2009 年第 1 期,第 123~127 页。

④ http://www.unep.org/Documents/Default.asp?DocumentID=78&ArticleID=1163, last visited on September 27, 2009.

源采取预先的保护措施,以维持其永续存在和利用。①

总之,可持续发展原则已经成为当前国际社会经济发展、社会协调、环境保护的综合指导,它的广泛运用及其深远影响甚至被大部分学者认为"其效力已经达到习惯国际法的层次"②。

(二)清洁发展机制体现了可持续发展原则的要求

1992年的公约和1997年的议定书都将可持续发展原则作为基础和出发点。公约第3条指出:"缔约方有权利并且应当促进可持续发展。保护气候系统免遭人为变化的政策和措施应当适合每个缔约方的具体情况,并应当结合到国家的发展计划中去,同时考虑到经济发展对于采取措施应付气候变化是至关重要的。"③在议定书中,CDM作为实现低成本减排与可持续发展双重目标的履约机制而生。

可持续发展原则对CDM的指导作用主要体现在CDM项目合格性审核要求上。根据议定书规定,合格的CDM项目必须能够促进项目所在地经济和社会的可持续发展。对此,《马拉喀什协定》中对CDM在促进非附件一国家可持续发展中应遵循的原则进行了具体规定④:

一是与发展中国家发展战略与优先领域相一致;

二是促进发展中国家所需要的先进高效的环境友好技术,特别是能源技术的转让;

三是有助于发展中国家社会经济的发展;

四是有助于发展中国家缓解和适应气候变化的能力建设;

五是有助于发展中国家区域环境的改善等。

---

① 参见陈慈阳:《环境法总论》,中国政法大学出版社2003年版,第170~171页。

② See Lynda M. Collins, Revisiting the Doctrine of Intergenerational Equity in Global Environmental Governance, *Dalhousie Law Journal*, Vol. 30, No. 1, 2007, p. 131.

③ UNFCCC Article 3 (4).

④ 参见刘德顺、马玉清等:《清洁发展机制及气候公约综合谈判对策研究专题总报告》,清华大学核研院2000年版,第12页。

这些原则是东道国判断 CDM 项目的可持续发展贡献的主要参照。对发展中国家来说，通过 CDM 可以获得资金技术和环境改善，鼓励发展中国家使用清洁能源。这种机制是对发展中国家在环境保护方面增加投资的一种激励，有助于协调经济发展和环境保护的关系，促进发展中国家的可持续发展。

三、共同但有区别责任原则为核心的清洁发展机制

解决国际环境问题的有效途径就是在各个领域缔结相应的国际公约，明确各国应当承担的责任。但是如何分担责任在发展中国家和发达国家之间产生了分歧。基于不同的理论基础，发展中国家和发达国家都对责任的分担有自己的主张。在不断的争论和妥协中，共同但有区别责任原则被提出并逐步得到确认。[1]

（一）共同但有区别责任原则的提出

1992 年在联合国环境与发展大会上，发达国家希望所有的国家共同承担保护全球环境的责任，而发展中国家则强调它们要优先发展经济，并谴责发达国家造成了全球环境的恶化。这一矛盾在会议通过的《里约环境与发展宣言》中反映为第七项原则，即共同但有区别的责任原则。此后该原则在许多重要的国际法律文件中得到确认并不断完善。

从经济学和社会学基础上来讲，共同但有区别的责任原则源于"公平与效率间的平衡"。而大气环境容量的有限决定了它的稀缺性，在进行温室气体排放权分配时，要严格遵循公平原则。这既肯定了每个人对公共资源享有的平等权益，又能在最大程度上缓解各国关于减排目标的矛盾。并且，想要社会主体拥有更大的自主权利，就必须更多地体现和促进效率原则，并以总成本最小化来达到目标。虽然公平和效率原则都是国际气候合作的基石，但在协调各国利益时，公平原则显得更为重要。从某种意义上来说，追求效率

---

[1] See Albert Mumma and David Hodas, Designing a Global Post-Kyoto Climate Change Protocol That Advances Human Development, *Georgetown International Environmental Law Review*, Vol. 20, No. 4, 2008, pp. 628-633.

是为了实现最终的公平。

(二) 共同但有区别责任原则的内涵

"根据共同但有区别的责任原则，各国对保护和改善全球环境负有共同的但又有区别的责任。"① 共同但有区别的责任原则"反映了国际法中两种相互对立的趋势，一方面是对普遍主义的需要，而另一方面是对发展中国家特殊待遇的需要"②。它蕴含着两个既相对独立又有机统一的内容，即共同的责任和有区别的责任。

共同的责任是指为了全人类的共同利益，世界各国不管国土面积、经济发展程度、资源禀赋等方面存在何种差别，都应积极承担保护和改善全球环境的责任。它源于国际法上"人类共同的利益"和"人类共同继承的财产"之理念。③ 全球环境的保护是各国共同关切的事项，而不只是某一个国家的国内立法问题。各国唯有携手合作、共同承担责任，才有保障整个人类继续生存和持续发展之可能。④ 按照国家主权平等原则，各国都有参与国际气候事务包括制定相关国际规范的权利，必须采取有效措施保护和改善本国环境，并相互提供国际支持和援助。发展中国家不应以自己经济发展水平低、科学技术落后、专业人员匮乏等为由，回避其应当承担的责任。事实上，发展中国家积极参与构建国际气候制度，不仅有利于反映其所关注的事项或利益，还能确保制定出来的制度稳定地被实施。值得注意的是，共同责任并不导致相同的义务。共同责任最重要的价值在于促进了所有国家的参与，区别责任的主张则使得国

---

① 王曦：《国际环境法》，法律出版社 2005 年版，第 108 页。

② Duncan French, Developing States and International Environmental Law: the Importance of Differentiates Responsibilities, *International and Comparative Law Quarterly*, Vol. 49, No. 1, 2000, p. 5.

③ See Duncan French, Developing States and International Environmental Law: the Importance of Differentiates Responsibilities, *International and Comparative Law Quarterly*, Vol. 49, No. 1, 2000, p. 45.

④ 参见秦天宝：《国际法的新概念"人类共同关切事项"初探——以〈生物多样性公约〉为例的考察》，载《法学评论》2006 年第 5 期，第 99~102 页。

际制度在政治上可以被接受。

有区别的责任是指各国所承担的气候责任与它们在历史上和当前对地球环境造成的影响和压力成正比的。区别责任的存在主要基于以下几个理由：首先，发达国家的经济发展是建立在对资源的掠夺和长期过度消耗的基础上，所以发达国家理应承担比发展中国家更多的责任。① 其次，就能力建设而言，发达国家既有资金又有技术来应对全球气候问题，而发展中国家因存在经济和科技实力不足等现实问题很难真正平等和有效地参与责任的分担过程。因此，有能力的发达国家应当帮助发展中国家解决气候应对问题。② 最后，从政治可行性角度而言，对发达国家来说，全球气候问题是他们高度关注的重大问题；而对发展中国家来说，这可能只是未来要考虑的问题，它们更加注重经济发展，而甚于全球气候变化。在此情况下，发达国家较为容易地同意给予发展中国家区别待遇。对此，有学者认为"区别责任实际上是为了确保气候合作治理过程中的普遍参与而付出的必要代价"③。

共同但有区别责任原则是共同责任和有区别责任的有机统一。气候问题的复杂性决定了必须将共同责任和有区别责任两者有机结合起来，才能有效地应对人类气候危机。共同责任是区别责任的基础和前提条件，正是这种义务的共同性和命运的相关性才牵引着许多国家走到一起。而区别责任则是对共同责任的进一步细化和限定，是实现共同责任的有效途径。因此，共同但有区别的责任原则应当作为一个整体来理解，不能将共同责任和区别责任割裂开来。共同是前提，只有在共同的基础上才能够讨论区别；区别是对共同的限定，也是实现共同的重要手段。"共同责任为环境保护的全球

---

① UNFCCC Article 4 (1).

② See Philippe Cullet, *Differential Treatment in Internatioanl Environmental Law*, Ashgate Publishing Limited, 2003, p. 16.

③ Philippe Cullet, *Differential Treatment in Internatioanl Environmental Law*, Ashgate Publishing Limited, 2003, pp. 57-69.

行动提供了基础,区别责任则为实施这样的行动提供了动力。"①

(三)共同但有区别责任原则在气候变化国际法中的体现

共同但有区别责任原则之所以成为应对气候变化问题国际合作的根基,是因为它不仅反映了各国经济发展水平、历史责任、当前人均排放上的差异,更凝聚了国际社会的共识。"这一原则构成了发达国家和发展中国家之间(或附件一和非附件一国家)关于气候变化的国家责任划分的基础。"② 作为公约的一项基本原则,"192个国家对公约的批准实践足以证明该原则获得了广泛的支持,具有深厚的国际社会基础"③。公约是第一份在条文中明确规定了共同但有区别责任原则的国际法文件。公约指出发达国家对气候变化负有主要的、历史的和现实的责任,应当率先承担应对气候变化的义务,而发展中国家的首要任务是发展经济和消除贫困。这体现在公约第4条中的承诺内容分为一般承诺④和特别承诺⑤。前者是发展中国家和发达国家都要履行的承诺,后者仅是发达国家需要作出的承诺。包括率先采取减排行动,并且向发展中国家提供技术和资金援助。⑥ 这种资金和技术转让,应有别于官方发展援助和商业技术转让。⑦ 发展中国家的义务是编制国家信息通报,其核心内容为编制温室气体排放源和吸收汇的国家清单、制定并执行减缓和适

---

① Duncan French, Developing States and International Environmental Law: the Importance of Differentiates Responsibilities, *International and Comparative Law Quarterly*, Vol. 49, No. 1, 2000, p. 46.

② Jacqueline Peel, Climate Change Law: The Emergence of a New Legal Discipline, *Melbourne University Law Review*, Vol. 32, No. 3, 2008, p. 928.

③ Christopher D Stone, Common but Differentiated Responsibilities in International Law, *American Journal of International Law*, Vol. 98, No. 2, 2004, p. 276.

④ UNFCCC Article 4 (1).

⑤ UNFCCC Article 4 (2).

⑥ about Essential Background, http://unfccc.int/essential_background/items/2877.php.

⑦ UNFCCC Article 4 (3).

应气候变化的国家计划等。①

作为公约的具体化，议定书通过具体的责任分配贯彻了共同但有区别责任原则。议定书对发展中国家没有提出强制性的减排义务，而对附件一所列的缔约方温室气体排放量作出了具有法律约束力的定量限制。同时，议定书第11条规定，发达国家缔约方应提供新的和额外资金帮助发展中国家缔约方支付履行有关承诺所引起的全部增加费用②；并规定应考虑到资金流量必须充足和可以预测以及发达国家缔约方之间适当分担负担的重要性③。这些都优先考虑了发展中国家的生存权和发展权，体现了共同但有区别责任原则的要求。

四、清洁发展机制与三项原则之间的关系

首先，可持续发展原则是人类社会赖以生存和发展的根基，也是气候变化国际法律制度的根本性原则。气候变化的其他相关原则从某种角度而言，都是可持续发展原则的衍生。其他原则的贯彻和实施从根本上说都是为了促使和保证可持续发展原则的最终实现。但当前气候危机形势下，只有国际合作才能实现作为全人类共同利益的可持续发展。鉴于各国历史和国情的不同，发达国家和发展中国家应承担有区别的责任，这充分体现了可持续发展原则的代内公平和代际公平的内容。

其次，共同但有区别的责任原则是国际合作原则的基本要求。在气候环境问题上，国际合作更具有特别重要的意义。"《里约环境与发展宣言》序言及相关条款中所指出的本着全球伙伴精神，为生态系统的健康和完整进行合作，科学地阐述了气候环境领域中国际社会应有的共同利益和价值取向。无论是'共同'的责任，

---

① UNFCCC Article 4 (1) (a) & (b).
② Kyoto Protocol Article 11 (2) (a).
③ Kyoto Protocol Article 11 (2) (b).

还是有'区别'的责任,最终都落实在'合作'二字上。"①

最后,共同但有区别责任原则的确立和发展推动了国际合作的进程。良好的国际合作要有正确的理念基础,如果没有充分认识到气候问题的全球性和严重性,发达国家不认识到其所负主要责任,发展中国家不认识到可持续发展也是一种义务,有效的国际合作是不可能开展的。

综上所述,CDM作为一种国际项目合作机制,其国际法理论基础起源于各国环境资源主权利益。主权国家在经济发展的过程中,遭遇了气候变化带来的现实或潜在的损害。不论这种损害是人为的还是自然的,也不论是自身活动造成的还是受他国影响的,为了维护国家利益,各国必将采取相应的措施来减少损失。如何在纷繁复杂的国际形势下,做到既维护本国主权合法、正当的权益,又不使他国造成损害或不公平境遇,并进而在维护主权的前提下实现全人类的共同利益,是各国面临的共同问题。事实证明,集体行动的效果远远大于个体行动。只有充分开展国际合作,共同预防进一步的风险,才能保证全人类的可持续发展目标。国际气候合作是解决气候问题、实现可持续发展的客观要求。在合作中出现的主权权益矛盾和责任分担成为阻碍合作的主要因素,要推动国际合作的继续,必然要求实施公平、有效的机制,于是共同但有区别责任原则应运而生。由于历史原因形成的不同国家对于造成气候变化的影响所承担的责任不同,根据公平理念,对于导致同一危害后果的不同行为体应该要区别对待。发达国家作为温室气体主要排放者,应承担更多责任。只有建立在共同责任基础上的区别对待,才能凝聚更多的力量,真正有效地解决气候变化问题。CDM的设立正是基于以上构想。它通过国际合作的形式,吸纳所有国家参与到温室气体减排行动中去,根据不同国家的国情,充分发挥优势互补,以低成本的减排项目换取经济发展所需的资金和技术,最终实现全人类可持续发展这一目标。

---

① 万霞:《后京都时代与共同而有区别的责任原则》,载《外交评论》2006年第2期,第93~100页。

需要指出的是，国际气候合作是 CDM 所处的国际趋势，而且当前气候合作机制中只有 CDM 是联系发展中国家与发达国家的桥梁。可持续发展则是 CDM 的宗旨和意义所在，而共同但有区别责任则是 CDM 不同于其他温室气体减排机制的特点，它对项目合作方分别提出了不同的条件和规则。这些也正是本书选取国际气候合作、可持续发展原则与共同但有区别责任原则来分析 CDM 的国际法基础之初衷所在。

第三章 清洁发展机制实施及若干重要问题

CDM 自实施以来,在减排经济效益上取得了巨大的成功。但由于"在环境额外性、可持续发展以及管理程序与规则方面存在的局限"[1],使得其"难以在实现低成本减排和促进可持续发展两者之间达到平衡"[2]。由于涉及国际贸易的层面,CDM 项目通常被认定作为一项国际贸易开展,买卖双方分别为发达国家实体和发展中国家的项目业主,交易的产品为项目产生的核证的减排量(Certification Emission Reductions,简称 CERs),双方签订的合同为减排量购买协议(Emission Reduction Purchase Agreement,简称 ERPA),合同的核心在于提供资金和技术转让的机遇。接下来,本章将立足于 CDM 的实践状况,对以上所涉及的 CDM 实施中的重要问题分别进行论述。

第一节 清洁发展机制项目的法律依据:减排量购买协议

"减排量购买协议(Emission Reductions Purchase Agreement,简称 ERPA)是 CDM 项目中确定 CERs 买卖双方权利义务的法律依

---

[1] Charlotte Streck and Thiago B. Chagas, Future of CDM in a Post-Kyoto World, *Carbon & Climate Law Review*, Vol. 1, No. 1, 2007, p. 55.

[2] Pearson, The Clean Development Mechanism and Sustainable Development, *Tiempo Climate Newswatch* 2005, http://www.cru.uea.ac.uk/tiempo/newswatch/comment050301.htm.

据,也是整个 CDM 项目的核心内容之一。"①

一、减排量购买协议的概念

作为一种特殊类型的买卖合同,"ERPA 所涉及的标的不同于传统商品,而是碳交易项目所产生的温室气体减排量 CERs"②。当前世界银行和国际排放权交易协会(International Emission Trade Associate,简称 IETA)下的交易多使用 ERPA 模式,先由买方和发展中国家的项目开发商签订协议,购买项目产生的减排量,然后再卖给附件一国家。作为协议买方,其制定的标准化 ERPA 协议,包含有交易价格、期限、数量和其他特定具体条款供双方选择协商,这既提高了交易的透明度,而且还最大程度地保证了双方权利义务的公平。③

作为国际碳交易的主要合同形式之一,ERPA 不仅适用于 CDM 项目,也适用于其他灵活机制。在 CDM 项目中,ERPA 也经常被称之为 CERSPA(Certified Emissions Reductions Sale and Purchase Agreement)④。由于在 CDM 中 ERPA 适用更多、更典型,若非特别指出,通常情况下,ERPA 指的是 CDM 项目中的减排量购买协议。ERPA 来源于世界银行的碳原型基金,经过荷兰 Dutch ERUPT/CERUPT 的发展而成,随后 IETA 和 CERSPA 曾经对协议文本进行完善和标准化修改,当前 IETA 文本已经成为 CERs 交易的

---

① 薛涛:《关于 CDM 项目中的减排量购买协议 ERPA 的法律问题》,载《山西煤炭》2010 年第 3 期,第 30 页。

② Christopher Carr and Flavia Rosembuj, Flexible Mechanisms for Climate Change Compliance: Emission Offset Purchases under the Clean Development Mechanism, *New York University Environmental Law Journal*, Vol. 16, No. 1, 2008, p. 54.

③ See Project Entity & International Bank for Reconstruction and Development (as Trustee of Fund), *Clean Development Mechanism Certified Emission Reductions Purchase Agreement* (2006), http://carbonfinance.org/docs/CERGeneralConditions.pdf, last visited on May 26, 2010.

④ CERSPA 中 CERs 买卖协议文本,see http://www.cerspa.com/dowmloads/CERSPA_Template_Eng_v1_4-2007.doc.

标准文本。①

二、减排量购买协议的法律效力问题

当前ERPA在实施中的问题主要源于两个方面：一方面是CDM项目运行中风险，如产生的CERs不足而影响协议的履行等；另一方面则是制度上的风险，即京都机制下对减排制度的规定导致的不确定性风险，如执行理事会审核未通过、2012年后CDM的存废、CDM项目实施标准的变化等。②

（一）减排量购买协议的效力保障条款与生效条件

CDM项目属于远期交易③，因此ERPA的法律效力显得尤为重要。CDM项目通常在ERPA签订后很长一段时间才能获得CDM的注册从而获得产生CERs的资格，在注册之后又需要很长的周期才能完成检测和核证而最终获得CERs。"通常CDM项目注册登记的风险是由卖方来承担，有可能存在CDM执行理事会拒绝核发CERs的可能。"④ 因此，从ERPA的签订到CERs交付的漫长期内，必须充分考虑到各个阶段的问题。

---

① Karl Upston-Hooper, Deconstructing Emission Reduction Purchase Agreements: Three Jurisprudential Challenges, *Carbon & Climate Law Review*, Vol. 1, No. 1, 2007, p. 73.

② See Christopher Carr and Flavia Rosembuj, Flexible Mechanisms for Climate Change Compliance: Emission Offset Purchases under the Clean Development Mechanism, *New York University Environmental Law Journal*, Vol. 16, No. 1, 2008, p. 55.

③ Most ERPA are forward contracts in that the contracts are typically entered into force well before the delivery of the CERs, see Christopher Carr and Flavia Rosembuj, Flexible Mechanisms for Climate Change Compliance: Emission Offset Purchases under the Clean Development Mechanism, *New York University Environmental Law Journal*, Vol. 16, No. 1, 2008, p. 55.

④ Craig Hart, The Clean Development Mechanism: Considerations for Investors and Policymakers, *Sustainable Development Law & Policy*, Vol. 7, No. 3, 2007, p. 46.

"由于ERPA的签订大多是在项目进入审批程序之前，因此双方可以通过约定ERPA条款的生效条件，来控制项目审批、DOE审核、CDM执行理事会注册等不确定性因素所带来的法律风险。"① 一般来说，如果ERPA所附的生效条件是出于卖方的合理考虑，买方通常都会接受。"为了确保卖方能够实际得到买方款项，并且不会因为买方提供的技术在权属问题上存在瑕疵而承担法律责任，卖方可以同买方约定，协议生效的条件之一是卖方完成对买方的资金实力、技术水平、专利权归属以及信用状况的尽职调查，或者约定协议生效的条件之一是买方提供以卖方为受益人且足以保证买方实际能够履行付款义务的信用证。"②

（二）关于违约和协议终止

在签署ERPA时，要特别注意违约及协议终止条款。通常ERPA协议规定只有在一方故意违约和破产的情况下，另一方才有权终止协议并立即生效。这主要包括以下情形：卖方未经买方同意且无抗辩理由地将协议减排量卖给第三方，或妨碍、阻止DOE开展相关的审定和核查工作，造成项目未注册成功或签发失败。或者买方未能根据协议接受协议CERs的交付，或付款违约（包括前期费付款）。对于故意违约造成的协议终止，违约方要向对方赔偿较高额度的违约金，以降低故意违约给对方造成的损失，具体可根据情况在协议谈判中约定。

而对于故意违约之外的一般性的违约，双方可约定通过少量的经济赔偿、协商或仲裁等方式解决，其不构成终止协议的条件。ERPA中的一般性违约主要是指发展中国家卖方交付CERs的履约能力不足。

作为一个买卖协议，CERs的交付和付款无疑是ERPA中最核心的条款，也是最值得注意的条款之一。在ERPA中，一般都会规

---

① 白涛：《CDM交易中的法律风险及控制措施》，载《投资北京》2010年第2期，第89页。

② 薛涛：《关于CDM项目中减排量购买协议的法律问题》，载《山西煤炭》2010年第3期，第31页。

定年减排量或年应交付减排量,即项目业主每年应交付给买家的 CERs。由于受项目运行情况的不确定性和 CDM 项目注册时间的不可控性以及监测方式变化等各种因素影响,项目每年所产生的减排量会与项目设计文件(PDD)中有较大的差别。

ERPA 履约不足一般包括产量不足和交付量不足两种情形。产量不足是指年度 CERs 的产出没有达到协议约定的年度产量,这将导致卖方违约并承担相应的协议责任。通常办法是在协议中约定,"如果上年度或以前若干年度产出的 CERs 有超额,而且该超额的数量可以弥补短缺年份当年的产量短缺,则该年份的产量短缺不构成产量不足"①。交付量不足是指年度交付量没有达到协议约定的年度交付量,交付量不足也将导致卖方违约并承担违约责任。所以也应当在协议中约定,"如果上年度或以前若干年度交付的 CERs 有超额,而且该超额的数量可以弥补短缺年份当年的交付量短缺,则该年份的交付量短缺不构成交付量不足"②。

三、减排量购买协议的完善及其意义

由于 ERPA 属于买卖合同的范畴,CDM 本身的特点决定了 ERPA 所适用的交易必然是跨国交易,因此,严格来说,"ERPA 属于国际货物买卖合同"③,只是其合同标的比较特殊。④ "由于买卖的商品 CERs 并非是有形的货物,因而使得为了简化交易成本而经

---

① 薛涛:《关于 CDM 项目中减排量购买协议的法律问题》,载《山西煤炭》2010 年第 3 期,第 31 页。
② 薛涛:《关于 CDM 项目中减排量购买协议的法律问题》,载《山西煤炭》2010 年第 3 期,第 31 页。
③ Karl Upston-Hooper, Deconstructing Emission Reduction Purchase Agreements: Three Jurisprudential Challenges, *Carbon & Climate Law Review*, Vol. 1, No. 1, 2007, p. 73.
④ 参见何生:《如何理解和谈判 ERPA——以英国法为背景》, see http://cdm.ccchina.gov.cn/WebSite/CDM/UpFile/File2336.pdf,访问日期 2010 年 9 月 16 日。

过多年努力发展起来的国际贸易公约和惯例无法直接适用于 ERPA 中。"① 而 CDM 本身就是国际气候合作制度的一项创新,各国的国内法也并未专门针对 CDM 交易提供直接的法律依据。这就使得 ERPA 的演变和发展更多地依赖于协议双方的协商和谈判。

在实践中 CERs 买方一般是发达国家的企业或实体,它们在国际贸易中积累了丰富的经验,具有较强的金融法律知识和协议谈判能力。而作为卖方的发展中国家企业在规模和财力上与之都有较大差别,签署的 ERPA 往往存在很多不利款的可能。"这也决定了大多数的 ERPA 为买方文本,在协议的约束力和生效条件以及可能涉及的纠纷方面都侧重于保护买方利益。"② 为了维持发展中国家的参与热情,迫切需要 CDM 执行理事会"从发展中国家利益出发,提供一系列更加具体、便于操作的 ERPA 参照条款,包括付款与购买的条件、适当的担保和违约救济方式、合同的准据法等合同重要条款"③。其次,执行理事会还应加强对 ERPA 的管理,对 ERPA 采用要件登记生效方式,通过登记赋予协议更强的约束力。而且通过对协议要件的审查,还能进一步确保 CDM 项目对环境保护、经济发展和国际合作的价值追求。④ 同时,鉴于公开透明原则,执行理事会还应该考虑"是否应建立专门的 CDM 项目责任机构来处理项目过程中出现的违反 ERPA 的行为或者国家违约行为,以及当项目

---

① 何生:《如何理解和谈判 ERPA——以英国法为背景》,see http://cdm.ccchina.gov.cn/WebSite/CDM/UpFile/File2336.pdf,访问日期 2010 年 9 月 16 日。

② 张孟衡、张懋麒、陆根法:《清洁发展机制中的法律问题探析》,载王金南、毕军主编:《排污交易:实践与创新——排放交易国际研讨会论文集》,中国环境科学出版社 2009 年版,第 363 页。

③ 杜立、陈少青、周津、倪芸萍:《CDM 中国家职责问题研究》,载《经济研究参考》2010 年第 32 期,第 71 页。

④ 参见张孟衡、张懋麒、陆根法:《清洁发展机制中的法律问题探析》,载王金南、毕军主编:《排污交易:实践与创新——排放交易国际研讨会论文集》,中国环境科学出版社 2009 年版,第 363 页。

没有达到 ERPA 预期效益时如何处理"① 等问题。

与此同时,发展中国家政府及其企业也应当着力提高协议谈判能力及分析和辨别 ERPA 风险的能力。"发展中国家企业必须尽快地熟悉国际贸易规则和 CDM 项目制度,争取在协议谈判中的话语权。"② 深入细致地了解 CDM 项目的有关背景、国内相关法律法规、判断交易领域的发展趋势以及政策走向等,将法律风险控制在一个相对合理的水平。

"作为 CDM 项目交易的核心法律文件 ERPA,不仅是买卖双方谈判的焦点,也是检验 CDM 制度不断发展与成熟的重要标志。"③ 当前,ERPA 已经被 CDM 项目双方认定为"CDM 市场交易的规范"④。为了确保 CDM 的顺利发展,"ERPA 为发展中国家卖方提供了三种违约救济方式:延迟交付、以尚未被认购的 CERs 期权来抵偿应交付的标的、如果在未来三年仍然无法交付则必须中止协议并赔偿买方为此付出的成本"⑤,这种救济方式充分体现了 ERPA 对发展中国家的扶持和鼓励。

---

① Haripriya Gundimeda and Yan Guo, Undertaking Emission Reduction Projects: Prototype Carbon Fund and Clean Development Mechanism, *Economic and Political Weekly*, Vol. 38, No. 41, October 11, 2003, p. 4334.

② 张孟衡、张懋麒、陆根法:《清洁发展机制中的法律问题探析》,载王金南、毕军主编:《排污交易:实践与创新——排放交易国际研讨会论文集》,中国环境科学出版社 2009 年版,第 363 页。

③ 何生:《如何理解和谈判 ERPA——以英国法为背景》http://cdm.ccchina.gov.cn/WebSite/CDM/UpFile/File2336.pdf,访问日期 2010 年 9 月 16 日。

④ Setterfield, *Emission Reduction Agreements: A Sellers Perspective*, Tokyo 2007, available at http://www.cdmdna.emb.gov.ph/cdm/secured/uploads/CDM1803195073306017_EmissionReduction_PurchaseAgreement ERPA FINAL.pdf.

⑤ See Christopher Carr and Flavia Rosembuj, Flexible Mechanisms for Climate Change Compliance: Emission Offset Purchases under the Clean Development Mechanism, *New York University Environmental Law Journal*, Vol. 16, No. 1, 2008, p. 59.

最后，值得注意的是 ERPA 模式对国际法发展的促进意义。一项具体的承诺履行机制，无论是软法还是硬法，单靠其本身，是无法实现京都机制下的减排目标。与其执著于气候变化国际法的软法属性或硬法属性，不如尝试将重点放在兑现具体减排项目的承诺上。① 未来的 CDM 实施中，可以引入 CDM 项目协议机制。项目协议能够"进一步并且相当具体地约束协议当事方，既包括项目涉及的附件一国家和发展中国家等公法实体，还包括项目投资企业和其他相关机构例如指定经营实体等私法实体"②。倘若协议违约，无论对国家还是企业而言，其经济损失都是确定的、直接可见的，且可以依协议追求其违约责任。当前国际法在国家责任上的不成熟发展，相比较于合同法、国际投资法和国际商事仲裁法以及国际民事诉讼法的蓬勃发展，使得解决上述纠纷的难度远低于去追究一国不履行公约的国家责任。从这个层面而言，具体的项目协议将比国家承诺更具有可操作性和可预见性。

第二节 清洁发展机制项目的核心：经核证的减排量

一、经核证的减排量概述

CDM 的交易单位是将排放物对大气温室效应的影响折算成 CO_2 对大气温室效应的影响来计量的，经过核证的折算成 CO_2 的减排量即为 CERs。

CDM 的计价单位常常是"欧元/吨 CERs"或"美元/吨 CERs"，其交易价格受到政治因素和宏观经济情况的影响。"总体

---

① See Ibibia L. Worika and Thomas Waelde, Contractual Architecture for the Kyoto Protocol: From Soft and Hard Laws to Concrete Commitments, *Journal of Land Use & Environmental Law*, Vol. 15, supplement issue, 2000, pp. 489-490.

② Ibibia L. Worika and Thomas Waelde, Contractual Architecture for the Kyoto Protocol: From Soft and Hard Laws to Concrete Commitments, *Journal of Land Use & Environmental Law*, Vol. 15, supplement issue, 2000, p. 490.

来说，CERs 有三种定价方式。第一种是固定价格，即直接约定交付每单位 CERs 买方应支付的价款。第二种是浮动定价方式，即按每次买方付款时的碳交易市场现货价为基准计算单价。第三种是固定价款加浮动定价方式，即约定每次买方付款时，在预先约定的每单位 CERs 固定价格基础上，再结合现货价的百分比计算单价。在约定浮动价格时，卖方可以同时和买方约定 CERs 单价的下限和上限。选择何种定价方式，主要取决于对未来碳交易市场的预期。如果卖方对未来碳交易市场看涨，则可以选择浮动定价方式；反之，则可以固定价格的方式锁定交易价格。"①

在 CERs 交付问题上，卖方应注意双方约定的交货时间应在上一年度核证减排量全部经核实之后。"一般情况下，ERPA 都是按年度结算付款，如果上一年度年末的核证减排量来不及核实，则该部分减排量不能作为 CERs 支付，那么卖方可能会面临无法足额交付的违约风险。如果卖方对买方的商业信誉存疑并且买方没有提供信用证担保，那么卖方可以同买方约定以托管代理的方式交货付款。即由买方和卖方共同指定托管代理人，并分别将 CERs 和价款转至托管代理人的账户，由托管代理人代为完成交易。"②

二、关于经核证的减排量的法律属性问题

在 CDM 项目中，附件一国家与非附件一国家进行交易的是 CERs，其交易实质是一种权利。

"与一般意义上的排放权交易不同，CERs 交易的双方有着严格的限制，必须为发达国家和发展中国家的交易实体，并且不能进行完全的市场流通。"③ 另外，CERs 的产生也并非完全基于政策的

---

① 白涛：《CDM 交易中的法律风险及控制措施》，载《投资北京》2010 年第 2 期，第 88 页。

② 白涛：《CDM 交易中的法律风险及控制措施》，载《投资北京》2010 年第 2 期，第 88 页。

③ 张孟衡、张懋麒、陆根法：《清洁发展机制中的法律问题探析》，载王金南、毕军主编：《排污交易：实践与创新——排放交易国际研讨会论文集》，中国环境科学出版社 2009 年版，第 361 页。

指定，而是与具体的项目直接挂钩，项目的实施与运行对 CERs 的产生和价格有着直接的决定作用。① "CERs 的这些特殊属性使得其权利属性的定义较为复杂，目前国际上并没有对其法律性质予以明确的界定，对这个问题进行研究显得尤为重要。"②

CERs 是否能视为一种财产，如果是的话，又属于哪一种财产以及哪一方所有？通常来讲一般不把 CERs 视为一种有形财产，它不是一种物质化的财产，因此不能按照一般概念对其进行界定，甚至也很难精确地评估其价值。但是毋庸置疑，CERs 就其本质而言属于开采物的一种。这样的定义使得 CERs 获得与其他开采物一样的保护，从而在法律上也确立了 CERs 属于一种财产的定位。但由于各国对开采物的所有权归属法律规定不相同，投资者需要在 CDM 项目运作前仔细了解东道国的相关规定。

当前国际上普遍认同将 CERs 看做一项财产，但由于立法技术上的差异，这一问题在英美法系中属于财产法范围，而在大陆法系中属于物权法范围。虽然全球化背景下，两大法系在立法内容和技术上出现了大量融合之处，但关于财产法的问题，更多地体现了不同法系的历史传统和技术特点，存在着较大差异，这也成为国际上对 CERs 权利属性定位不明确的主要原因。③

"基于两大法系对这一问题存在的差异，可以从以下方面来探索解决途径：第一，从现有的法律概念中寻找，通过扩充法律概念的内涵的方式，利用现有的概念达到既能满足英美法系，又能满足大陆法系的目的，这种方案有利于维护现有法律体系的稳定性；第二，创造出一个新的权利类型，以满足两大法系的不同特点，并将

---

① See Rosemary Lyster, Domestic and International Carbon Offsets under the Carbon Pollution Reduction Scheme: What prospects? *The University of Tasmania Law Review*, Vol. 27, No. 1, 2008, p. 120.

② 张孟衡、姜冬梅、裴卿：《中国碳交易中的法律问题》，载《环境保护》2008 年第 12 期，第 81 页。

③ 参见张孟衡、张懋麒、陆根法：《清洁发展机制中的法律问题探析》，载王金南、毕军主编：《排污交易：实践与创新——排放交易国际研讨会论文集》，中国环境科学出版社 2009 年版，第 362 页。

这个权利类型纳入到现有的法律框架,这种做法更加具有针对性,调整效果更加有力;第三,对于CERs问题从不同的法系分别进行规定,不强调其共通性,这种做法更加有利于结合不同的国情,走法治本土化的路线。"①

三、经核证的减排量在交易中的问题及其应对

当前CERs交易中既有来自于管理制度上的缺陷,也有CDM项目运行本身所带来的风险。主要表现在:

(一) 审查阶段对经核证的减排量估算的误差

"在申请注册项目之前,卖方会委托指定经营实体对项目进行审查,以评估该项目是否符合注册要求,此时对于可能获得签发的减排量很容易作出过于乐观的估计。"② 通过对2007年5月以前获得签发的175个项目的研究发现,审查阶段对于CERs的预期实际上超过了最终获得签发量的27%。③ 在实践中,这些误差会严重影响项目的完成,甚至导致项目失败。因此,卖方在签订合同时,应事先达成双方都能接受的浮动范围,以免最后无法交付合同约定的CERs。

(二) 承担先期费用风险

"一般认为,登记是交易生效的先决条件,双方均不承担法律责任。但是,从成本的角度而言,一旦登记失败,尽管没有法律责任问题,但CDM项目当事人已经付出了很高的成本。"④

"在CDM项目的建设和运营过程中,卖方一般需要承担项目

---

① 张孟衡、姜冬梅、裴卿:《中国碳交易中的法律问题》,载《环境保护》2008年第12期,第81页。

② 王贺猛、李优阳:《CDM下核证减排量卖方的主要义务与风险分析》,载《科技与法律》2010年第3期,第36页。

③ Craig A. Hart, The Clean Development Mechanism: Considerations for Investors and Policymakers, *Sustainable Development Law & Policy*, Vol. 7, No. 3, 2007, p. 41.

④ 潘攀:《CDM下的减排量交易及其法律问题》,载《中国能源》2005年第10期,第21页。

的经营、监测费用，DOE 委托费用和核实、核证费用，项目设计报告的制作费用，在执行委员会的注册费用，以及利润的抽取等。这些费用数额一般十分庞大，如果最后不能成功履行合同，将给卖方带来巨大损失。"① 为此，应当在合同中明确，如果由于买方违约，则产生的费用由买方承担。但是，卖方存在违约风险的可能性更大，因为即使善意履行了相关义务，CERs 最终能否获得签发仍然由一个第三方机构——执行委员会决定，如果完全将此风险划归卖方承担，对卖方将非常不利。②

（三）经核证的减排量的交付与价格风险

CERs 的交付风险主要源于项目运行后未达到预期结果，没有产生足够减排量。③ 价格风险则来自于在碳交易市场上，CERs 价格波动较大，难以预期把握。再加上国际交易中外汇市场起伏波动④，美元、欧元、人民币的升值或贬值都会导致 CERs 的交易价格产生变动，对供需双方的成本都会产生实质性影响。当前金融危机下全球碳市场饱受经济下滑冲击，目前虽略有恢复，进入平稳增长阶段，但仍对 CDM 市场有着较大影响。⑤ 一方面，发达国家排

---

① 王贺猛、李优阳：《CDM 下核证减排量卖方的主要义务与风险分析》，载《科技与法律》2010 年第 3 期，第 36 页。

② 关于卖方的风险，see Christopher Carr and Flavia Rosembuj, Flexible Mechanisms for Climate Change Compliance: Emission Offset Purchases under the Clean Development Mechanism, *New York University Environmental Law Journal*, Vol. 16, No. 1, 2008, p. 58.

③ See Craig Hart, The Clean Development Mechanism: Considerations for Investors and Policymakers, *Sustainable Development Law & Policy*, Vol. 7, No. 3, 2007, p. 41.

④ More details about Currency Inconvertibility or Nontransferability, see Jennifer P. Morgan, Carbon Trading Under the Kyoto Protocol: Risks and Opportunities for Investors, *Fordham Environmental Law Review*, Vol. 18, No. 1, 2006, p. 169.

⑤ 金融危机对 CDM 商业能力的影响主要体现在 CDM 项目融资环境恶化、买方风险增加、碳减排量及交易价格的下跌等方面，详见陈怡、朱睿智：《金融危机影响下 CDM 及其相关产业发展》，载《技术经济》2009 年第 10 期，第 31～33 页。

放量下降，对 CERs 的需求减少。另一方面，"受碳价格走低影响，CDM 项目市场资金减少"①。这些都将带来 CERs 价格上的波动。

(四) 非商业性风险

"气候变化问题实际上已经催生了一种全球性的政治运动，集中体现为各国的气候外交。"② 这使得减排量交易市场不可避免地增加了诸多不确定因素③，CERs 的价格也将受到政治气候的重要影响而偏离市场轨道。另外，CDM 机制的很多标准和规定都在不断地、相对快速地完善和发展，这对于市场的稳定也会产生很大影响。

从总体而言，CDM 项目所存在的风险与一般的项目融资所存在的风险具有一致性，因而项目融资采用的风险控制方式也可为 CDM 项目所参考。"其中，对于主权国家法律政策风险可以通过政府担保、商业保险、政策性贷款或出口信贷机构等渠道予以控制或减弱。而针对 CERs 履约不能的风险（在 CDM 项目中主要是产量不足和交付不足的风险）、不可抗力风险和货币风险等国际项目开发通常具有的风险，一般是采用已经发展成熟的方法予以控制或削弱。例如，用远期交易方式来控制货币风险、以不可抗力条款来控制或以第三方承担的方式来控制或分配双方均不愿意承担的风险。"④

除了以上风险以外，还存在着超额 CERs 的购买权问题。"超额 CERs 是指 CDM 项目中所产生的 CERs 总量中，超出买卖双方协

---

① http://www.china5e.net/conference/meet.php?id=55, last visited on June 16, 2010.

② 王贺猛、李优阳：《CDM 下核证减排量卖方的主要义务与风险分析》，载《科技与法律》2010 年第 3 期，第 36 页。

③ See Christopher Carr and Flavia Rosembuj, Flexible Mechanisms for Climate Change Compliance: Emission Offset Purchases under the Clean Development Mechanism, *New York University Environmental Law Journal*, Vol. 16, No. 1, 2008, p. 57.

④ 潘攀：《CDM 下的减排量交易及其法律问题》，载《中国能源》2005 年第 10 期，第 21 页。

议中约定交付之外的 CERs 数量。"① 通常都约定买方具有依然按照原协议的条件优先购买超额 CERs 的权利。但实际上，这会严重侵害到卖方的权益，因为关于超额 CERs 并不是协议约定的标的物，对此卖方出售是有选择权的，可以结合当时的情况选择对卖方更为有利的买方来出售超额 CERs，不必非要出售给买方。如果还想和原有的买方进行交易的话应当另行签订买卖协议。

由于当前的 CDM 在 2012 年将到期，因此还必须考虑 2013 年之后形成的 CERs 的购买权问题。② 目前发达国家的减排义务只是约定到 2012 年，在现有 CDM 项目中 CERs 价格是相对较低的。"随着发展中国家参与 CDM 能力的不断提高，以及制度的逐步完善，将来出售的 CERs 价格可能会越来越高。"③ 所以，应另行签订买卖协议为宜，不宜在协议中将其优先权轻易交与原买方。

第三节 清洁发展机制项目中的技术转让问题

"技术转让对于实现公约和议定书的目标非常关键，也是多年以来缔约方会议的重要议题之一。"④ 当前的 CDM 项目是否实现了真正意义上的技术转让、CDM 项目中的技术转让存在哪些问题以及应该如何应对，这些都是急需研究和待解决的问题。

---

① 薛涛：《关于 CDM 项目中减排量购买协议的法律问题》，载《山西煤炭》2010 年第 3 期，第 30 页。

② Craig Hart, The Clean Development Mechanism: Considerations for Investors and Policymakers, *Sustainable Development Law & Policy*, Vol. 7, No. 3, 2007, p. 41.

③ 薛涛：《关于 CDM 项目中减排量购买协议的法律问题》，载《山西煤炭》2010 年第 3 期，第 30 页。

④ Dalindyebo Shabalala, An Introduction to This Issue: Climate Change and Technology Transfer, *Sustainable Development Law & Policy*, Vol. 9, No. 3, 2009, p. 4.

一、清洁发展机制技术转让的内涵

虽然公约和议定书对于技术转让都没有给出确切的定义，CDM项目设计文件中关于技术转让的表述也各有差异，但根据公约和议定书的规定，发达国家有义务以优惠条件向发展中国家提供先进的环境友好技术，以保证在项目实施的同时促进发展中国家的可持续发展。公约第4条第5款规定："附件二所列的发达国家缔约方和其他发达国家缔约方应采取一切实际可行的步骤，酌情促进、便利和资助向其他缔约方特别是发展中国家转让或他们有机会得到无害环境的技术和技术诀窍。"① 公约第4条第7款进一步指出："发展中国家缔约方能在多大程度上有效履行其在公约下的承诺，将取决于发达国家缔约方对其在公约下所承担的有关资金和技术转让的承诺的有效履行情况。"② 同时，议定书第10条第3款中指出："合作促进有效模式用以发展、应用和传播有关气候变化的无害环境技术、专业知识、做法和过程，并采取一切实际步骤促进、便利和酌情资助将此类技术、专业知识、做法和过程转让给特别是发展中国家或使他们有机会获得，包括制定政策和方案便利有效转让国有或公有的无害环境技术，为私营部门创造有利环境促进和增进获得和转让无害环境技术。"③ 这些都成为CDM项目合作中发展中国家获得技术开发与转让的依据。

长期的技术应用实践表明，一项有益于气候保护的技术真正得到有效的应用，需要同时综合解决技术硬件、技术软件、体制政策条件、资金和人力资源等多方面的问题。因此，"环境友好技术不应仅局限于设备或硬件，它还应该包括知识、经验、商品和服务、设备、人力资源、资金、组织和管理程序等要素，缺少任一部分都

---

① UNFCCC Article 4 (1).
② UNFCCC Article 4 (7).
③ Kyoto Protocol Article 10 (3).

将会影响技术效果的发挥"①。

公约所指的技术开发与转让是指通过促使发达国家向发展中国家转让技术，使发展中国家对环境友好技术真正做到切实可行。具体来说，包括通过发达国家采取补贴或其他优惠措施来改善发展中国家的技术市场状况、减少其目前技术需求和供给信息不透明、不准确的问题，使发展中国家了解自身的技术需求，可获取的方式和渠道。在此基础上，发展中国家还应掌握运转、调试设备的能力，从而引导自主开发的能力，确实提高发展中国家应对气候变化的能力，推动发展中国家的可持续发展。②

2007年的《巴厘行动计划》是技术转让问题的一个重要里程碑。它要求在技术开发和转让方面采取进一步的行动，包括有效的机制和加强的手段，消除进一步开发技术和向发展中国家转让技术的障碍，并提供资金和其他激励办法，以利于获取能够负担得起的环境友好技术并加快部署、推广和转让上述技术，合作研究和开发当前技术、新技术和创新技术等。

二、清洁发展机制项目中技术转让难题

根据世界银行发布的《2010世界发展报告》，目前CDM项目中最多只有1/3的项目实现了技术转让。自公约生效以来，"发达国家对发展中国家进行技术转让的实际行动和措施都没有实质进展，很多技术转让游离于公约外，只是根据双边协定进行保守的技术转让"③。当前CDM技术开发和转让中存在的障碍主要源于以下几个方面：

---

① 邹骥、许光清：《环境友善技术开发与转让问题及相应机制》，载王伟光、郑国光主编：《应对气候变化报告2009：通向哥本哈根》，社会科学文献出版社2009年版，第124页。

② 参见邹骥、许光清：《环境友善技术开发与转让问题及相应机制》，载王伟光、郑国光主编：《应对气候变化报告2009：通向哥本哈根》，社会科学文献出版社2009年版，第125页。

③ 郑思海、王宪明：《CDM国际合作中的技术交流障碍与对策研究》，载《特区经济》2010年第2期，第235页。

(一) 清洁发展机制是否实现真正意义上的技术转让

在项目合作中，是否真的带来了先进的减排技术转让、发展中国家能否真正得到技术是考查 CDM 目标实现与否的一个核心指标。根据公约规定，CDM 项目必须给发展中国家带来技术转让，但是公约对于技术转让并没有给出明确的规定，发达国家并没有承担强制性的技术转让义务。而且，出于知识产权的考虑，发达国家在实践中并不太愿意通过 CDM 将先进的技术转让给发展中国家。①

退一步讲，即使存在技术转让，通过 CDM 项目引进的技术层次和质量也过低。在实践中，CDM 的投资者一般是大型的公司，它们运行 CDM 项目的基本方式是投资者向专门的生产企业采购减排设备，然后与东道国一起担负双方合作的 CDM 项目。"当 CDM 项目投资者并非技术拥有者时，发展中国家一般只能得到技术的载体，即减排设备，而真正的技术并没有掌握，技术的国产化遇到很大的困难，难以实现。"②

另一方面，有关技术支持，也没有相应的约束机制。如果发达国家不提供技术支持，那么应该怎么处理，承担什么责任等，目前相关国际法都没有具体的措施，这些都有待进一步规范。

(二) 发达国家与发展中国家对于技术转让的不同态度

1. 发达国家转让意愿不足。"由于发达国家担心转让先进技术会影响其国内产业和产品的国际竞争力，在 10 多年的气候谈判中，虽然在相关的公约和协议中都声称转让技术，但总是以各种借口拖延这项义务的履行。"③ 发达国家一方面强调充分发挥市场机制的作用，淡化政府技术援助的责任，另一方面认为发展中国家本身也应该承担责任改善国内不利于技术转让的制度环境，消除阻碍环境

---

① 参见彭峰：《哥本哈根时代：CDM 的终结？》，载《国际观察》2009 年第 9 期，第 57 页。

② 田春秀、李丽平：《CDM 项目中的技术转让：问题与政策建议》，载周冯琦、胡秀莲、[美] 理查德·汉利主编：《应对能源安全与全球变暖的挑战》，学林出版社 2009 年版，第 165 页。

③ 郑思海、王宪明：《CDM 国际合作中的技术交流障碍与对策研究》，载《特区经济》2010 年第 2 期，第 235 页。

友好型技术的吸收和消化、利用，要求加强发展中国家自身的能力建设。

虽然缔约方会议已经就技术转让问题作出过大量决定，但真正实现发达国家向发展中国家转让先进技术以减排温室气体的案例，还没有在缔约方会议上展示过。①"多数低碳技术的知识产权掌握在发达国家企业手中，形成该市场的垄断，导致转让价格高昂或附带许多发展中国家难以接受的条件，从而增加发展中国家企业进入低碳技术市场的难度。"②

2. 发展中国家政策支持不够，技术吸收能力不足。在现有的CDM框架内，发达国家可以通过资金投入或技术转让来获取减排量。其中，以技术转让最常见。③ 这本应对发展中国家的技术提升起着积极作用，但是从实施情况看，发展中国家获得的技术层次低，主要是减排设备和设备的维护运行技术，而不是减排设备的制造技术。究其原因，是CDM对技术层次未作细分和规定，转让高层次或低层次技术获取的减排量几乎没有差别。

实践中，发展中国家往往将发展国内经济作为政策的主要支持点，"依靠非市场的机制推动气候合作领域的技术开发与转让，通过国际技术研发的合作平台分享知识产权"④，而忽视了对CDM等环境友好型项目的政策支持。"一般来说，接受方技术水平越高越有利于双方达成共识，从而完成技术的转让。从统计情况来看，

---

① Dalindyebo Shabalala, An Introduction to This Issue: Climate Change and Technology Transfer, *Sustainable Development Law & Policy*, Vol. 9, No. 3, 2009, p. 4.

② 郑思海、王宪明：《CDM国际合作中的技术交流障碍与对策研究》，载《特区经济》2010年第2期，第235页。

③ Daniel H. Cole, Climate Change, Adaptation and Development, *University of California at Los Angeles Journal of Environmental Law & Policy*, Vol. 26, No. 1, 2008, p. 15.

④ 潘家华、陈迎、庄贵阳、杨宏伟：《2008—2009年全球应对气候变化形势分析与展望》，载王伟光、郑国光主编：《应对气候变化报告2009：通向哥本哈根》，社会科学文献出版社2009年版，第10页。

CDM项目主要集中在中国、印度、巴西、墨西哥等发展较快的发展中国家,这也说明了东道国本身技术水平差异对CDM技术转让的影响。"①

此外,发展中国家还普遍存在着技术配套服务体系不足的问题,包括基础设施建设落后、缺乏高技术的人才、对知识产权的过度保护导致高额的费用等。发达国家技术拥有者过度保护技术专利,实施技术市场垄断,对技术转让设置重重壁垒。而发展中国家企业通常技术需求动力不足,很多企业只关心设备的适用,而不关心如何制造设备,这就从根本上造成了由于需求动力不足,技术能力建设难以有所进展。

(三)清洁发展机制技术转让中的资金障碍

资金障碍主要指缺乏对向发展中国家转让技术的资金支持,特别是对未商业化的新兴技术和低碳技术的额外成本部分的资助。"资金来源问题一直是低碳技术国际合作中争论的焦点和技术转让的瓶颈问题,在各类有关公约下技术转让障碍的研究中,资金缺乏成为技术转让的首要障碍,CDM项目技术国际合作也不例外。目前公约与《京都议定书》框架下的国际资金机制相对于发展中国家引进CDM等低碳技术所形成的资金需求还有很大的缺口,对推动CDM技术向发展中国家转让起的作用非常有限,特别是新兴、未商业化的CDM技术的开发与转让面临着巨大的资金瓶颈。"②

(四)清洁发展机制管理机构对技术转让扶持力度不够

CDM执行理事会是议定书缔约方会议下负责CDM日常工作的常设机构,在督促各国实施CDM、协调各方利益等方面存在天然的不足,导致一些涉及多国的CDM相关问题不能直接有效地解决。"而且国际社会由于缺少统一的CDM技术交易机构,技术交易信息的不透明致使东道国业主在实施CDM项目时要支付高额的交易

---

① 郑思海、王宪明:《CDM国际合作中的技术交流障碍与对策研究》,载《特区经济》2010年第2期,第235页。

② 郑思海、王宪明:《CDM国际合作中的技术交流障碍与对策研究》,载《特区经济》2010年第2期,第235页。

成本,降低了 CDM 项目的经济效益。这些信息障碍也导致发展中国家企业对 CDM 技术、收益、实施程序、融资渠道等缺乏了解,屏蔽掉了一批潜在 CDM 项目的实施。"①

上述障碍直接影响着 CDM 技术转让的进程和效果,进而影响发展中国家在应对气候变化过程中的发展路径的选择,使得国际社会对于控制大气中温室气体浓度的各种目标成为"空想"。要切实有效地解决这些问题,必须加快建立 CDM 技术交流合作的新机制,促进 CDM 等低碳技术向发展中国家的转让。

三、清洁发展机制技术转让机制未来的发展和完善

后京都时代,国际社会应切实推动国际技术转让和研发合作,为发展中国家提供行之有效的气候和环境友好型技术。② 今后 CDM 技术转让机制需在以下几个方面加强建设③:

(一)未来技术开发与转让应当坚持共同但有区别责任原则

技术开发与转让国际合作机制必须建立在公约和议定书所确定的基础原则之上。为通过共享环境友好技术以保护和创造全球气候这一共有财富,承担较多历史责任且拥有先进技术的发达国家有责任采取主动措施,向发展中国家转让和扩散环境友好技术。发达国家具有能力的企业也应该切实采取措施承担起其在全球气候保护方面的社会责任,处理好企业外部成本内部化和技术知识产权的关系,率先以多种形式和途径向发展中国家的企业提供优惠,传播先进技术。

---

① 郑思海、王宪明:《CDM 国际合作中的技术交流障碍与对策研究》,载《特区经济》2010 年第 2 期,第 235 页。

② 参见陈欢、温刚、吴凡、傅平:《应对气候变化的资金机制问题及谈判进展》,载王伟光、郑国光主编:《应对气候变化报告 2009:通向哥本哈根》,社会科学文献出版社 2009 年版,第 115 页。

③ 关于 CDM 技术转让问题的完善建议,详情参见田春秀、李丽平:《CDM 项目中的技术转让:问题与政策建议》,载周冯琦、胡秀莲、[美]理查德·汉利主编:《应对能源安全与全球变暖的挑战》,学林出版社 2009 年版,第 170~171 页。

(二) 完善发展中国家清洁发展机制技术的政策环境，明确清洁发展机制项目的技术额外性标准

发展中国家政府可在发达国家的帮助下通过消除各种障碍来改善发展中国家的实施环境，包括"增强环境规章、增强立法系统、保护知识产权、为私营部门的技术转移提供便利和帮助"等，最终促进私营部门的技术向发展中国家转移。"发展中国家在进行 CDM 项目选择时也要考虑其技术的先进性。对附件一国家而言，在选择 CDM 项目时倾向于选择减排量大的项目，而这类项目一般而言其技术含量较低。从已通过执行理事会注册的 CDM 项目减排类型来看，可再生能源和能效提高项目则在某种程度上能给东道国带来真正的技术转让。因此作为 CDM 项目的东道国，发展中国家的 CDM 项目主管部门在 CDM 项目的可持续发展评价体系中，应加强项目技术对国家可持续发展贡献的评估、审批，引进更多技术含量高、推广效果好的 CDM 项目。"①

(三) 完善清洁发展机制技术转让过程中的资金供给机制

今后技术谈判的方向应该是继续发挥公约框架下国际资金机制的推动作用，进一步扩大其基金的规模，更有效地支持 CDM 等低碳技术向发展中国家的转移与实施。当前国际谈判中应"确实推进'巴厘岛路线图'提出的低碳技术转让的创新型融资体制的实施，包括引入私人基金、征收碳税、排放许可拍卖等"②。

"首先，要充分发挥国际资金机制等公约框架下基金的引导和放大作用，带动更多的私人基金投资 CDM 相关领域，扩大私人资本的参与度。其次，可以利用碳税充实能源基金，进一步推动 CDM 等低碳技术的转移，欧洲的挪威、丹麦、芬兰等国家已经通过建立碳税制度取得了一些成功经验，发展中国家可借鉴这一模式，以此来缓解在 CDM 等低碳技术引进实施中的资金不足。再次，

---

① 郑思海、王宪明：《CDM 国际合作中的技术交流障碍与对策研究》，载《特区经济》2010 年第 2 期，第 236 页。

② 郑思海、王宪明：《CDM 国际合作中的技术交流障碍与对策研究》，载《特区经济》2010 年第 2 期，第 236 页。

为私人部门投资创造有利的政策环境。单靠国际资金机制等公约框架下的基金和国家财政投入是远远不能满足发展中国家发展CDM等低碳技术的需要的,应充分发挥市场机制的作用,在不影响公约框架下的基金发挥作用的前提下,通过制定各种优惠政策,降低、免征减排设备进口关税、投资抵税等,鼓励私营部门积极参与低碳经济。"①

(四) 着力解决技术开发与转让国际合作中的知识产权问题

当前大部分的先进环境技术是由发达国家的企业所掌握的。在技术转让方面的焦点之一,在于如何平衡知识产权拥有者获取高额利益和保护全球气候的问题,即如何在不影响企业积极性和研发投入的情况下肯定对知识产权的保护和认可,又通过公共政策激励或企业自愿等方式让企业作出部分利益让渡。对此可以充分发挥WTO在国际知识产权问题上的主导作用。主要体现在:

第一,识别。与现有的公约—议定书框架合作,识别出在全球气候应对过程中最需要、最可能被交易、被转让的技术。

第二,参与。为技术转让平台做贡献,需要为技术转让交易提供信息、规范准则、监管和评估体系,并且还要鼓励WTO成员参与到技术转让中来。

第三,示范。组织整理环境友好技术转让的成功项目或案例,总结有效的经验并向WTO成员进行推广。

第四,推动。在WTO框架下,增加环境友好技术的投资和技术贸易的可获得性,寻找解决环境技术贸易争端的有效方式。

四、结论

技术开发和转让是2010年后国际气候变化制度中的热点问题,也是目前后京都谈判中的重要议题。要推动技术议题取得实质性进

---

① 郑思海、王宪明:《CDM国际合作中的技术交流障碍与对策研究》,载《特区经济》2010年第2期,第236页。

展，核心是要建立技术开发与转让的相关机制。① "应对全球气候变化，全世界面临的问题不是缺乏技术，而是缺乏实现现有技术传播和转让的有效机制，已有技术的转让与应用是发展中国家能够参与合作减排、走向低碳发展的必要条件。"② 技术转让是很多进程的集合，这些进程包括了技术转让中的不同参与者，如政府部门、私人企业、金融机构、非政府组织或其他机构之间进行的可减轻和适应气候变化的科技方法、知识经验和设备的流动。③ 而真正决定气候变化相关技术转让成功的主要因素则在于能力建设、合作与信息共享机制与政策环境三个方面。

CDM作为一种机制，其设计的最终目标不是为了技术开发和转让，但是由于其项目设计文件中有明确的技术部分要求，因此CDM事实上在推动技术开发和转让方面起到了一定的积极作用。在全球应对气候变化中技术转让作为重要部分，已获得了各国的共识。

但总体看来，CDM的技术转让效果仍然是非常有限的，长期以来，技术转让的实施效果和国际气候谈判在技术问题上取得的进展相当缓慢。

在技术问题上，我们必须看到问题的两面性。一方面，基于市场的灵活机制是京都机制的核心，也是2010年后国际气候制度必须延续的模式，因此必须"更好地发挥市场机制的作用，通过技

---

① "The Bali Action Plan identifies technology transfer as a key element leading up to 2012 and beyond…The fundamental failure in achieving technology transfer has been a lack of responsible institutions and echanisms." see Dalindyebo Shabalala, An Introduction to This Issue: Climate Change and Technology Transfer, *Sustainable Development Law & Policy*, Vol. 9, No. 3, 2009, p. 4.

② 周冯琦：《应对气候变化的技术转让机制》，载周冯琦、胡秀莲、[美]理查德·汉利主编：《应对能源安全与全球变暖的挑战》，学林出版社2009年版，第151页。

③ 参见周冯琦：《应对气候变化的技术转让机制》，载周冯琦、胡秀莲、[美]理查德·汉利主编：《应对能源安全与全球变暖的挑战》，学林出版社2009年版，第151页。

术转让来降低减排成本"①,从而保持发达国家参与 CDM 项目的积极性。另一方面,国际气候合作必须始终坚持共同但有区别的责任原则,照顾到发展中国家在技术方面的不足和弱势。应当充分借用 CDM 项目来推动先进技术向发展中国家的流动,促进地区平衡发展,引导发展中国家的可持续发展。只有结合这两者,才能真正实现 CDM 的双赢性目标。

最后,技术转让不仅仅是一个有效的激励机制,它也是一个涉及公平的问题。CDM 不仅要实现低成本的减排,更重要的是还要促进东道国的可持续发展。"除非发展中国家真正认识到 CDM 带来的环境效应,否则技术转让的障碍无法得以解决。"②

第四节 当前清洁发展机制项目实施状况

一、全球清洁发展机制项目规模与格局分布概况

"自 2004 年 11 月 18 日,全球首个 CDM 项目③注册成功至今,全球 CDM 市场快速发展。"④ 截至目前向执行理事会申请注册的

---

① Mohamed T. El-Ashry, Overview of This Issue: Framework for A Post-Kyoto Climate Change Agreement, *Sustainable Development Law & Policy*, Vol. 8, No. 2, 2008, p. 4.

② Katrin Millock, Technology transfers in the Clean Development Mechanism: An Incentives Issue, *Environment and Development Economics*, Cambridge University Press, 2002, p. 450.

③ 该项目位于巴西里约热内卢。它的目标是通过收集垃圾填埋的甲烷气体发电来减少温室气体排放,并且这个项目对于当地的 Nova Igacú 社区有着直接的健康和环境效益。该项目每年减排 31 000 吨甲烷气体,对于全球变暖的趋势来说,这相当于减少 670 000 吨二氧化碳。该项目为巴西其他地区和全世界的类似项目作了非常重要的示范。

④ 谢飞、孟祥明、胡烨:《清洁发展机制:撬动发展中国家低碳经济杠杆》,载《中国财经报》2010 年 1 月 21 日。

CDM项目已达4200多个①。随着项目收益国家和地区的增多，CDM申请项目数也不断增，核准发放的CERs也随之增多。对于CDM项目的发展和分布情况及趋势，我们可以拿2007年与2010年7月前的CDM项目数据进行比较。②

（一）截至2007年项目情况

"截至2007年4月底，全球1866个CDM项目已经在UNFCCC网站上公示，处于审定阶段或已经注册（其中不包括14个已经被执行理事会拒绝的项目和5个已经撤销的项目）。其中，645个项目已在执行理事会成功注册，另外108个正在申请注册。"③

"根据项目设计文件中显示的数据，预计项目在2012年底以前，可以产生19.1亿CERs。其中所占份额最大的前5个国家分别是中国（49.3%）、印度（16.8%）、巴西（7.9%）、韩国（5.3%）和墨西哥（2.8%）。"④ "就项目个数而言，可再生能源是最热门的项目类型。在全球1866个项目中，59%是可再生能源项目，其中包括水电、风电、生物质、沼气、地热、太阳能等。"⑤ 甲烷减排（包括垃圾填埋气焚烧）、煤层气焚烧和利用以及水泥项目，占到项目总数的21%。此外，还有13%是能效提高项目。

---

① http://cdm.unfccc.int/Statistics/index.html, last visited on July 20, 2010.

② 除特别注释以外，在"项目规模和格局分布"中关于2007年与2009年的CDM项目数据均来源于http://cdm.unfccc.int/Statistics/index.html网站公布的简报。

③ 郝玉凤：《CDM在风力发电项目中的应用研究》，华北电力大学2008年硕士学位论文，第9页。

④ 陈雯：《云南CDM-AR项目GHG减排量计算》，西南交通大学2005年硕士学位论文，第3页。

⑤ 郝玉凤：《CDM在风力发电项目中的应用研究》，华北电力大学2008年硕士学位论文，第13页。

在 CERs 方面，截至 2007 年 10 月底，执行理事会共签发了 CDM 超过 8000 万单位的 CERs。[①] 这些项目的平均 CERs 签发率是 80.4%，实际 CERs 签发量比项目设计文件中对相关时间段的估计 CERs 产出量少了 20%。

（二）2010 年 7 月项目情况

截至 2009 年底，共有 4000 多个项目提出了申请（不包括 683 个被指定经营实体拒绝的项目，137 个被执行理事会拒绝的项目，45 个撤销的项目）。"据联合国 CDM 执行理事会网站报道，随着泰国某一沼气利用项目注册成功，2010 年 1 月底全球注册成功的 CDM 项目数突破 2000 个。"[②] 在所有项目中，已经有 623 个 CDM 项目拿到了执行理事会签发的 CERs。其中可再生能源项目占了总项目数的 60%，获得了 35% 的 CERs。用于供电的能效提高项目获得了 11% 的 CERs，电力工程需求方面的项目获得的 CERs 只占到 1%。

从地区分布来看，在 4000 多个申请项目中，拉美地区申请登记的项目总数占 17.2%；亚太区域占 78.3%；非洲地区占 2.4%；中东地区占 1%；中亚和东欧地区占 1.1%。

最新数据表明，截至 2010 年 7 月 25 日，根据 CDM 官方网站公布的统计数据表明，当前 15 个项目领域共通过的方法学有 183 个方法学。[③] 已经登记的项目有 2300 个，签发的 CERs 达 421 111 995 个单位，预计到 2012 年第一承诺期截止可以签发 CERs

---

[①] UNFCCC, CERs issued by host party, http://cdm.unfccc.int/Statistics/Issuance/CERsIssuedByHostPartyPieChart.html, last visited on November 20, 2009.

[②] 谢飞、孟祥明、胡烨：《清洁发展机制：撬动发展中国家低碳经济杠杆》，载《中国财经报》2010 年 1 月 21 日。

[③] Methodologies for CDM Project, http://cdm.unfccc.int/Statistics/Methodologies/ApprovedMethPieChart.html, last visited on July 20, 2010.

共计 1810000000 个单位。①

二、清洁发展机制项目分布的特点

（一）项目申请数量呈现减速增长趋势

据统计，每年申请项目登记的总数已经从 2005 年的 92% 下降至 2008 年的 31%。并且，自从 2007 年 3 月以来，CDM 项目的登记申请量下降至每月 20～30 个。根据 CDM 官方公布的数据，在 2009 年 12 月初有 18 个项目递交申请，而累计至该月月底仅为 39 个。

（二）项目主体地理分布不均

总体上看，目前 CDM 主体发展还是处于起步阶段，政府部门或多边金融机构是主要的推动力量，其分布呈现以下特点②：

1. 项目卖方市场地理分布不均。"尽管 CDM 东道国数量一直在增加，在 2007 年项目覆盖面已达 57 个国家，但是大部分项目仍然集中少数发展中大国。其中项目最多的前五个国家分别是：印度（608 个）、中国（454 个）、巴西（220 个）、墨西哥（154 个）、马来西亚（46 个）。这五个国家占到 2007 年全球 CDM 项目总数的 79%。"③ 然而这一现象并没有得以改变。在 2009 年，印度、中国、巴西和墨西哥四个东道国的项目所占比例从 2006 年初的 50% 上升到 2006 年中期的 85%，此后逐渐下降至 75%，但至 2009 年

---

① 数据来源：Statistics of CDM Project, http://cdm.unfccc.int/Statistics/index.html, last visited on July 20, 2010。另有学者乐观估计，第一承诺期内产生的 CERs 将甚至超过 20 亿个单位，see Christopher Carr and Flavia Rosembuj, Flexible Mechanisms for Climate Change Compliance: Emission Offset Purchases under the Clean Development Mechanism, *New York University Environmental Law Journal*, Vol. 16, No. 1, 2008, p. 54.

② Inequitable geographical distribution of CDM projects, See Bharathi Pillai, Moving Forward to 2012: An Evaluation of the Clean Development Mechanism, *New York University Environmental Law Journal*, Vol. 18, No. 2, 2010, pp. 383-384.

③ 郝玉凤：《CDM 在风力发电项目中的应用研究》，华北电力大学 2008 年硕士学位论文，第 11 页。

所占份额又增至80%。其中，亚洲是整个CDM下减排额的主要供应地区，中国和印度是供方市场的主导者，尤其是中国。而整个非洲仅仅实施了1%的项目，其中绝大多数是在南非。①

2. 项目买方在地理分布上的特点。自2003年以来，欧盟各国以及冰岛、挪威和瑞士等国占据了CDM和联合履行机制大约2/3的市场份额，日本占据了近1/3的市场份额。"在CDM下的交易以私人买家为主"②，目前活跃在国际CDM市场上的主要买家有：第一，一些大型能源、电力企业。第二，政府参与的采购基金和托管基金。第三，商业化运作的碳基金。由各方资本汇集且以盈利为目的，此类买家由专门从事"减排额"开发、采购、交易、经纪业务的"投资"代理机构组成，目前他们在国内CDM市场更为活跃。第四，银行类买家，他们为其旗下的一些中小型企业提供一种"创新型"的金融服务产品，以扩大银行的服务能力和竞争力。第五，其他类买家，包括个人、基金会等以减缓全球气候变暖为目的的非商业性组织。

（三）项目领域分布不合理

虽然二氧化碳是导致气候变化的最主要排放源，京都机制设想的最主要的减排领域为产生二氧化碳的项目。但是目前CDM市场上供给CERs的项目中几乎2/3产生于非二氧化碳项目，大部分都是来源于一些小规模的HFC或N_2O项目。③"由于不同类型项目的平均减排量差异很大，截至2012年的累计减排量行业分布和项目个数行业分布差异很大。"④ 甲烷、氧化亚氮和氢氟碳化物的全球变暖潜能值高、单个项目减排量大，这些项目虽然个数不足当时项

---

① 参见附录中表6截止到2012年主要东道国CDM项目预计年均产生CERs比重情况。

② Daniel H. Cole, Climate Change, Adaptation and Development, *University of California at Los Angeles Journal of Environmental Law & Policy*, Vol. 26, No. 1, 2008, p. 118.

③ 参见附录中表7非可再生能源领域CDM项目类型数据对比。

④ 郝玉凤：《CDM在风力发电项目中的应用研究》，华北电力大学2008年硕士学位论文，第13页。

目总数的 1/4，但是占到截至 2012 年底全部项目减排量的 60% 以上。

一方面，这些项目在促进能效和可持续发展方面的作用并非很大，① 那些能提供较多减排供给、促进可持续发展的能源类项目，现所占比例较小。因此，即使 CDM 项目在其他类型温室气体减排上面取得了较大的交易成果，但是在减缓气候变暖上收效甚微，当前的 CDM 在促进可再生能源发展和环境可持续方面的作用尚未得到充分的体现。另一方面，"HFC 或 N_2O 项目生产的 CERs 交易价格较低，从整体上导致了 CERs 均价的持续偏低，不利于项目东道国吸引外资"②。

三、实施清洁发展机制项目取得的成就

CDM 项目自实施以来，得到了发达国家和发展中国家的一致支持，取得了较大的成就。通过实施 CDM 项目，使企业和公众对气候变化及其影响有了更多的了解，有助于更多的企业参与项目合作。而且，通过所取得的成就事实可以证明，"国际合作实现温室气体减排是能够做到的，这足以增强未来国际合作的信心"③。

（一）当前发达国家所收获的经核证的减排量

对于发达国家来说，实施 CDM 最主要的目的在于通过 CERs 实现碳减排交易。当前，发达国家自身减排 1 吨二氧化碳当量的成本在 50~150 美元，而通过 CDM 市场实现的话，减排成本仅为

---

① Andrew Schatz, Foreword: Beyond Kyoto—The Developing World and Climate Change, *Georgetown International Environmental Law Review*, Vol. 20, No. 4, 2008, p. 534.

② Craig Hart, Kenji Watanabe, Ka Joon Song, and Xiaolin Li, East Asia Clean Development Mechanism: Engaging East Asian Countries in Sustainable Development and Climate Regulation Through the CDM, *Georgetown International Environmental Law Review*, Vol. 20, No. 4, 2008, p. 645.

③ 周冯琦：《应对气候变化的技术转让机制》，载周冯琦、胡秀莲、[美] 理查德·汉利主编：《应对能源安全与全球变暖的挑战》，学林出版社 2009 年版，第 158 页。

8~15美元。

自2005年10月20日全球首笔CERs获得签发以来，到2007年12月14日首次突破1亿吨二氧化碳当量大关，历时2年多；2008年10月16日突破2亿吨二氧化碳当量大关，历时迅速缩减到10个月；而在2009年6月23日突破3亿吨二氧化碳当量大关时，历时仅8个月。预计CDM项目在《京都议定书》第一承诺期内（2008—2012年）产生的核证减排量将达29亿吨二氧化碳当量，对发达国家实现《京都议定书》规定的温室气体减排目标发挥了重要作用。

（二）当前清洁发展机制项目对发展中国家的促进作用

1. CDM项目的实施有利于促进项目所在的发展中国家的可持续发展。衡量CDM在促进可持续发展方面的贡献，国际上通用的标准是看CDM项目在促进当地可再生能源技术适用上的能力。当前，虽然大部分CDM项目都是在非可再生能源领域，但仍然有一部分项目直接涉及开发可再生能源。考虑到可再生能源项目强大的后续效应，无论是投资者还是东道国政府无疑应更青睐此类CDM项目，"这正体现了CDM对可再生能源领域投资流向的催化作用"。[①] 而且，为了吸引更多的项目投资，东道国无疑会提高本国可持续发展社会评价体系建设，特别是发展本国的温室气体减排评价制度（类似于我们所熟知的环境影响评价制度），在规范企业投资和市场运行上将产生深远影响。

现阶段，CDM支持发展中国家可持续发展的功能主要是通过技术转移来实现的。但是，从长远来看，发展中国家的主要温室气体减排设备应该由自己来生产。"如何通过CDM引进先进的减排技术，进而促进项目所在国的自主创新能力，是CDM对东道国长

---

① Craig Hart, Kenji Watanabe, Ka Joon Song, and Xiaolin Li, East Asia Clean Development Mechanism: Engaging East Asian Countries in Sustainable Development and Climate Regulation Through the CDM, *Georgetown International Environmental Law Review*, Vol. 20, No. 4, 2008, pp. 648-649.

期可持续发展是否有利的关键。"①

2. 在环境和经济方面，CDM 带来的直接效益就是减排温室气体，改善生态环境与生存环境。而这一目标的实现依赖于 CDM 项目实施过程中环境技术的引进。"在经济方面，CDM 的实施能够加快技术转移，改善项目所在国能源利用状况，使能源这一生产要素的质量得到提高，效率得到更好的发挥，进而可以促进经济的增长。同时，这一机制的实施还将通过对相关产业的影响达到对产业结构的调整和优化。"②

3. 实施 CDM 项目为发展中国家带来了一笔可观的可持续发展资金。当前项目如顺利实施，每年可为发展中国家带来的直接资金收入将不少于 25 亿美元，"截至 2009 年底，CDM 为发展中国家带来的直接交易资金已超过 30 亿美元，预计第一承诺期内可为发展中国家带来的直接资金收入将超过 200 亿美元。"③ 特别是在国际金融危机形势下，这一资金收入对发展中国家社会和经济发展的贡献显得更为突出。

4. CDM 项目为发展中国家引入了先进的环境管理和技术理念。为确保 CDM 项目减排温室气体的真实性，CDM 执行理事会对 CDM 项目的开发、实施、减排量产生情况等有着科学、严谨的监测、核查和报告机制。"发展中国家企业可通过 CDM 项目实施，与联合国 CDM 执行理事会、指定经营实体进行沟通，学习和吸收国际先进理念和管理经验，提高企业科学化、规范化和精细化管理水平，实现可持续发展。"④

5. CDM 项目激发了发展中国家借助市场手段开展环境保护的

---

① 康文华：《CDM 对中国可持续发展的影响分析》，湖南大学 2008 年硕士学位论文，第 27 页。

② 康文华：《CDM 对中国可持续发展的影响分析》，湖南大学 2008 年硕士学位论文，第 32 页。

③ 谢飞、孟祥明、胡烨：《清洁发展机制：撬动发展中国家低碳经济杠杆》，载《中国财经报》2010 年 1 月 21 日。

④ 谢飞、孟祥明、胡烨：《清洁发展机制：撬动发展中国家低碳经济杠杆》，载《中国财经报》2010 年 1 月 21 日。

积极性。它不仅促进了企业主动开展环境保护活动的积极性,还为各国政府探索如何借助市场手段解决其他环境问题,如水污染、大气污染等,提供了新思路和实践参考。① 而且,发展中国家通过实践得以证明了自己在全球温室气体减排方面作出的贡献,作为CDM项目的东道国,发展中国家的支持与配合是项目得以实施的前提。"这极大地提升了发展中国家在国际气候谈判中的地位。"②

第五节　当前清洁发展机制项目实施中存在的问题

CDM 项目自全球投入运行以来,虽然颇有成就,但离其设想初衷尚有一段距离。总的来看,CDM 发展中存在的问题主要有以下几个方面:

一、清洁发展机制的方案设置存在不合理之处

在所有阻碍因素中,首先最应该考虑的是 CDM 体制的设置是否存在缺陷或不合理之处。

（一）公约和议定书中减排基准和目标设置问题

公约和议定书在设置各承担减排义务的国家的基准年和基准量方面存在着以下两方面的漏洞:

1. 基准年设置不明确。《联合国气候变化框架公约》中规定了一个重要目标就是,规定附件一缔约方在 20 世纪末将温室气体排放恢复到"较早水平"。从字面来理解,公约规定中的"较早水平"表达并不是很明确,是较 20 世纪末更早的水平,还是较公约通过时即 1992 年更早的水平,公约并未规定。

而在议定书谈判时,很多国家尚未清楚本国的经济负担和具体

---

① See *CDM Has Increased Awareness of Climate Change Mitigation Options Among Possible Investors and Others that May Facilitate Transactions*, http://www.oecd.org/dataoecd/58/58/32141417.pdf, last visited on May 20, 2010.

② Andrew Schatz, Foreword: Beyond Kyoto—The Developing World and Climate Change, *Georgetown International Environmental Law Review*, Vol. 20, No. 4, 2008, p. 533.

排放情景。最终,京都机制下的温室气体排放权指标分配方案,是以1990年的现实排放为基准排放年,并通过国际政治谈判协商确定各缔约方的具体减排目标①。因此排放指标的分配是政治谈判妥协的结果,缺乏足够的科学依据。

2. 减排基准设置较低。由于部分国家基准年选择的变化使得许多附件一国家的减排目标出现了变化。美国的减排目标由原来的5.2%下降至3.6%,罗马尼亚由原来的8%减至6.4%,而澳大利亚的增排目标则由8%增至25.9%。这种分配方式最大的特点在于,以过去的排放记录作为未来分配的主要考虑依据,而不考虑现时和未来的排放需求。由于大气中温室气体排放累计贡献量是不断变化的,这种模式对于缓解全球气候变化所起到的效果比预计的要略低,甚至有学者对其作用提出质疑。②

早在谈判时,欧盟就曾提出2000年应在1990年基础上减排20%。但是在最终形成的议定书里欧盟的指标却没有达到其本身的提议要求,只有1/3左右。这说明,一些国家在最后也是考虑到了温室气体排放遏制与本国经济的竞合冲突,所以在真正达成协议时有所保留。

3. 从总体指标来看,议定书第3条第1款为附件一缔约方设定了一个明确的整体指标,即2008—2012年温室气体排放总量从1990年水平至少减少5%。然而经实际测算,议定书为各国制定的减排指标平均之值仅为5.2%。从2000—2012年,附件一国家平均每年只需减少1990年排放量的0.5%左右即可实现议定书规定的量化减排目标,这显然不太合理。

从以上分析可以看出,减排指标无论个体还是整体,都不具合理性,设置太低。"温室气体的排放应该有一个阶梯性,不应该规

---

① 根据议定书第3条,允许一些经济转型国家采用其他年份作为基准年:匈牙利以1985—1987年的平均值为基准;波兰和保加利亚以1988年为基准年,罗马尼亚以1989年为基准年。

② See Warwick J. and Peter Wilcoxen, The Role of Economics in Climate Change Policy, *Journal of Economics Perspective*, Vol. 16, No. 2, 2002, pp. 107-129.

定每年的排放标准相似或相同,应该将设置的数值逐年上升。"①只有将数值设置为上升势态,才能抵消自然资源的自然消耗值,实现减排目的。

(二)京都机制下清洁发展机制分配方案不公平问题

温室气体排放权的公平分配首先要依据各国不同的具体国情对排放责任与义务作出具体分析,同时也应考虑各国不同的经济发展水平和支付能力及其他一些影响减排成本的重要因素如独特的资源条件等。② 然而,这些在京都机制中都没有得以很好的体现。

1. 项目实施地理分布的不公平问题。虽然在整个气候变化国际谈判中都强调公平问题,但从 CDM 的发展趋势来看,仍然存在着不公平现象。一方面,CDM 对于发达国家及其经营实体来说,本质上是一种商业活动,追求利润最大化。由于项目的发展受到利益的驱动,因此 CDM 项目投资尽可能选择低成本交易和低投资风险,发达国家大多将投资主要集中在政治、社会比较稳定,经济有发展潜力的国家和地区。绝大部分 CDM 项目都集中在亚太和拉美地区,广大中东和非洲地区的项目数量不到 4%。

另一方面,CDM 项目投资还存在先期合作印象问题。那些被曾经投资而积累合作经验的国家和地区更容易受到发达国家青睐而获得进一步投资的机会。

因此,对于最不发达国家而言,并没有享受到 CDM 带来的经济发展机遇。"这不仅意味着他们失去了参与全球减排、引进大量资金和先进能源技术以推动本国经济可持续发展的良好机遇,同时也意味着这些国家可能在气候变化国际制度中被边缘化的危险。"③

---

① Martin Wolf, *Why Obstacles to A Deal on Climate are Mountainous* http://www.chinadialogue.net/article/show/single/ch/2234, last visited on July 22, 2009.

② 参见庄贵阳、陈迎:《国际气候制度与中国》,世界知识出版社 2005 年版,第 133 页。

③ Albert Mumma and David Hodas, Designing a Global Post-Kyoto Climate Change Protocol That Advances Human Development, *Georgetown International Environmental Law Review*, Vol. 20, No. 4, 2008, p. 620.

2. 减排责任分配不公平。京都机制的基础是主权平等和公平责任原则，强调分配方案的现实合理性。尽管它在一定程度上通过了"有差别的"减排目标来体现公平，但这是以政治谈判的方式来决定，而政治谈判的基础是谈判实力和综合国力。因此，京都机制在公平原则上缺乏制度保障。

发展中国家和发达国家由于在政治、经济实力、经济水平和信息上的不对称，造成发展中国家在谈判实力上明显处于劣势。在这种情况下，京都机制往往不可能充分考虑到不同国家之间存在的具体国情差别，难以很好地体现公平原则。在 CDM 的实际发展中，话语权从一开始就被发达国家所掌握。这种不均衡的起点使得 CDM 更多的是体现发达国家的利益，而发展中国家则常常处于被动的角色。这是由 CDM 制度的出发点和设计思路所带来的，也成为其与生俱来的缺陷。

二、清洁发展机制管理制度存在的问题

首先，CDM 在管理制度上存在的最大问题在于联合国 CDM 执行理事会及指定经营实体的能力不足，且行政效率低下。一方面，由于 CDM 作为全球合作减排的创新机制是在摸索中实践，无法事先预知困难，难免存在各种制度上的滞后性问题。另一方面，CDM 执行理事会长期以来没有出台一个严格且可操作的 CDM 项目审定及核查核证指南，也没有对指定经营实体在审定及核查核证的行为进行相应的规范。这就使得一些指定经营实体不遵守执行理事会的决定或缔约方会议的决定，不按照要求的时间期限提交年度报告，从而严重侵害项目发起人、项目开发商甚至 CERs 买方的权益。

其次，超负荷的工作量也是导致 CDM 项目审批速度慢，进而影响 CDM 行政效率的一个重要因素。执行理事会的专家成员只有 10 人，而每年开会审批的时间不超过 30 天，申请项目数量却成倍增长。随着申请项目数量的增加，执行理事会和国内的指定国家机构的工作量也不断增大。特别是由于指定国家机构的规模无法大幅度增加，项目申请周期会延长，从而影响项目的进展。一个比较显

著的案例发生在2009年2月11日至13日召开的执行理事会第45次会议上,会议的一项重要任务就是,要求理事会成员在会议期间复核100多个被审查的注册申请以及20多个被审查的签发申请。受执行理事会人员编制的限制,这种单纯依靠理事会成员在短短几天会议期间的超负荷工作来解决CDM项目注册程序瓶颈的做法,将会变得愈加糟糕。

再次,随着全球CDM市场快速发展,无法回避CDM在项目方法和审批程序等方面存在的不少问题,这既增加了项目开发成本,又影响其发挥应有的作用。①特别是项目规则繁杂多变,导致项目开发周期过长,且有越来越长的趋势等。根据议定书规定,通过CDM获得的CERs如要进行交易,还必须履行一系列繁琐的注册程序。虽经不同国家、不同机构以不同形式多次向联合国CDM执行理事会反映过,CDM执行理事会也多次表示将采取有效措施予以改进,但仍未能得到有效解决,导致大量CDM项目被推迟或停滞。②

最后,由于受到各种因素的影响,CDM项目审批程序和过程的透明与合理也越来越受到关注。③ 根据联合国CDM执行理事会网站的统计,在2007年4月份前提交注册申请的724个项目中,自动注册的项目比例高达82%,而同时期被审查后注册的项目仅为14%。然而,从2007年4月至2008年12月的这段时间里提交注册申请的744个项目中,自动注册的项目比例降为41%,相反被审查的项目比例已飙升至49%。而执行理事会在解释中则声称审查的原因在于所提交的项目审核材料需要进一步核实。对此,无法获得项目自动注册方大多表示难以接受"被搪塞"。甚至在2008

---

① 参见:《期待CDM市场发展瓶颈得到突破》,http://www.china5e.com/show.php?contentid=71180,访问日期2010年5月24日。

② 参见:《期待CDM市场发展瓶颈得到突破》,http://www.china5e.com/show.php?contentid=71180,访问日期2010年5月24日。

③ 关于审批程序与规则方面的缺陷,See ETA, *2006 State of the CDM*, http://www.ieta.org/ieta/www/pages/getfile.php?docID=1931, last visited on September 19, 2010.

年12月的第14次缔约方会议（波兹南会议）上，有建议干脆将CDM规则制定权与CDM项目裁定权分离，避免权力的过度集中。①

三、清洁发展机制项目实施面临诸多风险

风险即不确定性，对风险的认识和把握关系到交易双方直接利益和基本的权利义务。任何项目都是有风险的，CDM项目也不例外。一个可维持的授权环境和全面的投资氛围无疑是吸引CDM投资的关键，而"CDM的可预测性不足则成为其发展的潜在障碍"②。这些风险大致可以归为以下三类：

（一）清洁发展机制项目自身的风险

由于CDM项目在实施中受到国际国内双重管制，且具有较强的技术性，使其存在一些内在的制度性风险，主要有：

第一，"议定书第一承诺期以后的减排义务未有明确的规定，故第一承诺期以后的CDM市场尚不明朗"。③ 而且随着发展中国家经济的不断发展，其自身的温室气体排放量也在不断增长。"此外，议定书暂时没有规定境外减排的限制，如果第二承诺期设置了境外减排的限制，必将对已经签署的部分CDM项目造成影响，使其不能继续实施。"④

第二，项目国际注册风险。CDM项目能否注册成功具有很大

---

① 对此，有学者认为，执行理事会受发达国家所"控制"的现状也是造成CDM在运行管理上陷入困境的重要原因。参见杜立、陈少青、周津、倪芸萍：《CDM中国家职责问题研究》，载《经济研究参考》2010年第32期，第69页。

② Craig Hart, The Clean Development Mechanism: Considerations for Investors and Policymakers, *Sustainable Development Law & Policy*, Vol. 7, No. 3, 2007, p. 41.

③ Jennifer P. Morgan, Carbon Trading Under the Kyoto Protocol: Risks and Opportunities for Investors, *Fordham Environmental Law Review*, Vol. 18, No. 1, 2006, p. 182.

④ 康文华：《CDM对中国可持续发展的影响分析》，湖南大学2008年硕士学位论文，第41页。

的不确定性。除了国内的审批程序，CDM 项目还需要在联合国执行理事会注册。除了程序方面的审查事项外，CDM 执行理事会对指定项目经营实体的审查也过分严格，对项目设计文件中的监测计划和方法、基准线的研究等都有严格的方法。如果 CDM 项目无法得到 CDM 执行理事会的核准，执行理事会将拒绝核发 CERs，也就意味着前期工作付诸流水了。

第三，新方法学应用的风险。任何一种 CDM 方法学只要获得了执行理事会的核准就可以应用在其他的项目中。由于 CDM 项目要遵循已在执行理事会注册的方法学进行论证，通常情况下，项目业主都会尽量避免采用新方法学，多用已经获得批准的通用的方法学，而提交的新的方法学得不到通过或审批时间过长都会影响到交易的成功。① "议定书规定，如果一个项目在申请指定经营实体审核的时候需要运用到新的方法学，则项目参与方应当首先将新方法学向执行理事会申请注册，执行理事会有 4 个月的审查时间以决定是否通过新方法学。只有当新方法学获得认可的情况下，指定经营实体才会核准 CDM 项目。如果执行理事会没有认可新方法学，就现行的 CDM 规则而言，当事方没有其他的救济途径，只能重新以其他方法学进行申请。"②

第四，泄漏的风险。根据 CDM 模式和程序规定，当项目界限外的温室气体的排放量出现可测量的、可归因于 CDM 项目的增加的时候，应当把这部分排放量从项目的减排量中扣除，由此一来 CERs 的核准量就降低了。"要测量泄漏是比较复杂的，此类减排量发生在项目界限外并且一般不受监测，所以就不清楚是否属于项目产生的额外减排。"③

---

① See New Methodology Non-approval, Jennifer P. Morgan, Carbon Trading Under the Kyoto Protocol: Risks and Opportunities for Investors, *Fordham Environmental Law Review*, Vol. 18, No. 1, 2006, pp. 177-178.

② 张永毅：《CDM 下投资者与项目业主的风险探讨》，载《西南农业大学学报》(社会科学版) 2009 年第 2 期，第 53 页。

③ 张永毅：《CDM 下投资者与项目业主的风险探讨》，载《西南农业大学学报》(社会科学版) 2009 年第 2 期，第 53 页。

(二) 发展中国家的政治与法律风险

第一,CDM 项目在发展中国家面临着项目能否获得东道国政府批准的风险。① CDM 项目在执行理事会获得注册的一个基本条件是需要获得项目所在国政府的批准,并将此批准呈交给指定经营实体。对项目业主来说可能存在的风险就是东道国政府提高了项目批准的标准,或者在向指定经营实体提交报告前已撤销了批准。

第二,"项目所占土地或涉及的财产甚至所产生的 CERs 被征用,是 CDM 项目业主面临的最严重风险"②。由于 CDM 项目从初期投资到最后收益之间时间跨度较长,很容易受政府行为的干扰迫使其中断。这种征用通常有两个情况:一是积极征用,即直接对项目所涉及的财产进行强制转移,或者彻底撤销原权利人对项目所拥有的财产权,特别是撤销项目开发企业对 CERs 的交付权利,或者附件一国家对 CERs 的购买权,将对项目带来毁灭性的后果;二是消极征用,通过政府监管或采取其他类似措施,间接地阻挠 CDM 项目的运转。

第三,项目业主面对的一个较大的风险还来自于所投资发展中国家法律的变化③。"虽然这些法律不是直接调整 CDM 项目的,但是却可能与之有着密不可分的关系,诸如价格控制、税收、进出口管制等。"④

---

① permits and licenses in Political Risks, see Jennifer P. Morgan, Carbon Trading Under the Kyoto Protocol: Risks and Opportunities for Investors, *Fordham Environmental Law Review*, Vol. 18, No. 1, 2006, p. 175.

② The risk of expropriation, or the taking of an investor's property by the host State, can be the biggest threat to a project developer, and also the most complicated. See Jennifer P. Morgan, Carbon Trading Under the Kyoto Protocol: Risks and Opportunities for Investors, *Fordham Environmental Law Review*, Vol. 18, No. 1, 2006, p. 170.

③ See Adverse Changes in the Law, see Jennifer P. Morgan, Carbon Trading Under the Kyoto Protocol: Risks and Opportunities for Investors, *Fordham Environmental Law Review*, Vol. 18, No. 1, 2006, pp. 168-169.

④ 张永毅:《CDM 下投资者与项目业主的风险探讨》,载《西南农业大学学报》(社会科学版)2009 年第 2 期,第 52 页。

（三）清洁发展机制的市场风险

CDM 的市场风险主要是指市场尚未统一、市场的不确定性。由于没有公开统一的交易机制，CERs 的交易制约因素较多，买卖双方之间的风险分担方案、潜在风险、项目类别、交易风险、交易时间、交易程序等都存在不确定性。①概括而言，CDM 市场主要存在着以下方面的风险：

第一，由于京都机制下的排放权交易市场还不成熟，使得排放权的交易存在很大的不确定性，政府或经营实体容易高估或低估了交易的成本和风险，与市场脱离。再加上目前对于第二承诺期的减排义务还没有达成一致的协议，这使得 CDM 发展失去了动力，国际市场信心骤减。

而且，CDM 作为一种低成本碳减排方式，项目的融资和实施都是由市场来调节的。项目参与方关注的是如何采用更低的成本来换取最大的减排量，然后高价卖出获得利润，而相对轻视了项目在资金和技术引入方面的作用以及对当地可持续发展的贡献。一旦 CDM 项目以市场为导向，那么很容易变成谋求经济利益的工具，从而违背公约和议定书的目的与宗旨。

第二，其他排放权交易机制分化了减排指标。议定书的达成，催生了全球多个温室气体排放权交易市场。为了缓解所面临的国际压力，许多国家和地区纷纷建立了各具特色的排放权交易制度。目前世界上不存在统一的国际排放权交易市场，在这些区域性的市场中，存在不同的交易商品和合同结构，各市场对交易的管理规则也不相同，分割了排放权交易市场。

第三，由于 CDM 存在着各种风险以及发展中国家缺乏足够的资金和技术，因此目前 CDM 市场仍然是买方占据主导地位。美国作为全球第一大温室气体排放国，其温室气体排放量接近全球的 1/4，但是由于美国 2001 年退出了《京都议定书》，并不受到《京都议定书》的约束。因此，许多发达国家都在尽量压低 CERs

---

① 参见庄贵阳、陈迎：《国际气候制度与中国》，世界知识出版社 2005 年版，第 115 页。

价格。

第四，项目参与者风险控制能力不足。从 2007 年开始，CDM 行业经历了爆炸式的发展，大量咨询公司、买家进入市场。这些公司大多为小型创业公司，项目管理能力和风险控制能力非常有限，在无序竞争中聚集了巨大风险。由于之前 CERs 价格在油价泡沫的推动下疯涨，极高的预期回报率吸引了诸多国际炒家进入中国市场。与此同时，大量项目集中在少数买家和个别国家手中，因此市场潜在的支付风险和政治风险巨大。

第五，来自于减排量购买协议（ERPA）和 CERs 市场的风险。关于这两个方面，本书已详细论述，在此不赘述。

四、清洁发展机制实施效果的质疑

CDM 的实施到底在多大程度上促进了附件一国家的低成本减排，又是否真正为发展中国家带来了可持续发展契机，一直受到国际社会和诸多专家的质疑。[①] 它主要集中在以下几个方面：

（一）清洁发展机制的有效性质疑

首先，虽然 CDM 在运转效果上与排放权交易、联合履约机制没有明显的区别，都是利用市场化的模式解决温室气体排放削减问题，但是 CDM 的合作双方是发达国家和发展中国家，这两大阵营在国际政治和经济立场上是有差别的。而发展中国家阵营内部，各发展中国家之间的利益也是有区别的，这就使 CDM 在发展中国家的发展可能会遇到以下几个问题：（1）发展中国家都希望与发达国家进行 CDM 项目合作，因此会利用优惠的价格来吸引发达国家，这可能导致发展中国家之间减排额度价格的恶意竞争，产生贱卖问题；（2）发展中国家与发达国家之间进行的 CDM 项目有可能并不

---

① See Sam Headon, Whose Sustainable Development? Sustainable Development Under the Kyoto Protocol, the Cold play Effect, and the CDM Gold Standard, *Colorado Journal of International Environmental Law and Policy*, Vol. 20, No. 2, 2009, pp. 137-140.

是发展中国家所必需的,即对项目额外性的质疑①;(3)发达国家将其本身应承担的义务转嫁给出售减排额度的发展中国家,发展中国家能否按时按量按质完成 CDM 项目是个问题;②(4) CDM 项目有可能冲击发达国家对发展中国家的官方援助,并可能限制发展中国家能源工业的长期发展。③

其次,CDM 项目的指数增长也引起了一些人担心这些项目是否真正减少了碳排放。有研究表明,在发展中国家的项目中,存在由 CDM 产生的假定减排额,有 2/3 并未真正减少污染,因此那些真正由 CDM 实现的减排通常代价高得惊人。而通过国际基金,而不是通过 CDM 貌似有效的市场机制减排,可以节省数十亿美元。④而且,如果一个 CDM 减排额确实代表一个"减排",从全球来看毫无益处,因为补偿是一个"零和"游戏。购买补偿的污染者即发达国家缔约方实质上避开了减少其自身排放的责任。分析人士估计,签署议定书的主要发达国家的减排义务,有 2/3 以通过购买补偿来履行,而不是让它们的经济脱碳。

最后,CDM 是否真的促进项目东道国的可持续发展。⑤ 有研究表明,在促进可持续发展的幌子下,CDM 正在增加温室气体排放⑥,并且使得发展中国家预期可获得的 CDM 资金收入大为缩水。

---

① 参见秦天宝:《美国拒绝批准〈京都议定书〉的国际法分析》,载《珞珈法学论坛》(第 2 卷),武汉大学出版社 2002 年版,第 289 页。

② 参见张锐:《大气资源再分配面临全球博弈》,载《国际商报》2005 年 2 月 23 日第 4 版。

③ 参见秦天宝:《美国拒绝批准〈京都议定书〉的国际法分析》,载《珞珈法学论坛》(第 2 卷),武汉大学出版社 2002 年版,第 289 页。

④ See http://www.chinadialogue.cn/article/show/single/ch/2609-Discredited, last visited on June 16, 2010.

⑤ Barriers to Sustainable Development within the CDM, see Bharathi Pillai, Moving Forward to 2012: An Evaluation of the Clean Development Mechanism, *New York University Environmental Law Journal*, Vol. 18, No. 2, 2010, p. 392.

⑥ See Kevin A. Baumert, Participation of Developing Countries in the International Climate Change Regime: Lessons for the Future, *George Washington International Law Review*, Vol. 38, No. 2, 2006, pp. 394-395.

CDM 项目合同在签订时各方都有不同的目的及项目条件，东道国由于未规定强制减排目标，因此更重视 CDM 带来的经济效益而不是环境效应。对双方来说，"CDM 的商业前景远甚于其所带来的减排额度的价值"①。必须要记住的是，CDM 不仅要实现低成本的减排，更重要的是还要促进东道国的可持续发展。② 对此，有批评者认为 CDM 是不道德的，因为发达国家削减目标的实现是建立在发展中国家环境污染的基础之上的。③

（二）关于额外性的证明

CDM 项目要求的减排必须是额外的。但是如何证明这些项目是否真正具有额外性呢？"在目前的方法学下，或许某一个体项目可能是额外的，但就整体实施而言，全球 CDM 项目是否存在额外性却无法证明。"④ 甚至有学者指出，"这一看似成功的机制，正在把数十亿美元瓜分给化工、煤炭和石油企业以及破坏性水坝的开发者，对于其中很多的项目工程，在任何情况下都会得以修建"⑤。而且，额外性很大程度上取决于东道国政府的认定⑥，如何保障东道国政府在额外性认定上的公平也是当前 CDM 项目实施中难以克服的障碍。

---

① Patrick Matschoss, The Programmatic Approach to CDM: Benefits for Energy Efficiency Projects, *Carbon & Climate Law Review*, Vol. 1, No. 2, 2007, p. 119.

② Katrin Millock, Technology Transfers in the Clean Development Mechanism: An Incentives Issue, *Environment and Development Economics*, Cambridge University Press, 2002, p. 450.

③ 参见王曦编译：《联合国环境规划署——环境法教程》，法律出版社 2002 年版，第 179 页。

④ 彭峰：《哥本哈根时代：CDM 的终结?》，载《国际观察》2009 年第 9 期，第 57 页。

⑤ http://www.chinadialogue.cn/article/show/single/ch/2609-Discredited, last visited on June 16, 2010.

⑥ See Jennifer P. Morgan, Carbon Trading under the Kyoto Protocol: Risks and Opportunities for Investors, *Fordham Environmental Law Review*, Vol. 18, No. 1, 2006, p. 177.

（三）有关技术转让和资金援助的规定尚未真正落实

技术转让和资金援助是发展中国家参与 CDM 的动力所在，然而实践表明，这两者迄今并未得以有效的落实。关于技术转让最大的难题在于发达国家是否给予真正意义上的技术转让，发展中国家从中实质上受益多少。

而关于发达国家的资金援助义务，无论《斯特恩报告》[①] 还是世界能源展望都鲜明指出，若要成功地把大气中的温室气体浓度稳定在 $550ml/m^3$ 或者 $450ml/m^3 CO_2$ 当量，至少需要每年 5000 多亿美元可再生能源和能源效率技术投资，而对发展中国家来说要成功减排温室气体或者适应气候变化则每年至少需要 1000 亿欧元。[②] 议定书关于附件一国家对发展中国家的资金和技术援助只进行了描述性的规定，没有规定具体的细则，更没有相应的约束机制，这就导致发达国家在实际操作中并没想象中的那么积极。

尽管欧盟等国承诺协助贫穷发展中国家处理气候变化问题，但议定书的执行有赖于取得更多的经费来源。在议定书中原本规定发达国家要提供 10 亿美元协助发展中国家，而美国必须负担其中的 1/3 经费，美国退出议定书使得这一承诺落空。2008 年 12 月联合国波兹南气候大会启动了 8000 万美元基金，帮发展中国家应对气候变化。但众多发展中国家普遍指责发达国家"吝啬"，认为这一基金数额太少。当前对资金支持的具体数额、实际执行中对于资金的转向、如何分流都未有具体规定，这也是未来谈判的焦点之一。

[①] Nicholas Stern, *Stern Review on the Economics of Climate Change*, see http://www.hm-treasury.gov.uk/independentreviews/sternrevieweconomicsclimatechange/sternreviewindex.cfm.

[②] See http://www.weforum.org/pdf/climate/Green.pdf, last visited on June 26, 2010.

第四章 欧盟排放权交易制度对清洁发展机制的挑战与启示

当前国际碳交易中以市场为基础的模式主要有两种,一种是限额与交易模式(cap and trade),如欧盟排放权交易制度;另一种是则以项目为基础的模式,CDM 即是典型。两种制度都取得了显著的成效,迅速地促进了国际碳交易市场的发展,同时带动了国际资本和新技术向全球碳减排市场的流动。但就实施效果而言,欧盟排放权交易模式更为成功。① "欧盟在全球应对气候变化的行动中一直扮演着领导者的角色,不仅具有承诺温室气体减排义务的政治意愿,而且在具体行动和政策实践方面也走在了前面。"② 本节将选取欧盟排放权交易进行比较研究,以从中获取一点启示。

第一节 欧盟排放权交易制度基本内容

欧盟排放交易机制③是依据 2003 年 7 月欧盟与国际环境委员

---

① See Christopher Carr; Flavia Rosembuj, Flexible Mechanisms for Climate Change Compliance: Emission Offset Purchases under the Clean Development Mechanism, *New York University Environmental Law Journal*, Vol.16, No.1, 2008, p.52.

② 冯升波:《发达国家应对气候变化的政策措施对我国能源政策的影响研究》,载国家发展和改革委员会能源研究所编著:《能源问题研究文集》,中国环境科学出版社 2009 年版,第 321 页。

③ Directive 2003/87/EC, see EU Emissions Trading Scheme (EU ETS), http://ec.europa.eu/environment/climat/emission.htm, last visited on March 06, 2010.

会达成的《欧盟温室气体排放交易指令》建立的，并于2003年10月开始适用。

2003年7月，欧洲议会通过投票达成协议，通过了欧盟排放权交易体系指令。2003年10月，欧洲议会和欧盟理事会通过进一步指令，为欧盟设立了温室气体排放许可交易制度。根据欧盟排放交易计划的规定，允许欧盟各成员国企业根据各自的减排成本差异，自由买卖温室气体减排额度。2005年1月1日，欧盟排放权交易体系（European Union Emissions Trading Scheme，简称EU ETS)①正式开始运行，欧盟开始实施温室气体排放许可交易制度，即欧盟排放权交易制度。EU ETS将使得欧盟能够以低于GDP0.1%的成本，履行京都议定书的减排承诺，也将帮助欧盟实现2020年甚至更长期的减排目标。欧盟排放权交易制度中交易的客体为经营实体依据分配获得排放配额，在生产经营过程中产生的二氧化碳排放可能高于或低于其获得的配额量，因此这些企业实体需要通过市场来买卖排放配额以履行其法定减排义务或获得利润。

值得注意的是，在适用对象上，欧盟排放权交易制度通常只适用于二氧化碳的排放。但不排除在欧盟委员会的批准下，成员国单方面将排放交易制度扩大到其他温室气体种类和其他部门。

根据指令，欧盟排放权交易计划共分为两个阶段：第一阶段从2005—2007年，仅仅涉及少数对排放有重大影响的经济部门，如能源行业、有色金属行业、建材行业和造纸业等所产生的二氧化碳的排放。第二阶段从2008—2012年，逐步扩大到工业部门的各企业。当前，欧盟排放权交易制度已经从第一阶段过渡到了第二阶段，这意味着该机制正在迈向成熟。

在排放许可配额上，欧盟对境内所有纳入参与温室气体排放交易的实体进行统一管理。欧盟要求所有成员国从2005年1月开始，

---

① 关于欧盟排放权交易制度的具体内容请参见：European Commission, EUETS: *An Open Scheme Promoting Global Innovation to Combat Climate Change*, http://www.umweltbundesamt.at/fileadmin/site/umweltthemen/industrie/pdfs/EU-Brosch_re_emission_trading2_en.pdf, last visited on March 21, 2010.

纳入到排放交易指令计划内的所有产生温室气体排放的经营实体都确保必须拥有温室气体排放配额和排放许可，并对其提出了信息通报和监测的要求。当某个经营实体排放总量超过了许可配额，必须申请获得增加排放配额。出于灵活性考虑，欧盟允许成员国对同一阶段内不同年份的排放配额进行留存和借用。但是跨阶段的配额借用则是不允许的，这主要是为了防止成员国对未来排放额度的过度借用而影响了欧盟整体减排目标的实现。[1]

另外，在欧盟排放权交易制度内，除了欧盟层次对排放许可配额的管理外，欧盟还要求各成员国在2004年3月以前制定并向欧盟委员会提交本国在第一阶段的国家分配计划。这一计划不仅要确定本国的排放总量上限，还要列出成员国境内排放实体的清单。最重要的是要确定分配给各部门、各企业在每个承诺期的排放配额量，对于违反配额计划的部门或企业要严格依照欧盟排放交易指令给予处罚。对于第二阶段的国家分配计划应在2006年7月之前提交，如果成员国提交的国家分配计划与欧盟分配给成员国的排放许可额度不符，欧盟将拒绝批准。[2] 在考虑到各国经济生产正常需要和各国的现实减排能力的基础之上，各成员提交的国家分配排放总额应该与欧盟在议定书中所作出的承诺相符。

第二节 欧盟排放交易制度的特点及其取得的成就

一、欧盟排放权交易制度的主要特点

与CDM相比，欧盟排放权交易制度具有以下几个方面的特点：首先，《京都议定书》对欧盟所有成员国设定了一个8%的总

---

[1] See Frank J. Convey Luke Redmond, Market and Price Developments in the European Union Emissions Trading Scheme, *Review of Environmental Economics and Policy*, Vol.1, No.1, 2008, p.96.

[2] See Climate Change: The EU's Emission Trading System CRS Report for Congress, http://www.usebassy.at/en/download/pdf/eu-ets.pdf, last visited on October 16, 2009.

体减排水平。但是欧洲委员会并没有要求每一个成员国都承担同样的减排义务。相反,欧盟决定利用其对《京都议定书》的履行作为一个在欧盟内部进行福利分配的工具。①

其次,《欧洲责任分担协议》规定了每个成员国具体的减排义务。在规定每个成员国的减排义务的时候,充分考虑各个成员国的经济发展情况。因此,总体而言,相对富裕的国家承担的减排义务要大一些(如要求德国在 1990 年的水平上减排 21%),而相对不富裕的国家实际上被允许增加排放(比如希腊被允许在 1990 年水平上增加 25% 的排放)。②

可以看出,欧盟排放权交易制度的许可分配过程,实际上是共同但有区别的责任原则在欧盟范围内的一次实践。共同但有区别的责任原则作为一项国际法原则,其适用范围正不断扩展。"如果将欧盟看作一个'小世界',这个'世界'要承担一个共同的责任(在 1990 年的二氧化碳排放水平上减排 8%),但'世界'各国(欧盟成员国)却根据各自经济发展水平和历史排放现实承担有区别的责任。这正是共同但有区别的责任原在区域范围内的适用。"③

作为全面协调机构,欧洲委员会为促使欧盟排放权交易制度的成功在不同方面作出了卓越的贡献,但它最重要的角色是确保许可的稀缺性和保障许可的交易。欧洲委员会通过核准各成员国计划发放的许可总额并根据需要降低许可数量,从而确保了许可的稀缺性,而不至于造成许可的滥发。欧洲委员会核准各成员国的国家分配计划的标准有两种:要么许可的发放总额低于正常营业(business-as-usual)的排放;要么排放的水平不能和该国在《京都

---

① See Susan J. Kurkowski, Distributing the Right to Pollute in the European Union: Efficiency, Equity, and the Environment, *New York University Environmental Law Journal*, Vol. 14, No. 3, 2006, p. 699.

② See Council Decision 2002/358/CE2002 O. J. (L130) 2, 19 (EC) [Burden Sharing Agreement], http://europa.eu.int/eur-lex/pri/en/oj/dat/2002/1_130/l-_13020020515en00010020.pdf, last visited on October 29, 2009.

③ 陈赵杰:《欧盟排放权交易机制及其对中国的启示》,广东外语外贸大学 2009 年硕士学位论文,第 23 页。

议定书》和《欧盟责任分担协议》所承担的减排义务有冲突。

再次，欧盟排放权交易制度独有的内部开放性。它是指《欧盟排放交易指令》允许在一定条件下所涵盖的温室气体、工业部门和排放实体增加和退出。在第一阶段结束之前（2007年12月31日前），各成员国可以将符合一定条件的排放实体暂时排除在交易机制之外，或者暂时退出交易机制，只要该排放实体符合下列条件：通过国内法律限制其在《排放交易指令》下所应被限制的排放量；采用和《排放交易指令》要求相当的检测、报告和核准要求；若无法满足国内法律的限制排放要求，则处以和《排放交易指令》要求相当的罚款。

可见，欧盟排放权交易制度在一定条件下，其所覆盖的温室气体、排放实体和工业部门皆可有增有减，有进有退，立法严谨却不缺灵活性，保持开放性。这种开放性让各成员国在制定《国家分配计划》时拥有了一定的自由权，而不至于对所有的排放实体都严格按照《排放交易指令》的要求"一刀切"。各国结合自身经济发展水平和温室气体排放现实，制定《国家分配计划》时范围可宽可窄，标准可高可低，只要保证排放实体的排放量达到《排放交易指令》的要求，减排量能履行《京都议定书》下的国际法义务。

另外，欧盟排放交易机制的外部开放性。它主要是指欧盟允许成员国通过在境外实施CDM和联合履行机制下获得的减排额度来抵消本国根据欧盟排放权交易制度应承担的减排义务。对被交易机制所涵盖的排放实体而言，基于CDM和联合履行项目所产生的碳信用的承认，扩大了他们限制排放的选择范围，增强了排放许可的市场流动性并降低了许可价格，因此降低了履行限制排放的成本。[1] 事实上并非仅是排放实体才需要基于CDM和联合履约项目

---

[1] See European Commnission, EUETS: *An Open Scheme Promoting Global Innovation to Combat Climate Change*, http://www.umweltbundesamt.at/fileadmin/site/umweltthemen/industrie/pdfs/EU-Brosch_re_emission_trading2_en.pdf, last visited on March 21, 2010.

所产生的碳信用,许多欧盟成员国政府亦想利用这些信用来履行其在《京都议定书》下的减排义务。

最后,《欧盟温室气体排放交易指令》还允许欧盟排放权交易制度向其他《京都议定书》缔约国可兼容的温室气体排放交易机制进行连接。有学者曾指出:"只要一个国家的排放许可得以在另外一个国家的交易机制下直接或间接地使用来履行义务,则两个国家的排放交易机制就能够被连接。"① 2008年1月1日,欧盟排放权交易制度和挪威、爱尔兰及列支敦士登连接,这是交易机制的第一次外部扩张。欧盟正在计划与澳大利亚、新西兰、瑞士、加利福尼亚州和美国东北部的一些州建立二氧化碳排放交易机制,美国其他州和加拿大的一些省也表示了合作的兴趣。

二、欧盟排放权交易制度所取得的成就

基于以上几大特点及在实践中不断发展并成熟,欧盟排放权交易制度从2005年开始运行至今,历经5年取得了巨大的成就。

第一,创造了一个碳交易市场。欧盟排放交易机制的一个主要成就是它让碳减排额度具有价值,使得二氧化碳排放不再是免费。

第二,活跃可再生能源投资。碳信用的长期价值使得欧洲可再生能源的投资大幅度增加。欧盟的可再生能源投资和企业活动已经远远领先于美国。②

第三,降低二氧化碳排放。根据欧洲委员会的数据,由于欧盟排放交易机制发挥作用,2008年欧盟的二氧化碳排放降低了6%(考虑到经济衰退的因素,交易机制产生的直接减排占3%~5%),比2007年减少2.1万亿吨。根据欧洲环境署2007年的统计数据,从1990—2005年,欧盟国家温室气体排放减少了7.9%。在欧盟

---

① Erik Haites, *Harmonisation between National and International Tradable Permit Schemes*, http://www.joanneum.at/climate/linking/ErikHaites2003.pdf, last visited on February 5, 2010.

② See Environmental Defence Fund, *Clearing the Air on Europe's Carbon Market*, http://www.edf.org/documents/7954_ClearAir_052908.pdf, last visited on September 27, 2010.

交易机制的作用下，从2005年开始2010年欧盟国家温室气体排放将会在1990年的基础上减少11%。但是如果没有进一步的行动，温室气体排放在2010—2020年将会增加，比2005年的水平提高2%，仅比1990年的水平降低6%。[1]

第四，降低减排成本。通过欧盟排放权交易制度，欧盟为达到《京都议定书》规定的减排目标，每年的成本是29亿~37亿欧元（低于欧盟GDP的0.1%）。"而没有该机制，欧盟达到该目标的成本为每年68亿欧元。"[2]

第三节 欧盟排放权交易制度对清洁发展机制发展的挑战

虽然欧盟排放权交易制度不像CDM那样，可以广泛地适用于国际社会。但在欧盟境内而言，CDM只是作为欧盟排放权交易制度的补充机制。欧盟排放权交易制度在资源整合和统一市场方面所表现出来的灵活性，无疑对CDM发展提出了挑战。

一、清洁发展机制在欧盟境内的补充性

虽然CDM是议定书所确立的交易机制，具有相当的权威性和普遍性。但是欧盟国家一直主张减排行动首先应当在境内进行，通过CDM获取的减排额度只能作为本国国内减排行动的补充，并且应当限制在欧盟减排总体指标50%的比例范围内。根据2004年欧盟第101号指令，欧盟排放权交易制度内的排放实体可以利用从CDM中获得的CERs来履行其减排义务，并规定CERs只能作为对

---

[1] See European Environment Agency, *Greenhouse Gas Emission Trends and Projections in Europe 2007*, http://www.eea.europa.eu/publications/eea_report_2007_5/Greenhouse_gas_emission_trends_and_projections_in_Europe_2007.pdf, last visited on December 25, 2009.

[2] Loreta Stankeviciute and Patrick Criqui, Energy and Climate Policies to 2020: the Impacts of the European 20/20/20 Approach, *International Journal of Energy Sector Management*, Vol. 2, No. 2, 2008, pp. 252-273.

成员国履行减排义务的有效补充。这一规定为参与交易的实体提供了更多的灵活性和确定性，因而增加了欧盟排放交易的流动性，降低了成员国的履约成本和交易配额价格，这就大大提高了欧盟对CDM项目的热情。

从CDM机制的表面来看，这是一种发达国家援助发展中国的方式，但实际上，发达国家在积极参与碳交易的背后，是基于更长远的产业发展战略。在国际谈判中，2003年英国最早提出低碳经济的概念，后得到了欧盟的大力支持和宣扬。欧盟一直希望保持自身在气候变化行动中领导者的角色。在温室气体减排的问题上，欧盟一向非常积极，并明确表态：无论2012年之后的承诺条款如何，欧盟一定履约。同时，欧盟也主动大幅提高了自身的减排承诺。这种行为表明，欧洲已经不再把温室气体减排当成讨价还价的利益问题，而是一种长远的政治考虑。欧洲推崇低碳经济的利益在于两点：一是建立自己主导的新游戏规则，领导世界未来的发展方向；二是低碳经济将带来清洁技术的巨大发展，欧洲各国均在清洁技术领域有自己的优势产业，低碳经济的发展将为这些技术创造大量的市场空间。

从以上战略倾向中不难看出，为了推动实质性减排，欧盟排放权交易制度在欧盟境内具有主导性优势，CDM只能作为一种补充性工具。

二、欧盟一体化政策为欧盟排放权交易制度提供了更有利的契机

基于欧盟内部高度的一体化，欧盟各国可以利用欧盟温室气体排放权交易制度获得减排额度，从而避免与区域外国家因国家政策或制度不协调而产生的冲突。① "据统计，欧盟排放交易制度覆盖了约占欧洲温室气体排放总量46%的产业，接近欧盟二氧化碳排

---

① About integrated Climate Policy in the European Union, see Michae Mehling and Leonardo Massai, The European Union and Climate Change: Leading the Way towards a Post-2012 Regime? *Carbon & Climate Law Review*, Vol.1, No.1, 2007, pp.46-47.

放总量的一半。"① 这使得部分欧盟国家倾向于内部合作减排,从而减少参与 CDM 项目的机会。

另一方面,欧盟国家将利用其在可再生能源和温室气体减排技术等方面的优势,积极推动应对气候变化和温室气体减排的国际合作,力图通过技术转让为欧盟企业进入发展中国家能源环保市场创造条件。

三、欧盟排放权交易制度的阶段性控制着清洁发展机制的进程

欧盟排放权交易制度是依据欧盟法令和国家立法而建立在企业层次上的,仅限于管理工业设施的排放,而议定书是政府间谈判达成的,对国家的排放总量设定减排目标,因此,欧盟排放权交易制度与 CDM 是相对独立运行。

在第一阶段,排放权交易尚处于摸索阶段,CDM 为欧盟提供了在发展中国家低成本的减排机会,因此这一时期,CDM 迅猛发展,项目申请量剧增。随着欧盟第二计划阶段的到来,许多欧盟国家已经通过第一阶段项目合作获取的减排额度来减轻本国的减排任务,因此对于 CDM 合作减排的热情有些降低。② 同时,随着欧盟实践的积累,欧盟排放权交易制度不断完善,欧盟内部交易也吸引了大量减排参与热情。这也直接影响了 CDM 在 2007 年与 2009 年的发展态势。

2008 年 12 月 17 日,欧盟提出了排放权交易制度第三阶段 (2013 年 1 月至 2020 年 12 月) 的实施内容。③ 相比前两个阶段,第三阶段的规则将在第一、二阶段的基础上进行完善,并以法案形

---

① 韩良:《温室气体排放权交易法律问题研究》,中国法制出版社 2009 年版,第 59 页。

② See Sharon Long and Giedre Kaminskaite-Salter, The EU ETS—Latest Developments and the Way Forward, *Carbon & Climate Law Review*, Vol.1, No.1, 2007, pp.66-67.

③ See Europa, emission trading scheme 2008, http://ec.europa.eu/environment/climate/emission/ets_post2012_en.htm, last visited on February 8, 2010.

式于 2009 年 5 月 14 日在欧盟议会上被通过。至此，欧盟排放权交易制度的覆盖范围将扩大、减排目标将提高，因此未来市场规模还将逐步扩展。① 法案同时要求各欧盟成员国必须在 2012 年 12 月 31 日前颁布相应的法律法规以确保欧盟排放权交易制度第三阶段的目标得以实现。

此外，如果国际社会对于后京都时代的减排方案不能达成一致，欧盟将严格限制使用 CDM 获得的减排额度。欧盟作为京都机制的坚定拥护者，在 CDM 项目参与中占有最大比例。当前欧盟是 CDM 额度的单一最大买家，据世界银行 2009 年年底发表的数据，自 2002 年起欧盟占到每年 CDM 额度交易的 75% 以上。一旦欧盟排放权交易制度分散了大量购买力，CDM 在国际市场的前景必受影响。欧盟这一政策将给目前发展中国家积极参与的 CDM 项目蒙上了一层阴影。

第四节 欧盟排放权交易制度的评价

欧盟排放权交易制度作为欧盟应对气候变化问题的法律与政治支柱，"是迄今为止范围最广的排放权交易体系，也是全球碳交易市场最强大的动力，占据了全球碳市场 60% 的份额"②。作为欧盟温室气体减排政策的里程碑，欧盟排放权交易制度控制了欧盟 41% 的温室气体排放。它也是政府运用市场机制解决环境问题最成功的案例。

为了推动欧盟排放权交易制度的不断发展，2008 年 1 月 23 日

---

① 参见周秋玲：《欧盟碳排放权交易先行一步》，载《经济参考报》2010 年 2 月 5 日，资料来源于 http://www.chinanews.com.cn/ny/news/2010/02-05/2110973.shtml, last visited on February 10, 2010.

② Sharon Long and Giedre Kaminskaite-Salter, The EU ETS—Latest Developments and the Way Forward, *Carbon & Climate Law Review*, Vol. 1, No. 1, 2007, p. 64.

欧盟委员会提出对排放权交易制度的审查建议①，包括对排放权总额的统一限定以及在成员国之间公平的分配排放指标，计划从2013年开始生效。得益于欧盟的高度一体化优势，修改后的排放权交易制度将便于欧盟更加集中管理，以前由成员国各自决定的许多事项，将转变为欧盟指令来直接管理，从而推动欧盟在这一领域内更高的一体化程度。这不仅将提高未来欧盟排放权交易制度的运作效率，更整合了欧盟境内成员国在排放权机制上的一致性。②

然而，作为一个新生的事物，欧盟的碳排放交易也面临一些问题。其最主要的问题是现行的"限额与交易"体系本身所存在的固有缺陷。在限额体制下，存在发放过多配额的现象。"问题的关键是如何建立一个透明的、合理的配额分配机制，不仅存在于企业之间配额的分配，也存在于欧盟各成员国之间配额的分配。另外，由于市场深度不够、配额频繁调整、气候与经济等因素，造成市场上排放配额价格的过大波动，影响了欧盟排放权交易制度的稳定。"③

总的来说，欧盟排放权交易制度和 CDM 在碳减排交易中都起到了重要的融资作用，推动了国际碳市场的资本流通，拓展了碳市场的发展，吸纳了更多的市场参与主体，吸引了更多的项目。④

---

① Commission Proposal for a Directive of the European Parliament and of the Council amending Directive 2003/87/EC so as to Improve and Extend the Greenhouse Gas Emission Allowance Trading System of the Community, COM (2008) 16 provisional.

② Benjamin Gorlach, Hauke Hermann and Olaf Holzer-Schopohl, The European Emission Trading Scheme-Coming of Age? An Assessment of the EU Commission Proposal for a Review of the Scheme? *Carbon & Climate Law Review*, Vol. 2, No. 1, 2008, pp. 105-109.

③ 刘华、李亚：《欧盟碳交易机制的实践》，载《银行家》2007 年第 9 期，第 107 页。

④ See Christopher Carr and Flavia Rosembuj, Flexible Mechanisms for Climate Change Compliance: Emission Offset Purchases under the Clean Development Mechanism, *New York University Environmental Law Journal*, Vol. 16, No. 1, 2008, p. 60.

"这充分显示了市场机制在处理资金流动和技术转让方面的优势,也证明了其在应对气候变化问题上的有效性。"①

但是,比起在实现合作减排上所起到的作用而言,CDM 比欧盟排放权交易制度更重要的是在国际制度构建层面所带来的示范性影响。"它通过一种制度性的安排,引导资金和技术流向更有需要的发展中国家,将发展中国家纳入到全球可持续发展体系中去,具有强烈的政治色彩。"②

第五节 欧盟排放权交易制度的启示

作为碳排放交易的两大主要模式,欧盟排放权交易制度与CDM 各有特色。欧盟排放权交易制度在实践中取得了成功,而CDM 在实践中却遭到诸多难题。欧盟排放交易制度为其他国家尤其是我国乃至全球范围内建立温室气体排放交易机制提供了丰富有用的经验。

一、欧盟排放权交易制度对清洁发展机制发展的借鉴

欧盟排放交易制度虽然不是世界上第一个温室气体排放交易机制,但和目前世界上其他温室气体排放交易机制相比,无论是在排放实体数量还是在覆盖地域上欧盟都远大于或多于其他交易机制。因此,其运行的复杂和困难程度,是难以想象的。在欧盟内部各成员国有国内交易机制,虽然它们要服从欧洲委员会的监管,但它们还是具有较大的自主权,而欧盟排放交易机制能够将它们有机连接

---

① Christopher Carr and Flavia Rosembuj, Flexible Mechanisms for Climate Change Compliance: Emission Offset Purchases under the Clean Development Mechanism, *New York University Environmental Law Journal*, Vol. 16, No. 1, 2008, p. 61.

② Christopher Carr and Flavia Rosembuj, Flexible Mechanisms for Climate Change Compliance: Emission Offset Purchases under the Clean Development Mechanism, *New York University Environmental Law Journal*, Vol. 16, No. 1, 2008, p. 60.

起来并顺利运转，不能不说它是一个成功经验。

与 CDM 相比，欧盟排放权交易制度的最大优势在于其强大的资源整合能力和统一有序的市场运行体系。这既体现在欧盟排放权交易制度在欧盟内部取得的成就上，还表现在欧盟排放权交易机制与外部市场的连接上。欧盟排放交易制度和欧盟外部其他温室气体排放交易机制的连接经验，为将来建立一个全球范围的交易机制所面临的政治、经济、管理挑战提供了一个有用的实验室。

"在欧盟排放权交易制度和其他交易机制连接的实践中，既有欧盟单边的立法对其他机制的许可或承认，如欧盟排放交易制度对 CDM 和联合履约项目产生的碳信用的承认；又有欧盟和其他国家的交易机制的谈判而促成的连接，如欧盟排放权交易机制和挪威、爱尔兰及列支敦士登的温室气体排放交易机制的连接。欧盟排放权交易制度的这种独立、开放性是其他温室气体排放交易机制改革的指导方向。"①

但欧盟排放权交易制度也面对诸多质疑。它建立的主要宗旨之一是为使社会能以最低的成本达到减排的目的，但有质疑观点认为欧盟排放交易机制离一个有效、低成本的碳减排机制差距甚远。② "和能源税相比，交易机制非常复杂并且管理负担居高不下。一些被交易机制涵盖的小型排放实体必须雇用专人来开展检测和执行活动，并且要为官方的认证买单。而实际上这些小型排放实体对整体排放额并不产生多少影响。英国政府开展的一个调查表明，英国适用排放交易机制造成排放企业和公共管理部门每年达约 2600 万英镑的管理负担，而且是一个僵硬的体系。"③

欧盟排放权交易制度仅适用于工业和能源领域的排放大户所排

---

① 陈赵杰：《欧盟排放权交易机制及其对中国的启示》，广东外语外贸大学 2009 年硕士学位论文，第 32 页。

② See Sharon Long and Giedre Kaminskaite-Salter, The EU ETS—Latest Developments and the Way Forward, *Carbon & Climate Law Review*, Vol. 1, No. 1, 2007, p. 72.

③ 陈赵杰：《欧盟排放权交易机制及其对中国的启示》，广东外语外贸大学 2009 年硕士学位论文，第 36 页。

放的二氧化碳，而非以最低的成本来限制整个经济之排放。尽管目前欧盟的排放许可交易如火如荼，欧洲排放量比1990年减少了少许，但有学者认为"那要更多地归功于能源利用率的迅速提高，而不是排放交易的功劳"①。更有学者担心，欧盟排放权交易制度的成就分散了社会注意力，让人们忽略了全世界必须马上开始更深层次和更痛苦的气候制度变革。②

对于种种质疑之声，事实上，欧盟在设计排放权交易制度的时候就预见到这个新的、复杂的、覆盖面广阔的交易市场将会在一开始面临诸多障碍，并因此试行第一交易阶段作为反复试验期。③ 这种阶段性分行模式，有利于政策制定者随时根据实施情况对排放目标和方式进行动态调整。这种灵活模式是当前CDM实施中所欠缺的。这也从另一个层面展示了，设置温室气体排放限额必须依赖准确的数据信息并提高信心的可用性和可靠性、排放权交易计划项目应该提供足够的确定性以便技术投资、限额分配的方式既可以为企业交易提供便利，又能增加政府财政收入，这些宝贵的经验对于指导CDM的发展具有重要的指引作用。

然而，第三阶段的欧盟排放权交易制度也为CDM市场增加了许多不确定性。鉴于新阶段的欧盟排放权交易制度有很多条件限制，减排目标也更高，原本就在考虑是否从事CDM项目的开发商可能会驻足观望。如果2012年之后的CDM项目回报无法保证，那么这样的投资也无法进行，这势必会影响全球CDM市场的未来发

---

① Patrick Matschoss, The Programmatic Approach to CDM: Benefits for Energy Efficiency Projects, *Carbon & Climate Law Review*, Vol. 1, No. 2, 2007, p. 128.

② See Michae Mehling and Leonardo Massai, The European Union and Climate Change: Leading the Way towards a Post-2012 Regime? *Carbon & Climate Law Review*, Vol. 1, No. 1, 2007, pp. 50-52.

③ See International Climate Change Programs: Lessons Learned from the European Union's Emissions Trading Scheme and the Kyoto Protocol's Clean Development Mechanism, *IAC (SM) Newsletter Database (TM)*, December 1, 2008.

展空间。另一个不确定性因素是，2012年后究竟允许哪些类别的减排额度用于兑现欧盟各国的减排承诺尚未明确，HFC23和大型水电项目产生的CERs是否会被欧盟拒绝也难以预计。对于那些来自风电等清洁能源和高能效领域的CDM项目自然是会受到欧盟欢迎，但在发展中国家实施的其他CDM项目命运似乎较为暗淡。①

二、欧盟排放权交易制度对中国清洁发展机制发展的启示

目前我国的温室气体排放增长较快，这对于国内的环境保护带来了很大的压力。我们可以借鉴欧盟排放权交易制度，运用市场机制，通过建立碳排放交易体系来控制我国的碳排放。在当前，可以先按照"限额与交易"的方法在我国建立配额交易市场。

首先，以法律的形式把温室气体排放量在一定规模之上的企业纳入到限额排放体系。在初始阶段，包含的企业主要应该是工业企业，排放许可权的主要对象应该是二氧化碳。

其次，"政府相关部门应尽快研究建立透明、合理的排放权分配机制，对纳入限额排放体系内的企业规定一个排放配额。对于那些排放超标的企业，相关机构应根据超标的数额给予相应的惩罚，对于超标数量罚款的金额应大于市场上相同数量配额的价格"。②

再次，主管部门应联合CDM项目企业建立排放配额交易的场所，为配额的供求调节提供市场。对此，应借鉴国际经验，建立我国的气候交易场所，允许配额有剩余的企业在经过相关机构鉴定、审核之后把剩余的配额在气候交易场所出售，而允许那些配额不足的企业在气候交易所购买市场上出售的配额。

---

① 参见冯升波：《发达国家应对气候变化的政策措施对我国能源政策的影响研究》，载国家发展和改革委员会能源研究所编著：《能源问题研究文集》，中国环境科学出版社2009年版，第322页。

② 刘华、李亚：《欧盟碳交易机制的实践》，载《银行家》2007年第9期，第107页。

第五章 清洁发展机制实施困境的国际法分析

第一节 清洁发展机制国际法治理存在局限性

从国际法基本理论角度而言，CDM国际法治理主要存在覆盖面、制裁力以及适用性等方面的局限。

一是法律覆盖范围有限。众所周知，CDM的主体十分复杂，如果套用传统的国际公法理论（一般认为标准的国际法主体只有国家、国际组织，特殊情况下，交战团体也可成为国际法主体），CDM甚至不包含在典型的国际法体系之内。在CDM项目下的公司和指定经营实体都是CDM项目不可或缺的参与方，而这两个是典型的私法主体。

二是法律效力有限。国际法的效力来源于国家的认可，如果某个国家不认可该法律，那么该法律难以对该国产生拘束力。这一点，对于分析美国退出议定书来说，尤为重要。由于缺少一个凌驾于各个国家之上的强制机构，所以法律的实施没有硬性的保障，为某些国家凭借自身实力忽视国际法提供了可能。

三是国际法作为国际政治的延伸，在制定过程中具有突出国家利益的倾向，这也是为什么现有的某些国际法律体制使CDM的实施效果打折扣的根本原因。

接下来本章将从CDM国际法适用的不确定性、国际气候谈判的利益格局及国际法实施效力对CDM的制约等方面一一进行详述。

第二节 气候变化国际法适用的不确定性

CDM 的产生,从根本上说是国际社会在对气候变化问题的科学认识基础之上进行协作应对的一种制度机制。它的实施及效果既取决于我们对气候变化问题的认识程度,也受制于其本身的效力保障。然而不可忽视的是,这些制度在适用中也存在不确定性。这种不确定性主要源于气候变化问题本身的不确定性和在适用国际法上的不确定性。

一、气候变化问题的不确定性

一般说来,"气候变化研究中的不确定性主要包括:气候变化的原因存在不确定性、气候变化的预测存在不确定性以及气候变化的影响存在不确定性"①。

(一) 对气候变化问题的现有认知存在不确定性

虽然当前国际社会对气候变化的科学认知在不断增长,但由于气候变化的复杂性和长期性使得气候变暖的幅度因地而异,气候情景、降水量变化的差异以及气候改变的频率和强度差异大不相同,对于气候变化研究仍然存在许多盲区和不确定性、不一致性问题。一些区域的气候数据覆盖有限,不同地区的自然系统和受人类影响系统的气候变化观测数据和文献存在明显的地域不平衡。而且,对于发展中国家的气候变化的研究受到技术和其他方面限制,能获取的资料更少。确切地说,科学研究对于影响气候变化的所有因素还尚未完全掌握,对于已经造成气候影响也不能完全确认,更不用说认识几十年后或上百年后的气候变化。

此外,近来公众对现有气候变化问题研究成果的公信力也产生了诸多质疑。2010 年以来英国《卫报》等媒体的报道推动了对气

---

① 胡大源:《气候变化问题的不确定性》,载《上海商报》2010 年 3 月 20 日, see http://www.shbiz.com.cn/cms.php? prog = show &tid = 136864&csort = 1, last visited on May 21, 2010.

候变化研究中的不确定性和 IPCC 第四次评估报告有关结论的讨论，主要集中在以下几个方面：

1. 全球变暖在变化率和变化量上都并没有显著变化，过去十余年间地球并没有明显变暖，然而依照 IPCC 的报告结论气温本应升高 0.2℃。

2. IPCC 的模型有可能高估气候对温室气体的敏感程度，而低估了自然波动，这意味着这些模型在估计影响时会有向上的系统偏差。

3. 人类活动排放温室气体造成全球变暖的逻辑推理还不够完善。对于气候变化科学并未达成共识，尚有很多问题没解决。

4. IPCC 报告中有忽略不同声音的倾向，尤其是在那些决策者最有可能读到的部分。

事实证明，即使是一直以独立的、科学权威的姿态出现的 IPCC，由于先天的政府背景，IPCC 各种评估及相关活动不可避免地被打上了政治因素的烙印。2010 年 1 月 IPCC 正式承认，其 2007 年发表的气候变化第 4 次评估报告中存在重大"失误"。①

（二）气候变化的影响及其预测存在着不确定性

从长远来看，气候变化的预测也存在着不确定性。产生预测不确定性的原因②主要有：

1. 未来大气中温室气体浓度的估算存在不确定性。未来大气中的二氧化碳浓度，直接影响未来气候变暖的幅度。只有弄清了碳循环过程中的各种"汇"和"源"，尤其是陆地生态系统和海洋物理过程和生化过程到底吸收了多少排放的二氧化碳（包括气候系统各圈层之间的相互影响）才能比较准确地判明未来大气中的二氧化碳浓度将如何变化。但现在对温室气体"汇"和"源"的了

---

① 这一失误是指 2007 年报告中指出的"喜马拉雅冰川将在 2035 年消失的结论"严重违背事实。该结论仅根据一篇电话采访完成的报道，而且采访对象表示，他的主张"纯属猜测"。

② 关于温室气体计算或估算不确定性的主要原由，更详细的请参见杨玉峰、刘滨：《温室气体排放总量计算的不确定性及其对 CDM 的影响》，载《上海环境科学》2010 年第 2 期，第 75~76 页。

解还很有限。同时，各国未来的温室气体排放量，取决于当时的人口、经济、社会等状况，这使得现在就准确地预测未来大气中温室气体的浓度相当困难。

此外，关于二氧化碳浓度的临界点（或安全水平）是多少，现有科学也无法确定。根据 IPCC 的预测，550ppmv 似乎是一个合理的临界点；但是到 2150 年，预计 550ppmv 的浓度将使全球平均温度上升 2～5℃①，后果将不堪设想。

2. 可用于气候研究和模拟的气候系统资料不足。现有的与气候系统观测有关的观测网，基本是围绕某一部门、某一学科的需要而独立建设和运行的。站网布局、观测内容等方面都不能满足气候系统和气候变化研究和模拟的要求。

3. 用于预测未来气候变化的气候模式系统不够完善。要比较准确地预测未来 50～100 年的全球和区域气候变化，必须依靠复杂的全球气候研究模式。但是，目前气候模式对云、海洋、极地冰盖等引起物理过程和化学过程的研究还很不完善，还不能处理好云和海洋环流的效应以及区域降水变化等。就预测未来气候变化而言，适合使用的气候模式仍处于发展之中，迄今所用的模式尚不能准确地构筑未来气候变化的情景。

（三）正确认识气候变化问题的不确定性

正是在气候变化问题上的不确定性使得一些行动在现在看来，并且或许是在很长一段时间内看来，并不可行。全球气候对温室气体浓度的敏感性、2℃升温阈值的科学基础、地球气候系统的自调节能力和恢复弹性、人类对地球气候变暖的适应能力和适应弹性、未来的气候变暖趋势等一系列问题都没有确定无疑的答案。面对这种不确定性，我们既不能等到不确定性被完全解除后再采取行动，也不能在我们确认没有危害之前就盲目采取行动。这两种极端方式并不是唯一的选择方案。

虽然目前已经在国际科学舞台、政治舞台上取得了绝对的政治

---

① 参见世界资源研究所：《气候保护倡议》，张坤民等译，中国环境科学出版社 2000 年版，第 133～135 页。

正确性和话语权,应对气候变暖也已经在国际上取得了道义制高点,但我们应当清醒地认识到,气候变化科学的基础仍然十分脆弱,对不同时间尺度上气候变化原因的研究与解释仍然存在极大的不确定性和争议。① 应对气候变化归根结底是转变人类经济发展方式的问题。由于没有坚实的科学基础做支撑,当前国际社会应对气候变化的行动就更多地表现为一场在科学不确定性基础上的政治较量和各国经济利益的博弈。在各种不确定性因素的综合作用下,国际社会应对气候变化的合作与法律也随之陷入了不确定性困境。

二、国际气候变化法律制度的不确定性

(一) 法律不确定性

法律作为人类历史发展中的重要部分,承担着克服不确定性、保证人类社会生活的连续性、一致性和稳定性的历史重任。法律具有确定性是法律本身的内在要求,它赋予了法律至上的权威性、严格的形式理性以及价值的普适性,但又不可避免会存在不明确之处。

"自从20世纪初美国的法律现实主义者提出法律不确定性后,法律不确定性问题便成为法学理论的一个焦点问题。"② 法律不确定性问题源于法律渊源的不确定性、法律解释的不确定性和法律推理的不确定性。法律不确定性理论可以使我们对法律在这一时期的功能和作用有一个崭新的认识,并随着社会关系的变迁程度来确定法律概念和法律规则的不确定程度。不论是从法律本身的性质来看,还是从法律使用的语言工具来看。法律的不确定性都表现得十

---

① See David W. Childs, The Unresolved Debates that Scorched Kyoto: An Analytical Framework, *Miami Internatioanla Law & Comparative Law*, Vol. 13, No. 1, 2005, p. 240; also see Anita M. Halvorssen, Common, but Differentiated Commitments in the Future Climate Change Regime—Amending the Kyoto Protocol to Include Annex C and the Annex C Mitigation Fund, *Colorado Journal of International Environmental Law & Policy*, Vol. 18, No. 2, 2007, pp. 247-248.

② 邱昭继、许晓燕:《法律不确定性:内涵、渊源及启示》,载《理论探索》2007年第6期,第143页。

分显著。

首先,法律规则与客观世界并非一一对应性。在法律运行过程中,有诸多原因导致法律的不确定性,其中事实认定的不确定性最为关切。从认识论的角度看,人们对客观事实的认知只能达到一定的广度和深度,而不可能穷尽其一切方面,这在一定程度上导致了认识的不确定性。这种有限性之于社会关系的无限性,后果必然是法律规则须为动态的、富有弹性的,法律也就自然呈现出不确定性。因此,从根本上来讲,不确定性是法律的一个必然属性。

其次,法律概念具有不确定性。法律是以语言为载体的,而我们语言的丰富程度和精妙程度还不足以反映社会生活的无限性,且法律条文中所使用的概念,在其形构界定时,通常考虑的是那些能够说明某个特定概念的最为典型的情形,而不会考虑那些难以确定的两可性情形。① 从这个意义上来说,法律永远是不确定的,它不可能创造出能预料到一切可能的争议并预先加以解决的永恒不变的规则。② 正是在这个意义上,法律的不确定性就有了其存在的合理性。

再次,法律具有先天的滞后性。一部法律自提出草案至最后公布实施,其中须经过一系列的繁复程序,需要较长的时间跨度。而与此同时,社会生活并非停滞不前。"制定法律的意向在经过漫长的程序后,它与当下社会的切合程度就大不如前了,甚至可能逐渐与社会时代脱节。"③

最后,法律体系中法律价值的非单一性。法律体系中存在着各种不同的法律价值,它们之间常常出现矛盾。当选择某种法律价值遵守时,往往就会与其他法律价值相冲突,有时甚至无法预测将与哪种法律价值发生冲突,致使法律的不确定性显露无遗。

---

① 参见沈敏荣:《法律不确定性及其思想渊源之演进》,载《山西大学学报》(哲学社会科学版) 2000 年第 2 期,第 9~11 页。
② 参见沈宗灵:《现代西方法律哲学》,法律出版社 1983 年版,第 99~102 页。
③ 徐国栋:《民法基本原则解释一成文法局限性之克服》,中国政法大学出版社 1992 年版,第 16~18 页。

可见，法律的不确定性是法律所固有的属性。只有我们认识到法律的不确定性，才能够帮助人们消除关于法律认识上的误区，从而对法律制度建设产生积极的影响。博登海默曾指出："真正伟大的法律制度是这样一些法律制度，他们的特征是将僵硬性与灵活性予以某种具体的、反论的结合，在这些法律制度的原则、具体制度和技术中，它们将稳固的连续性的效能同发展变化的利益联系起来，从而在不利的情形下也可以具有长期存在和避免灾难的能力。"①

(二) 国际法在气候变化问题上的不确定性

首先，在国家利益博弈激烈、国际法治不健全、监督制度不完善的国际法律体系中，非理性因素对国际法运行过多地涉入，国际法的适用困境已经不再局限于传统范畴。经济全球化的冲击使得各国已经失去了作为多边机构和超国家机构规范制定者的垄断地位。国际社会更加需要弹性而不是长期性的法，法律世界变得短期化，更迭频繁。立法已经不再进行普遍的规则制定，而是转向更具有灵活性的行为模式，以便更好地适应变动不居的社会现实，确保法律政策的有效性。②"气候变化国际法作为新兴研究领域，具有浓厚的后现代开放性特征，法律规范高度零散化，缺少综合的、体系化的法律秩序。"③ 其弹性构造表现为框架公约、软法文件、预防原则和环境标准等。

其次，气候变化影响的不一致性是导致气候变化国际法不确定性的一个重要因素。并不是温室气体排放最多的国家受到的不利影响最大，一些岛国以及位于热带、亚热带地区的国家或地区受到的危害可能更大。发展中国家的经济由于过于依赖农业部门，因此也是气候变化的严重受害者。小岛国联盟是受气候变化影响最大的国

---

① [美] E. 博登海默：《法理学法哲学与法律方法》，邓正来译，中国政法大学出版社1999年版，第293页。

② See Nicolas de Sadeleer, *Environmental Principles: From Political Slogan to Legal Rules*, Oxford University Press, 2002, p. 233.

③ Nicolas de Sadeleer, *Environmental Principles: From Political Slogan to Legal Rules*, Oxford University Press, 2002, pp. 234-261.

家，且由于它们自身排放量小，于是它们提出的减排目标最严格，迫切要求世界各国积极实施温室气体减排。① 但是，对于更多的国家来说，气候变化可能还没有形成无法生存的威胁，因此，它们在关于温室气体的减排成本上存在着疑虑和滞缓。正是由于气候变化影响的不一致性，才导致各国参与国际合作的意愿存在着较大差异。随着全球气候合作的不断深入，国际社会在减排制度和谈判问题上将越来越复杂化。

最后，气候变化国际法最大的不确定性在于后京都机制谈判的前途不明确。"后京都时代"各国发展水平不一，利益诉求迥异。一方面在如何建立公平公正的气候变化全球治理框架、怎样提供和交换技术援助、如何分配收益、怎样承担成本等问题上各持己见，另一方面却都在追求一种彼此平等的制度安排，害怕本国利益在国际制度议价中被牺牲，所以国际谈判一直陷在"囚徒困境"中，直到现在这个阶段何时完成还留有很大悬念。

三、清洁发展机制国际法律制度不确定性的主要体现及其影响

CDM 法律制度的不确定性主要包括在现有制度的不确定性和未来发展的不确定性两个层面。

现有法律制度的不确定性，一方面源于各国的排放基准在议定书签订前是无法确定的，而且通过项目所获取的减排额度在实际上是难以核证的。② 由于难以证实实际的减排量，因此，项目的投资方和东道国都有可能出于自身利益的需要而高估了项目实际产生的减排量：东道国为了吸引更多的项目资金，投资方则是为了最大限度地完成其在议定书下所承担的减排责任。另一方面，各国气候应对政策之间的持续、重大分歧依然是解决气候变化问题的最大障

---

① 参见庄贵阳、陈迎：《国际气候制度与中国》，世界知识出版社 2005 年版，第 8 页。

② See Katrin Millock, Technology Transfers in the Clean Development Mechanism: An Incentives Issue, *Environment and Development Economics*, Cambridge University Press, 2002, p. 450.

第五章 清洁发展机制实施困境的国际法分析

碍。这也导致在国际和国内层面上出现了不确定性的、重叠甚至冲突的气候政策。这主要表现在 CDM 实施中存在的风险,这在前文中已有论述。

而未来发展中的不确定性主要体现在以下几个方面:

第一,CDM 发展的最大不确定性来自于第一个承诺期之后的命运。后京都时代 CDM 能否继续实施,将以何种规则实施,或者将可能被从此停止,这些不确定性问题使得当前投资热情下降,遏制了 CDM 市场上资金和技术的流通。① 遗憾的是,"国际气候政策的不确定性还没有达到顶峰"②。这种不确定性无疑将进一步增大投资的风险,加剧了 CDM 市场的投资风险,更滞缓了发达国家的投资热情。

第二,关于发展中国家是否在第二承诺期承担减排义务问题,直接影响到 CDM 的发展。如果发展中国家被要求承担强制减排义务,那么 CDM 将因为失去了项目合作方而停止。即使发展中国家不承担强制减排义务,出于当前发展中国家排放量持续高攀的情形,也将要求采取措施实施国内减排。从而可能缩小 CDM 市场,或因提高对项目技术引入、环境效益的要求而阻挡了发达国家的投资积极性。发展中国家法律政策的变化,成为 CDM 项目在东道国境内的最关键的不确定性因素。

第三,CDM 审批程序的复杂性和执行理事会注册的不确定性。一方面,CDM 项目要履行国内、国际两套程序,经过多个机构审批。另一方面,"不断发展和完善的项目相关规则也给 CDM 添增了一份不确定性"③。未来新规则的适用势必会对参与国及其经营

---

① See Craig Hart, The Clean Development Mechanism: Considerations for Investors and Policymakers, *Sustainable Development Law & Policy*, Vol. 7, No. 3, 2007, p. 46.

② Robert Pritchard, Energy Policy and Climate Policy Must be Integrated, *Oil, Gas & Energy Law Intelligence*, Vol. 7, October, 2009, p. 1.

③ Craig Hart, The Clean Development Mechanism: Considerations for Investors and Policymakers, *Sustainable Development Law & Policy*, Vol. 7, No. 3, 2007, p. 46.

实体提出更高的标准，尤其是在可持续发展要求和额外性标准上，从而增加项目难度。

可以预见的是，温室气体测算和 CDM 法律制度方面的不确定性必将对 CDM 的运行产生重大影响，这主要集中在 CDM 的实施效率和公平性两个方面。

在实施效率方面，"由于在温室气体排放总量计算或估算存在着多方面的不确定性，势必会影响发达国家与发展中国家之间的合作效率，从而影响到减缓全球气候变化的效率"[1]。从 CDM 项目的温室气体类型上看，只有 CO_2 的排放总量有相对准确的计算或估算方法以及相对多的历史记录或监测数据，其他温室气体的计算或估算一般较难得到较为准确的结果，且历史数据或记录明显不足。这会使得发展中国家缔约方，因不确定性而变得保守，直接影响合作效率。

"在公平性方面，鉴于 CDM 是一种合作机制，只有合作双方利益达到均衡时，才能发挥最佳作用。基准线的高低，对双方都会产生影响。确定的基准线高于实际的基准线，意味着发达国家缔约方会以较少的投资或较低的减排成本，得到相对较多的温室气体排放额度，这对发展中国家不公平。而如果确定的基准线低于实际的基准线，意味着发达国家缔约方只能以较大的投资或较高的技术来得到相对少的温室气体减排抵消额，对发达国家存在不公。能否准确计算或估算温室气体排放总量基准线，是 CDM 实施公平与否的标志之一。"[2]

第三节　国际气候谈判的多元化利益格局制约

由于环境问题的跨国性、影响的广泛性和联系的复杂性，环境

---

[1] 杨玉峰、刘滨：《温室气体排放总量计算的不确定性及其对 CDM 的影响》，载《上海环境科学》2010 年第 2 期，第 76~77 页。

[2] 杨玉峰、刘滨：《温室气体排放总量计算的不确定性及其对 CDM 的影响》，载《上海环境科学》2010 年第 2 期，第 77 页。

问题越来越多地进入到国际政治领域,深受政治因素的影响,CDM 的实施也不例外。① 当前世界主要国家在应对气候变化谈判形成的共识之外还存在很大的分歧,如在应对气候变化的基本思路、派别性立场、温室气体减排目标、义务分担方法、减排活动的范围以及减排对象等方面存在着许多差异性认识。

一、气候变化谈判中的多元化利益格局

在长期多边环境协议谈判过程中,为了扩大自身的影响,达到自己的目的,一些有着共同利益的国家形成了发达国家、发展中国家两大谈判阵营。两大谈判阵营又可分为欧盟、以美国为首的伞形集团、77 国集团加中国、小岛屿联盟、石油输出国组织等不同联盟。②

(一) 欧盟

欧盟 27 个成员国在环保方面的经济和政治势力较强,目前所拥有的世界能源环保技术设备市场份额已经超过全球的 40%,在国际上负担着全球环保共同发展的领导者角色。同时,在欧盟的能源构成中,清洁能源占据较大比例,加上先进的环保技术和充足的资金,欧盟一致积极推动全球尽快和全面地采取激进的温室气体减排措施,也被称之为"全球气候变化谈判的领头羊"③。

在《京都议定书》谈判之前,欧盟曾单方面宣布减排 20%,经过谈判后,欧盟各国作为整体承诺减排 8%。根据各成员国的实际排放情况,欧盟在成员国之间达成了减排量分担协议,规定部分

---

① 参见韩良:《国际温室气体排放权交易法律问题研究》,中国法制出版社 2009 年版,第 275 页。

② Party Groupings, Mainly for Five Regional Groups, European Union, Umbrella Group, Group of 77, Alliance of Small Island States (AOSIS), OPEC, see http://unfccc.int/parties_and_observers/parties/negotiating_groups/items/2714.php, last visited on September 16, 2009.

③ Michae Mehling and Leonardo Massai, The European Union and Climate Change: Leading the Way towards a Post-2012 Regime? Carbon & Climate Law Review, Vol.1, No.1, 2007, p.45.

成员如英国、德国等必须大幅度减排；法国等国可以将减排量维持在 1990 年的水平；西班牙、希腊等国在 1990 年的基准线上可以适当增加排放量。①

虽然遭受金融危机的冲击，欧盟核心观点没有发生变化。欧盟认为必须将减排与经济复苏有效地结合起来，谋求长期的经济、环境可持续发展。② 作为气候谈判的发起者、推动者，为实现减排目标积极进行制度和政策创新，它于 2005 年率先推行限额与交易计划，建立了欧盟排放权交易体系，目前已经进入了第二阶段，取得了巨大成效，有力地推动了欧洲和全球碳市场迅猛发展。

为了显示政治意愿并起到表率作用，在 2009 年的欧盟峰会上，欧盟达成决议，进一步明确在 2020 年以前将温室气体总体排放量在 1990 年的基础上减少 20%，若其他主要经济体也能作出相应承诺，欧盟将进一步减排到 30%，并要求发展中国家在 2020 年脱离其排放的基准线 15%～30%。为了实现这一目标，欧盟各国达成了一个约束性指标，即到 2020 年，可再生能源在欧盟终端能源消费中的比例增加到 20%，在燃料消费中生物燃料至少占 10%，并且在 2020 年前将能源利用效率提高 20%。

在成员国中，英国作为中坚力量，是国际社会解决气候变化问题的主要推动力量之一。英国承认发达国家在造成气候变化问题上负有主要的历史责任并应率先减排，承认发展中国家应享有发展权和增加温室气体排放的需求，并指出稳定大气中温室气体的含量需要所有国家的积极合作，特别是向发展中国家提供援助资金和技术转让。在实施机制上，最注目的是 2008 年英国通过的《气候变化法案》。它不仅概述了当前和未来为实现目标而采取的行动，而且

---

① 参见姜冬梅、张孟衡、陆根法主编：《应对气候变化》，中国环境科学出版社 2007 年版，第 72 页。

② See Stewart Smith, *IPCC Report Confirms EU Call for Deep Cuts in Global Greenhouse Gas Emissions*, http://engineers.ihs.com/news/eu-en-greenhouse-gases-5-07.htm, last visited on May 5, 2010.

第五章 清洁发展机制实施困境的国际法分析

将使政府对碳减排负有法律责任,足见其决心。①

对于美国单方面退出议定书,欧盟指出,作为世界上最大的温室气体排放国,美国有义务立即采取措施减少温室气体排放,并积极承诺议定书项下的减排目标。由于美国的退出使得议定书达不到规定的发达国家核准比例而无法生效,在此情况下,欧盟以"支持俄罗斯加入世界贸易组织作为交换条件"②,换取俄罗斯在议定书上的签字,使得议定书最终于2005年2月生效。③

总的来说,欧盟作为推动气候变化谈判最重要的政治力量,一方面,欧盟担心全球变暖危及欧洲冬暖夏凉的气候环境;另一方面,由于欧盟人口稳中有降、经济成熟而稳定、技术和管理先进、能源消费需求相对饱和,其在温室气体减排方面具有比较大的优势。因此,大力推进气候变化进程,维持在国际事务中的主导地位,符合欧盟政治上的战略利益。然而,经历几次扩大,欧盟已经从第一承诺期时的15个成员国,扩大到目前27个成员国。由于各成员国之间发展水平的差异增大,使欧盟内部政策协调的难度加大。但在英、德等大国的协调和领导下,欧盟仍然在国际气候谈判中保持一个声音,发挥着重要的领导作用。④

即便如此,欧盟的政策仍不乏灵活性。欧盟希望通过建立一个渐进机制,对其他发达国家施压,也为自己留有余地。如果国际社会没有达成2012年以后的国际气候制度协议,那么欧盟将严格限

---

① Committee on Climate Change, *Building a Low-Carbon Economy*, December 1, 2009, http://www.theccc.org.uk/reports/building-a-low-carbon-economy, last visited on February 6, 2010.

② Anthony Giddens, *The Politics of Climate Change*, Polity, 2009, p. 188.

③ See Daniel Wallis, *Russia Ratifies Kyoto*, *Planet Ark*, November 19, 2004, http://www.planetark.com/, last visited on September 16, 2009.

④ After the U.S. withdrew, the European Union seemed more determined than ever to show leadership by making the Kyoto Protocol a success story. See Harro van Asselt, From UN-ity to Diversity? The UNFCCC, the Asia-Pacific Partnership, and the Future of International Law on Climate Change, *Carbon & Climate Law Review*, Vol. 1, No. 1, 2007, p. 18.

制来自 CDM 和联合履行减排额的使用，这将不利于 CDM 项目开发。当然，如果其他发达国家作出与之具有可比性的承诺，欧盟将减排 30%，其中额外减排量的一半可以用项目减排额完成，从而不至于影响到本国减排目标和经济发展。

（二）伞形集团

以美国为代表的伞形集团①，是在议定书达成以后，由欧盟以外的发达国家组成的松散联盟。尽管目前尚没有正式的成员名单，但是一般认为包括美国、澳大利亚、加拿大、冰岛、瑞士、日本、新西兰、挪威、俄罗斯、乌克兰等。这些国家作为能源消耗大国，反对立即和强制性的采取量化措施减排。但是在关于发展中国家承担减排义务方面，伞形集团和欧盟有着一致的立场，都希望发展中国家承担积极减排义务。"不同的是，伞形集团要求发展中国家在京都机制下应该承担强制减排义务。"②

美国地域广阔，气候变化对不同地区的影响存在差异。虽然拥有世界最强大的经济实力，技术和管理水平也很高，但美国当前基础设施和能源消费具有既定格局，而其生活方式具有明显奢华浪费特征，人口增长也较快，因而能源需求和温室气体排放呈现较快增长趋势。作为世界上最大的温室气体排放国，其能源消耗方式以化石燃料为主，"倘若美国接受议定书要求的 7% 减排目标，则其实际减排幅度将高达 37%，这对于美国来讲意味着无法估量的经济滞缓和损失"③。

另一方面，对于欧盟建立全球参与的国际气候制度的设想，美

---

① 伞形集团 JUSSCANNZ，这一名称是源于《京都议定书》谈判中比较活跃的 7 个国家的英文名字的首字母合写而来，日本（J）、美国（US）、瑞士（S）、加拿大（C）、澳大利亚（A）、挪威（N）、新西兰（NZ）。

② John F. Temple, The Kyoto Protocol: Will It Sneak up on the U. S.? *Brooklyn Journal of International Law*, Vol. 28, No. 1, 2002, p. 236.

③ Cass R. Sunstein, Montreal and Kyoto: A Tale of Two Protocols, *Harvard Environmental Law Review*, Vol. 31, No. 1, 2007, pp. 30-35.

国也不愿被动参与。① 为此,2001 年美国宣布退出议定书②,此后一直拒绝重返并致力于寻找公约和议定书之外的、以市场机制为基础的其他替代途径,包括促进甲烷回收利用伙伴计划、氢能经济伙伴计划、碳收集领导人论坛、可再生能源与节约伙伴计划、主要经济体能源安全与气候变化会议等。③ 其中,2005 年 7 月,美国联合了日本、澳大利亚、印度、中国和韩国达成了亚洲—太平洋清洁发展与气候伙伴关系④(Asia—Pacific Partnership on Clean Development and Climate),旨在通过加强技术多边合作,应对气候变化。

退出京都机制对于美国来说,一方面错失了学习和积累减排的机会和经验,同时,本国经济也错过了利用 CDM 实现技术改造升级、提高能效的机会,妨碍了可再生能源领域的进展。⑤ 另一方面,"美国海外企业也失去了参与当地 CDM 项目的机会,在国际市场上竞争力下降,不利于海外拓展"⑥。

2009 年总统奥巴马上台后,积极改变美国气候变化问题的外交立场,并试图在哥本哈根谈判上发挥领导作用。"这说明,首

---

① About The United States Policy on the Kyoto Protocol and Climate Change, see http://usinfo.state.gov/topical/global/climate/ 00110203.htm, last visited on February 6, 2010.

② See *Letter to Members of the Senate on the Kyoto Protocol on Climate Change*, http://www.whitehouse.gov/news/releases/2001/03/2001031 4.html, last visited on February 6, 2010.

③ 参见姜冬梅、张孟衡、陆根法主编:《应对气候变化》,中国环境科学出版社 2007 年版,第 78 页。

④ For details, see Asia-Pacific Partnership on Clean Development and Climate, http://www.asiapacificpartnership.org.

⑤ See Eric Shaffner, Comment: Repudiation and Regret: Is the U.S. Sitting out the Kyoto Protocol to Its Economic Detriment? *Environmental Law*, Vol. 37, No. 1, 2007, p. 442.

⑥ Eric Shaffner, Comment: Repudiation and Regret: Is the U.S. Sitting out the Kyoto Protocol to Its Economic Detriment? *Environmental Law*, Vol. 37, No. 1, 2007, pp. 445-446.

先，美国对气候问题认知发生改变，并因此作出相应的政策调整。其次，美国自身核心定位发生改变。奥巴马认政府非常清楚重新回归全球气候多边治理，发展低碳技术和新能源不仅可以恢复被损害的全球领导者形象，还可以重振美国的核心竞争力。再次，美国除了以技术手段应对气候变化，还积极学习欧盟的法律和制度措施，尝试限额与交易（cap and trade）体系。"①

在《京都议定书》谈判中，以美国为首的伞形集团曾经是国际气候舞台上一支重要的政治力量。随着日本、加拿大和澳大利亚②先后批准《京都议定书》，伞形集团形式上瓦解，力量也大大削弱。但在 2012 年后京都谈判中，美国作为碳排放量最大的发达国家仍拒绝承诺减排，澳大利亚、新西兰等发达国家与美国立场大致保持一致。日本尽管批准了《京都议定书》，但其政治立场在很大程度上追随美国③，而完成京都减排目标无望的加拿大显然对第二承诺期更严格的减排目标没有兴趣，伞形集团出现了重新凝聚的迹象。

总的来说，美国一直抗衡欧盟主导的在公约和议定书机制下的谈判。④"只要发展中大国没有参与减排或作出限排承诺，美国就不会返回京都机制模式。美国更愿意在联合国框架之外通过大国协商的方式解决问题，充分保持美国在全球气候变化治理方面的影响

---

① 于宏源、汤伟：《波兹南会议之后的气候变化政治格局》，载《气候变化研究进展》2009 年第 6 期，第 378 页。

② See Rod McGuirk, Australia Signs Up to Ratifying Kyoto, *Washinton Post*, December 3, 2007, http：//www.washingtonpost.com/wp-dyn/content/article/2007/12/03/AR2007120300135.html, last visited on June 16, 2010.

③ See *What 2nd Commitment Period of the Kyoto Protocol? Some Initial Views from Japan*, February 10, 2003, http：//www.ceps.be/Article.php?article_id=99, last visited on June 06, 2010.

④ The United States remained convinced that the Protocol's approach was inappropriate. See Harro van Asselt, From UN-ity to Diversity? The UNFCCC, the Asia-Pacific Partnership, and the Future of International Law on Climate Change, *Carbon & Climate Law Review*, Vol. 1, No. 1, 2007, p. 18.

力。但由于其应对涵盖范围有限,法律约束力不强,实际上只是对公约和议定书缔约方会议的补充和推动。"①

(三) 七十七国集团与中国

七十七国集团与中国是国际气候谈判中代表发展中国家利益的主要力量。总的来说,七十七国集团与中国均反对在当前形势下立即采取温室气体减排行动,强烈反对接受进一步的减排承诺,坚持发达国家应根据其排放历史率先减排。中国虽然不是七十七国集团的成员,但中国一贯重视发展同七十七国集团的关系,支持七十七国集团的合理正义主张,并与其保持良好的国际合作关系。在国际气候谈判中,七十七国集团与中国作为一个整体参与谈判。

但同时由于各成员在经济发展水平、能源消费和温室气体排放方面存在巨大的差异,引起了内部分歧且愈演愈烈,难以形成共同的对外立场。作为发展中国家的中国、印度、巴西等在重大议题上,既不愿意轻易作出妥协,也不愿意放弃国际合作的任何可能性。

(四) 小岛国联盟

在国际气候谈判中,因海平面上升面临严重威胁的地势低洼国家和小岛国,成立了小岛国联盟,以在气候谈判中为维护小岛国的利益采取集体行动。大部分小岛国联盟的成员也是七十七国集团的成员,小岛国联盟②当前有43个成员国,其中37个为联合国会员国,占发展中国家总数的25%,但其人口只占全球的5%。由于其陆地面积较小,自然资源有限,地理位置不利,经济应对能力脆弱,因而成为所有国家中遭受气候变化影响最大的国家,在谈判中

---

① 朱虹:《从哥本哈根会议看国际气候政治博弈》,载《红旗文摘》2010年第2期,第34页。

② The Alliance of Small Island States (AOSIS), http://unfccc.int/parties_and_observers/parties/negotiating_groups/items/2714.php, last visited on May 12, 2010.

通常较容易保持一致态度。

小岛国联盟由于受气候变化的影响最直接，担心海平面的上升带来灾难，在应对气候变化方面最为积极。[①] 它们迫切要求在全球范围内减少温室气体排放，在议定书谈判阶段，小岛国联盟提出要求采取措施使二氧化碳的排放量到2005年前在1990年基础上减少20%，并一直试图积极推动国际社会立即采取实质性减排行动。

（五）石油输出国组织

以石油输出作为国民经济发展主动脉的石油输出国组织由于顾虑到温室气体减排对石油能源生产和消费的限制，将可能阻碍本国经济发展，减少收入，因而在应对气候变化问题上大多采取低调和反对的态度，各国关于应对气候变化的国家战略与国际合作措施较少被提上国际日程。

作为七十七国集团的成员国，石油输出国组织认为，发展中国家虽然也应该承担减少温室气体排放的责任，但是在当前形势下，经济和社会发展才是各国的头等大事，承担减排义务将势必滞缓本国的经济发展。在减排和发展两者之间，发展暂时处于优先地位。[②] 因此，它们不赞成发展中国家承担减排义务，并坚决反对在任何关键的议题谈判上达成协议。

二、多元化利益格局对气候变化制度的影响

自20世纪90年代启动国际气候谈判进程以来，发达国家阵营与发展中国家阵营南北分立的基本格局便贯穿始终。在南北立场的基本格局下，关于不同时期或不同议题，发达国家与发展中国家内

[①] 关于小岛国联盟在哥本哈根会议上的动态，参见 Richard L. Ottinger, Copenhagen Climate Conference: Success or Failure? *Pace Environmental Law Review*, Vol. 27, No. 2, 2010, pp. 414-415.

[②] See *OPEC Statement to the 10th Conference of the Parties to the UNFCCC*, http://www.opec.org/home/environmental%20issues/statement/cop10.html, last visited on June 12, 2010.

部也都存在许多不同的利益集团,其关系复杂多变。围绕2012年后应对气候变化安排的国际气候谈判格局,依旧表现为发达国家与发展中国家两大阵营,欧盟、美国和"七十七国集团+中国"三股力量相互制衡,矛盾纵横交错。

就缔约国而言,在《联合国气候变化框架公约》机制内,所有缔约方均有发言权,但各方的发言权重显然不是均等的。在公约机制外,所有国家以及非国家实体、企业及社会团体均有发言权,其权重也是根据实力进行排序的。不论公约内还是公约外,主要国家的国际地位在客观上起着主导和决定性的作用。那些排放总量大、经济实力强、技术先进、有减排能力、潜力和压力的主要国家在世界格局中具有举足轻重的地位。它们在气候变化谈判的进程中,通过公约内外机制,明确其利益诉求,主导国际气候进程。当前发达国家在气候变化谈判及各种倡议中,普遍强调气候问题,淡化发展问题;强调共同的责任,淡化有区别的责任;强调减缓气候变化,忽视适应气候变化;强调其他渠道,弱化公约和议定书主渠道;强调减排的市场机制,在资金和技术转让方面,口惠而实不至。

"在发达国家内部,欧美作为国际气候机制主要谈判方,在气候变化的认识、应对的方法、国际合作以及与发展中国家要求等诸方面立场相同。"[①] 在减排方法上双方都特别注重技术和交易体系;在目标方面都特别注重清洁能源和经济竞争力;在行为上都开始特别注重法律;在对发展中新兴大国具体减排施压方面又形成高度默契。与此同时,欧美气候变化问题话语权竞争也异常激烈,欧盟倡导温升控制2℃、2050年温室气体排放减半,认为人类活动是全球变暖的主要原因,主张应尽早在全球范围内界定温室气体减限排目标,并通过各国履行定量的减排义务来实现使未来全球温室气体稳定在某一个浓度水平。而美国则把气候变化作为大国外交最重要的

---

① 于宏源、汤伟:《波兹南会议之后的气候变化政治格局》,载《气候变化研究进展》2009年第6期,第376~382页。

议题之一,注重自愿减排;认为人类活动未必是全球变暖的主因,在应对气候变化问题上不鼓励在联合国框架下为各国制定约束性的减排指标,主张通过技术创新来减少能耗,提高能源利用率,并开发使用替代能源。①

而另一方面,部分发展中国家对于气候变化和国际合作尚存疑虑,它们认为京都机制的排放指标分配不公平,特别是认为发达国家的减排指标与其对气候恶化造成的影响不符,故而对参与国际合作缺乏足够的信心。经统计,截至2009年年底,全球已批准的2000多个项目中,只有不足1/3(623个项目)获得减排量签发,这大大降低了CDM在全球应对气候变化中预期可发挥的作用。②

从目前的情况看,无论是现行国际气候制度的延续、发展还是突破,都必须经历大国之间讨论、谈判、妥协的艰难过程;否则,任何气候变化的协议都将不完整且在效力上大打折扣。事实上,这些缔约方左右着相关谈判的最终走向。由于中国、印度、巴西等新兴大国的崛起态势日益明朗,经济实力壮大和国际话语权增强使得国际政治结构和国际力量对比发生变化,再加上金融危机的发酵使得两大阵营气候谈判与以前不太一样。"对发达国家而言,拯救经济、减少失业是第一要务;对发展中国家而言,如何在经济发展中改善结构、提高效率成为关键。这样两者有了更多的契合之处,气候谈判过程中发达国家越来越意识到没有发展中国家合作,任何气候治理都不算成功,因此发达国家对发展中国家的要求有所回应并频频主动接触,试图影响发展中国家政策立场。"③

---

① See G8 Summit report, *The Federal Goverrment*, http://www.g 8. de/Webs/G8/EN/G8Summit/g8 summit. html, last visited on March 16, 2010.

② See http://www.china5e.com/show.php? contentid = 71180, last visited on March 16, 2010.

③ 于宏源、汤伟:《波兹南会议之后的气候变化政治格局》,载《气候变化研究进展》2009年第6期,第379页。

第四节　气候变化国际法的实施效力对清洁发展机制规则的局限性

一、气候变化国际法律制度的软法性因素

（一）软法的内涵

晚近以来，在国际法的多个领域，尤其是国际气候领域，非约束性规范文件的运用在日渐增长，这些文件由于缺乏法律约束力通常被称为软法。① 关于软法，没有确定的定义。可以确定的是，"它通常是指那些在严格意义上不具有法律约束力但却又具有一定法律效果的规则"②，它是对公约或其他国际法文件中包含的原则、规范、标准的记载。"虽然软法不是国际法的渊源，但却可以作为参照对象，表明相关问题在法律化的道路上迈进了一步。"③ 而不具有法律拘束力的软法性文件，为各国在条约没有正式规定事项方面的国际合作提供了基础。

软法的影响，主要是从其效果上来看的。"由于国家不必确保他们的国内立法完全遵守软法文件，因此主权国家更倾向于没有法律约束力的软法文件。"④ 软法规范提供了一种必要的灵活性，使得国际社会能跟上并处理那些新的与国际合作有关的问题，这是在

---

① 软法的本质恰恰在于它本身不具有法律约束力。http://anthonydamato.law.northwestern.edu/IELA/Intech05-2001-edited.pdf, last visited on March 16, 2010.

② R. Bernhardt ed., *Encyclopedia of Public International Law*, Elsevier Science Publishers B. V., 1984, p. 62.

③ 张小平：《全球环境治理的法律框架》，法律出版社2008年版，第302页。

④ ［美］伊迪斯·布朗·魏斯等：《国际环境法律与政策》（影印本），中信出版社2003年版，第190~191页。

国际环境法领域大量运用软法规范的主要原因。① "而且在某些情况下，不具有法律约束力的文件比正式协议可能更为适宜。"② 这也是软法形成的根本原因之所在：运用非约束性的形式可以更容易地达成协议。由于软法的法律义务和不遵守的后果都是非常有限的，所以使用软法文件可以使各国同意更加详细和准确的规定。对某些国家而言，遵守非约束性的文件更为容易，因为它可以避开条约的国内批准程序，回避政治责任。软法文件比条约更容易修改或替换。条约的效果受到条约保留的影响，而软法文件可以马上提供更多的关于国际支持和共识的证据。③ 最后，在实施上，软法也可以借助于包含有强制力的规范得以实践。④

此外，软法的使用与国际政治结构中固有的失衡相关。在很大程度上，软法的急速发展与对发展中国家的关注有关。发展中国家的数量在"二战"后急速增长，使得发达国家在数量上成为了少数派，立法过程中容易出现权力转移，发达国家的主导权面临被削弱的危险，有必要使用软法来增强自己的意图。⑤

（二）气候变化国际法律制度的软法性

引用迈克尔·雷斯曼教授的话来描述国际立法谈判，"其实质就是一个团体政治沟通的过程，它是沟通者将政策内容、权威信

---

① 参见张小平：《全球环境治理的法律框架》，法律出版社2008年版，第311页。

② Prosper Weil, Towards Relative Normativity in International Law, *American Journal of International Law*, Vol. 77, No. 3, 1983, p. 413.

③ 关于软法比之条约的优势，参见张小平：《全球环境治理的法律框架》，法律出版社2008年版，第312~313页。

④ 参见迈克尔·雷斯曼：《当今国际造法过程镇南关的民主化及其适用上的差异》，载万鄂湘、王贵国、冯华健主编：《国际法：领悟与构建》，法律出版社2007年版，第392~393页。

⑤ See http://anthonydamato.law.northwestern.edu/IELA/Intech05-2001-edited.pdf. 转引自张小平：《全球环境治理的法律框架》，法律出版社2008年版，第312页。

号、控制意图传达给目标受众的过程"①。对于每项立法而言,最重要的是这个持续的过程,不存在有终结性和永久性的立法。因此考虑到国际政治体系的本质,在国际法体系中,软法是非常重要且必不可少的。② 虽然不是所有的领域都需要软法,但是有些场合却是必需的,如在气候变化领域。

国际气候变化问题的科学局限性和国际利益格局的多元化决定了无法达成一劳永逸的气候立法。发达国家和发展中国家在经济结构和经济利益上的差异产生了大量软法。由于全球性国际利益格局的多元化,这些软法的出现并不全由于他们在立法意愿上或者立法技术手段上的失败,更多的是由于立法成员国在共同意志上存在深刻的分歧。比起硬法,软法可以更好地解决由于国家差异所导致的僵局。况且,通过缓慢的规则性的连接,软法是可以转变为硬法的。③

当科学不确定性及其发展演化成为决定问题的主要因素时,软法规范更容易处理解决新问题。而当谈判结果不那么具有清楚地法律约束力的时候,各国政府更愿意接受创新,为后来进行有约束力的谈判奠定基础。而且非约束性的文件更易于调整,无须严格的法律遵守,允许制定者边做边学。从根本上而言,让所有国家都能自主参与到国际气候谈判过程中,认识到气候治理全球协作的重要性,形成具有一致效力的规范,才是国际气候立法的真谛所在。

---

① 迈克尔·雷斯曼:《国际造法:一个沟通的进程》,载万鄂湘、王贵国、冯华健主编:《国际法:领悟与构建》,法律出版社2007年版,第93~97页。

② 参见迈克尔·雷斯曼:《国际政治中软法的概念与作用》,载万鄂湘、王贵国、冯华健主编:《国际法:领悟与构建》,法律出版社2007年版,第148页。

③ See Joseph Gold, Strengthening the Soft International Law of Exchange Arrangements, *American Journal of International Law*, Vol. 77, No. 3, 1983, p. 443.

二、运用共同但有区别责任原则解决气候变化问题出现的困境

共同但有区别责任原则在应对气候变暖问题上发挥了重要作用，但是其在国际条约中的运用毕竟有限，而不同国家对该原则的内容和实践亦存在异议。

（一）共同但有区别责任原则还未构成国际习惯法

共同但有区别责任被纳入到 20 世纪 80 年代以后通过的绝大多数全球环境公约中，在国际气候制度的谈判和制定中发挥了重要作用，但这并不意味着这项原则已经成为国际习惯法规则。

《国际法院规约》对国际习惯的定义是"作为通例之证明而经接受为法律者"。普遍认为，国际习惯法规则的确立需要具备国家确信和实践两个构成要件。虽然共同但有区别的责任原则在许多国际环境法文件中得到强调，但并不是所有的环境条约都采纳了这项原则，例如 1994 年通过的《防治荒漠化公约》和 1998 年通过的《对某些危险化学品和农药采用事先知情同意程序的鹿特丹公约》没有使用共同但有区别的责任原则。在其他领域，也找不到议定书模式的共同但有区别的责任。因此，并不能认为共同但有区别的责任原则已获得足够的国家实践，尤其考虑到发达国家对于区别责任的承担仍然不充分。另外，共同但有区别的责任原则还未被认为是一种具有普遍约束力的规则。大多数的国际环境条约依然是软法，共同但有区别的责任原则虽然是公约的基本原则之一，但对各国的约束力仅限于公约项下。

正是该原则在国际法上尴尬的法律地位，为一些发达国家在气候问题上拒绝承担有约束力的减排义务提供了理由。但是该原则被国际法文件频繁地引用和实践的事实表明，它无疑已经积累了成为国际习惯法规则的相当基础。

（二）共同但有区别责任原则的局限性

根据议定书中对共同但有区别的责任原则的要求，发展中国家实现持续经济增长和消除贫困是正当的优先需要，发达国家"应当率先对付气候变化及其不利影响"，承担量化减排责任。而发达国家和发展中国家对此却有不同的认识。"发达国家考虑到自己的

第五章 清洁发展机制实施困境的国际法分析

利益,希望发展中国家立即作出减排的承诺。如果只是发达国家减排而发展中国家没有作出相应安排,那么会出现所谓'碳泄漏',因而一直颇有微词。发达国家还认为其只不过较早地使用了大气权利,并没有对发展中国家构成历史责任,排放权也应根据传统和习惯基于效率原则予以发放,通过市场就能达到最优状态,因此无需人为干预。"① 发展中国家却认为只有当发达国家充分地实施了减排措施的时候,他们才考虑限制温室气体排放量。由于担心在排放配额分配以及项目实施和利益分配方面受到不公正待遇,发展中国家长期以来都对排放权交易及 CDM 项目过于警惕。②

作为国际气候制度的一项基本原则,共同但有区别责任原则存在着一定的局限性。首先,共同但有区别的责任原则不可避免地具有法律原则的不足——笼统,缺乏具体明确的内容。主要的问题在于区别责任没有一个标准可以遵循,能够肯定的只是发达国家承担主要责任,而区别标准的性质大多依赖于条约的目的。

其次,共同但有区别的责任原则是一项新兴原则,在国际社会得到更高的肯定和贯彻实施还需要时间和国家实践。基于美国对国际关系的深刻影响,缺少美国的实践不利于共同但有区别的责任原则未来的发展。

再次,来自于国家主权的限制。根据主权原则,每个国家有权自己决定是否加入某一国际公约。如果某个国家出于种种考虑而不加入相关的国际环境公约,国际社会没有具体制度对此进行救济。美国以经济利益受损等为由退出议定书,尽管国际社会对此严厉谴责却无法真正使美国承担责任。③ 俄罗斯也以加入议定书为筹码要求某些经济利益,在利益被满足后才加入了该议定书。

最后,应对气候变暖,需要先进的科学技术和雄厚的经济实

---

① 于宏源、汤伟:《波兹南会议之后的气候变化政治格局》,载《气候变化研究进展》2009 年第 6 期,第 377 页。
② 参见崔大鹏著:《国际气候合作的政治经济学分析》,中国商务出版社 2003 年版,第 104 页。
③ 参见于宏源、汤伟:《波兹南会议之后的气候变化政治格局》,载《气候变化研究进展》2009 年第 6 期,第 376~382 页。

力，发展中国家还不具备这些条件，无法真正平等和充分地参与谈判。公约虽然确认了共同但有区别的责任原则，但是可操作并不强性，其实施依赖于缔约国的自愿行为，很多条款对资金援助和技术转让的规定加有种种限制。目前虽然已经建立了资金的运行机制，但通过这些机制落实的资金始终有限，发展中国家受益的范围仍然很小。

三、气候变化国际法缺乏有效的履约保障机制

各国实践表明，"京都机制的症结不仅在于其制度设计本身，还在于其缺乏有效的实施保障机制"。① 它主要体现在：

(一) 缺乏相应的国内法保障

1. CDM 对应的国内法不完善。"对于 CDM 项目参与国而言，目前基本上都制定了指导 CDM 项目的法律制度或规则，然而在实际运行中普遍存在以下问题：在 CDM 项目的开发中如何将其涉及的国际法问题进一步平稳地纳入发展中国家的法律体系；如何争取参与制定相应的 CDM 程序规则，最大程度地保证国家利益；如何根据不断修改的国际政策调整相应的国家政策；特别是在节能减排领域，CDM 是全新的概念，缔约国虽然签署了协议，但协议中的各项规则、制度还没来得及在现行国内法中予以体现，还需要一定时间的运作。"②

除此之外，对于项目所在国而言，还有一些其他问题：首先，国内相关法规体制的不完善，使得项目开发者介入 CDM 项目活动受到阻碍；有关项目合格性的审批程序不够透明，缺乏明确的法律规范。其次，很多企业还没有完全意识到 CDM 带来的机遇，或者只是在等待额外的支持后才真正启动 CDM 项目，这将错失许

---

① Maxine Burkett, Just Solutions to Climate Change: A Climate Justice Proposal for a Domestic Clean Development Mechanism, *Buffalo Law Review*, Vol. 56, No. 1, 2008, p. 169.

② 冷罗生：《CDM 项目值得注意的几个法律问题》，载《中国地质大学学报》(社会科学版) 2009 年第 4 期，第 54 页。

多很好的机会。最后,金融部门和企业界决策者缺乏明确的有关气候变化的公共意识,缺乏评估 CDM 项目风险和机会的知识和技能。

2. 国际法在国内法的实施效力问题。根据部分国家的法律,一国对于已经签署的条约没有批准的义务,且无须向有关国家陈述拒绝批准的理由,美国即是持这种模式的国家。美国拒绝批准议定书并不构成违约行为,不用承担国际法上的违约责任,议定书对美国也不产生法律效力。①

从美国的碳减排实施情况来看,议定书在发达国家的影响并不必然以该国家是否加入为前提,议定书的实施也并不必然以该国家是否制定与之相对应的国内立法为唯一途径。环保 NGO 组织的推动以及美国环境保护中普遍的公众参与是导致美国国内企业自觉实施议定书、采取措施限制排放的主要原因。从本质上而言,美国所采取的一系列措施都是为了回避议定书对其责任的制约。② 美国试图通过一个市场机制来实现其自愿性的减排,而不是作为政治承诺去接受国际法约束的减排。③ 就这个问题而言,当前国际法在制约美国的减排行动上充分暴露了其鞭长莫及之处。

(二) 遵约和争议解决机制不完善

当前国际公约的遵守更多的是依靠缔约国的国内行动,根据国内情况出台有利于公约在国内实施的法律和政策。一国履行国际公约义务取决于国家利益,它包含两个方面:国际实力和国家意愿。

---

① 参见秦天宝:《美国拒绝批准〈京都议定书〉的国际法分析》,载《珞珈法学论坛》第 2 卷,武汉大学出版社 2002 年版,第 287 页。
② Due largely to a lack of political will, some highly industrialized countries-most notably the United States-have failed to enact domestic legislation to force their industries to lower emissions, see Bharathi Pillai, Moving Forward to 2012: An Evaluation of the Clean Development Mechanism, *New York University Environmental Law Journal*, Vol. 18, No. 2, 2010, pp. 399-402.
③ 参见陈谦磊编:《清洁发展机制的指南和发展》,经济日报出版社 2008 年版,第 7 页。

这也导致了不同国家在履约和遵约方面的差距（compliance gaps）①。这一点，可以说是公约和议定书乃至许多其他国际法的共同缺陷。

公约第14条对缔约方之间的争端规定了解决的程序，其解决方式有谈判、提交国际法院裁决、仲裁和调解等。在议定书中，为了确保缔约方履约，减少或杜绝不遵约的情况而设立了遵约机制。但是，就遵约机制中至关重要的不遵约程序，议定书也只提出了十分有限的原则和要求。第18条粗略地规定了缔约方会议应在第一届会议通过适当且有效的程序和机制用以断定和处理不遵守议定书的情势，包括就后果列出一个指示性清单，同时考虑到不遵守的原因、类型、程序和次数，依本条可引起具拘束性后果的任何程序和机制应以本议定书修正案的方式通过等框架性内容，缺乏可操作性。

（三）京都机制中的资金和技术保障制度难以得到有效的实施

当前，发展中国家普遍存在技术存储不足、技术应用落后的局面。②"发达国家尤其美国认为市场经济体系下政府并不是技术的所有者，政府不可能采取强制措施对企业技术进行国有化，因此转让过程必须考虑知识产权和企业的经济效益。发达国家的这种观点忽视了发展中国家资金短缺的现实，高昂的技术转让费用会使发展中国家与先进技术绝缘，这又从一个侧面反映了发达国家对技术的垄断和对发展中国家转让政治意愿的不足。"③虽然发达国家也和发展中国家进行了若干技术联合研发，但与发达国家对发展中国家的技术援助与实际需要相比只是杯水车薪而已。

---

① See Peter M. Haas, Book Review: International Law and Organization: Closing the Compliance Gap, *American Journal of International Law*, Vol. 102, No. 1, 2008, p. 227.

② See UNReport《联合国报告：碳减排需发达国家技术转让》，September 5, 2009, http://money.163.com/09/0905/01/5IDNIAC300252G50.html, 访问日期2010年3月6日。

③ 于宏源、汤伟：《波兹南会议之后的气候变化政治格局》，载《气候变化研究进展》2009年第6期，第377页。

(四) 主权国家环境责任不明确以及能力建设不足

现有的国际气候制度中没有做到"权责明确"。所谓的"权"是指全球气候系统属于全人类共有，既属于发达国家，也属于发展中国家；"责"是指南北双方对全球气候变化的责任不同，发达国家在气候应对中应承担主要的责任。实际情况是，发达国家出于自身利益的考虑，在气候问题上有时态度强硬，要求发展中国家承担相同的责任。这种状况使现有的国际气候治理机制在关键时候，不能有效地运转。

虽然有些机制对发展中国家也有有利的一面，但从根本上讲，现有的国际气候制度是发达国家主导的、对发达国家有利的机制。无论是会议的发起，条约的订立，还是主题与内容的安排，基本上都体现了发达国家的意志。

关于能力建设，CDM 的实施对项目相关国家的能力建设包括法律制度、财政支持和技术革新提出了空前的挑战。研究表明，对于实施 CDM 的能力建设问题很容易遭到忽视，部分国家"不遵守国际协议可能不是由于故意违反协定规定的情况，而根本在于国家能力不足，特别是如何遵照并贯彻 CDM 实施所要求的符合国际标准的定量精度和高质量检测工具和程序"①。事实上，迄今为止，几乎所有的发展中国家在依照公约和议定书规定编制本国温室气体排放情况报告上都存在能力不足的现象。②

---

① Kevin A. Baumert, Participation of Developing Countries in the International Climate Change Regime: Lessons for the Future, *George Washington International Law Review*, Vol. 38, No. 2, 2006, pp. 395-396.

② See *Fourth Compilation and Synthesis of Initial National Communications from Parties Not Included in Annex I to the Convention*, 28, U. N. Doc. FCCC/SBI/2002/16, October 1, 2002 (noting that almost all Parties reported difficulties stemming from the lack of quality data, lack of technical and institutional capacity, and problems related to methodologies), available at http://unfccc.int/resource/docs/2002/sbi/16.pdf, last visited on March 21, 2010.

四、国际气候变化条约的缔约模式缺陷

（一）公约—议定书方法

国际环境法大多采用框架公约的模式，先通过框架性的、总括的公约，然后再商讨具体措施。实质上是先避开实体性的权利义务，先就原则问题和程序问题达成一致，以结构上的弹性来应对科学的不确定性，同时争取最大多数的参与国。①"对于充满科学不确定性并且需要尽可能多的国家参与以集体行动才能奏效的环境治理问题来说，这种灵活性对于及时适应最新科研进展和技术变化是至关重要的。"②"环境条约既要确保缔约国的普遍性，又要为适应科学的认识和解决问题的能力而发展，或为适应接受有关环境保护的基准和措施更具体的国家的意义变化，需要一个适时增加或更改约定内容的比较灵活的构造。"③

采用框架性公约模式这种间接迂回的谈判策略，还有利于克服主权产生的矛盾，并在现有复杂的国际形势下提高缔约的效率，尽可能快地推动公约的出台。然而以公约—议定书方法来解决实际问题，其内在的局限性有待于进一步克服和完善。④

第一，这种方法容易导致冗长的谈判过程。期间流失了大量国际合作的机会，也从程序上降低了国际环境恶化的紧迫感。

第二，为了争取更多国家的参与，在实践中这种模式可能会忽视技术合作和客观实际的要求。"由于先行缔结的框架性公约可以暂时不考虑后面的执行具体问题，因此公约中有可能牺牲有价值的科学技术信息而屈从于政治需要，或者公约内容中包含一些后来被

---

① See Alexander Kiss, Dinah Shelton, *International Environmental Law*, Transnational Publishers, Inc., 2000, pp. 39-40.

② 张小平：《论框架公约——以国际环境条约为例》，载《外交评论》2007年第4期，第91页。

③ ［日］松井芳郎等：《国际法》，辛崇阳译，中国政法大学出版社2004年版，第194～195页。

④ See Rajendra Ramlogan, *The Developing World and the Environmental*, University Press of America Inc., 2004, p. 247.

证实在技术上不可行或不合乎逻辑的要求。"①

第三，公约—议定书的谈判过程容易被大国所支配、操纵。"在许多公约和议定书的谈判中，每次谈判的议程大多由发起的国际组织或居于支配地位的少数国家来主导。"② 如果某些议题无法体现一些中小国家特别是发展中国家的利益，它们可能退出谈判，从而面临着被其他国家边缘化的危险。

第四，这种方法的实际效能有限。它可能纵容各国不切实际的表达本国的利益，各国通常把对其需要的不实陈述或夸大其词作为谈判策略的一部分。"当谈判涉及许多问题和许多会在连续的基础上彼此进行交易的参与方的时候，分享各方利益的坦率估量和避免博弈立场具有更为重要的意义。"③

第五，"从公约到议定书方法的两步结构无法在提出创造性的解决方案和作出承诺两项任务之间作出区分。在起草公约阶段，各国目标一般都停留在一个非常宽泛的水平上，以至于各方都能至少同意应该采取一定的即使尚未具体化的措施来解决问题。而在起草议定书阶段，谈判目标则是找到各方都能接受的具体规则，这些规则通常都强调不能强迫任何国家签约。"④ 在此阶段，各方才会真正摆出本国的真实情况和实际需要，利益冲突和博弈无法避免。

（二）参与主体

根据以往的国际交往经验，参与国际谈判的国家数量越多，过程就越漫长，实现国际合作的道路就越艰巨和复杂。初期的排放权交易是承担减排义务的主体之间的直接交易，但是随着温室气体排

---

① 张小平：《全球环境治理的法律框架》，法律出版社2008年版，第292页。

② 张小平：《全球环境治理的法律框架》，法律出版社2008年版，第293页。

③ 参见张小平：《全球环境治理的法律框架》，法律出版社2008年版，第293~294页。

④ 张小平：《论框架公约——以国际环境条约为例》，载《外交评论》2007年第4期，第91页。

放权交易的发展,越来越多的私营机构开始通过设立碳基金等形式进入温室气体排放权交易市场。由于发展中国家不能直接将减排指标出售给发达国家,而是必须通过 CDM 借由各种碳基金、跨国公司等进入国际交易市场。这些机构的主要目的是通过参与排放权交易获利,因此,它们关注的是能够获取最大利益的交易,而不论该交易是否有利于实现京都机制下的最终目标。

五、公约—议定书框架外机制的影响

CDM 项目在国际层面上,目前面临的最尴尬、而又最棘手的问题是在减少温室气体排放的国家合作上,一些国家采取低调和反对态度。其中,既有国家利益的正当考虑,有环境资源公共性和环境收益不对称性的忧虑,也不乏地方保护主义、国际环境保护中的单边主义等思维作祟。[1]

在国际社会和各缔约方的艰苦努力之下,2012 年后气候谈判在公约框架下以"双轨"并行的方式艰难前行。尽管绝大多数国家支持谈判必须以公约和议定书为基础,发挥联合国的主导作用,但由于在公约和议定书下的谈判参与方众多,难以协调,交易成本太高,致使以欧盟和美国为首的利益集团试图在公约和议定书框架之外寻求新的解决途径。[2] 近年来,在公约框架之外,以气候变化为主要议题的磋商和对话非常活跃,双边和多边国际合作机制也不断涌现。其中,最有影响力的是美国地方政府和国家立法机构的一些应对气候变化动议与行动,直接或间接地影响政府政策,进而影响国际气候进程。[3]

---

[1] 参见浦晔、侯作前:《论环境保护中的单边主义及中国的政策选择》,载《中国法学》2002 年第 4 期,第 141~147 页。

[2] See http://www.china.com/international/txt/2009-12/content_19049798_13.htm, last visited on March 15, 2010.

[3] See Harro van Asselt, From UN-ity to Diversity? The UNFCCC, the Asia-Pacific Partnership, and the Future of International Law on Climate Change, *Carbon & Climate Law Review*, Vol. 1, No. 1, 2007, pp. 17-18.

一直以来，美国联邦政府对应对气候变化问题持消极态度，反对设立减排目标和时间表，认为限制二氧化碳排放量并不能解决全球气候变化问题，开发新的洁净能源技术才是更好的途径。但由于联邦政府在气候变化政策方面总是行动迟缓，各州便纷纷开始制定各自的气候政策。尽管应对气候变化挑战最终需要在国家和国际层面来解决，各州和一些地区的行动不能替代协调一致的国家行动，但仍然可以发挥重要的作用。一方面，州政府的政策及其实施成为联邦政府制定政策的参照模式。在环境管理方面尤其如此，美国很多法律政策都是以此模式产生的。州政府应对气候变化的行动，最终必然影响到美国联邦政府的立场和政策。另一方面，美国各州的减排行动本身就是对美国温室气体减排的重大贡献和组成部分。

从趋势上看，区域内的合作成为一种必然的趋势。区域合作可能比州一级的更有效，因为他们包含了更广泛的地理区域、消除了重复工作、创造了更统一的管制环境。区域政策是一种有效的降低减排成本的方式，能够获得真正的减排。同时，区域政策可以产生规模效应，降低成本，越多的区域参与就会带来越低的减排成本。总之，无论是区域行动还是州的行动，从美国国内来讲，应对气候变化的措施更为具体化、操作性更强。

而在联邦层面最显著的是 2009 年 6 月国会通过的《清洁能源与安全法案》，法案中明确可再生能源、清洁能源技术和能源效率计划的补充性减排措施将实现额外的减排。这将使美国的碳排放相对于 2005 年的水平，到 2012 年削减 3%、到 2020 年削减 17%、到 2030 年削减 42%、到 2050 年削减 83%。①

总的来说，对于这种框架外机制的作用，我们应该辩证地分析。磋商平台和合作机制的多元化，有可能作为公约和议定书下谈判的补充，对谈判起到推动作用。而且，美国确实在国内采取了减

---

① See The American Clean Energy and Security Act 2009 (H. R. 2454), Section 703 (a), original text can be accessed on http: //energycommerce. house. gov/Press_111/20090515/hr2454. pdf, last visited on August 28, 2010.

排措施应对气候变化,并且颇有成效,这是各国有目共睹的。但同时这也给予了美国抵制参与京都减排机制的最佳理由,极大地破坏了国际气候合作体制的完整性。而且无论在历史上,还是未来,美国都是制造二氧化碳的主要国家之一。可以说,在相当长时间内,美国是当之无愧的温室气体排放大国,这对温室气体排放和 CDM 项目实施都有重大冲击。

不可否认,这些游离在《联合国气候变化框架公约》之外的合作机制,简单易行,决策效率较高。只要各方兴趣一致,就可以形成一种协定,反对者可以不参与,也可以后参与,因而阻力较小。但其弊端是涵盖范围有限,所确定的义务不具有法律约束力,其执行完全靠自觉行动。更严重的是抛弃公约,涉嫌单边主义。对美国在公约框架之外发起的合作机制,国际社会的最初反应是担心美国企图替代公约和议定书模式,尤其在《亚太清洁发展与气候伙伴计划》①成立之初。随着国际气候政治角逐的不断深入,特别是巴厘岛路线图的达成使国际社会逐渐认识到,美国主导的这些公约外机制,没有实质性的国际协议规定。"具有国际正义和国际法支持的国际气候治理模式,只能在公约缔约方会议上达成。"② 在

---

① 2005 年 7 月 28 日,美国、澳大利亚、中国、印度、韩国和日本六国公布了一份旨在通过科技手段降低温室气体排放量的非约束性协议《亚太清洁发展与气候伙伴计划》,签署协议的六国温室气体排放量占全球总量的 47.9%(当时的数据),同时集中了世界上最大的四个煤炭生产国(中国、美国、澳大利亚和印度)。由于该协议由当时退出《京都议定书》的美国和澳大利亚牵头,出现了由欧盟主导的京都机制和美国主导的亚太六国共同体两大体制。尽管美国表示,六国共同体的目的是作为京都机制的补充,而并非取代《京都议定书》,且该协议没有约束力。但是,很明显,美国仍然没有放弃在气候领域发挥其国际影响力。另一个引人注目的现象是,该协议成功地将被列为发展中国家的中国、印度和韩国拉入体系,而这些国家将可能是 2012 年后履行减排义务的主要国家。参见万霞:《后京都时代与共同而有区别的责任原则》,载《外交评论》2006 年第 2 期,第 94 页。

② Harro van Asselt, From UN-ity to Diversity? The UNFCCC, the Asia-Pacific Partnership, and the Future of International Law on Climate Change, *Carbon & Climate Law Review*, Vol. 1, No. 1, 2007, p. 28.

公约框架之外对新的气候变化合作机制的探讨,实际上只能起到对公约和议定书的助推作用,不可能取而代之,反而完全有可能被纳入公约机制。①

---

① 参见潘家华、陈迎、庄贵阳、杨宏伟:《2008—2009年全球应对气候变化形势分析与展望》,载王伟光、郑国光主编:《应对气候变化报告2009:通向哥本哈根》,社会科学文献出版社2009年版,第31页。

第六章 后京都时代清洁发展机制的发展前景

第一节 后京都时代国际气候变化法律制度的发展

由于《京都议定书》将于 2012 年到期,关于后京都时代气候变化国际法律制度如何安排的问题,国际社会急需达成一项新协议。为了更积极有效地应对气候变化,从 2005 年 11 月起,各国领导人在每年年底都会聚首共论,以商讨新的应对机制。至今国际社会共召开了 5 次会议,取得了一系列成果。

一、从蒙特利尔路线图到哥本哈根协议

(一)蒙特利尔路线图

2005 年 11 月至 12 月世界气候变化会议在加拿大蒙特利尔召开,来自 180 多个国家的近万名代表最终达成了 40 多项重要决定,其中包括启动新一阶段温室气体减排谈判,以推动和强化各国共同行动,切实遏制全球气候变暖的势头。本次大会取得的成果,被称为"控制气候变化的蒙特利尔路线图"。[①]

[①] See Conference of the Parties Serving as the Meeting of the Parties to the Kyoto Protocol, Montreal, Canada, Nov. 28-Dec. 10, 2005, *Report of the Conference of the Parties Serving as the Meeting of the Parties to the Kyoto Protocol on its First Session—Part Two: Action Taken by the Conference of the Parties Serving as the Meeting of the Parties at its First Session*, Decision 16/CMP. 1 Annex, p. 6, U. N. Doc FCCC/KP/CMP/2005/8/Add. 3 (Mar. 30, 2006), last visited on February 12, 2010.

蒙特利尔路线图确定的实际上是条双轨路线：一方面，在《京都议定书》框架下，157个缔约方将启动2012年后发达国家温室气体减排责任谈判进程，决定成立一个新的工作小组，并于2006年5月开始工作；另一方面，在《联合国气候变化框架条约》基础上，189个缔约方也同时就探讨控制全球变暖的长期战略展开对话，计划将举行一系列范围广泛的专题讨论会，以确定应对气候变化所必须采取的行动。前者主要讨论37个发达国家2012年后进一步的减排承诺问题，而后者主要讨论如何减缓和适应气候变化以及有关资金和技术支持等问题。

在温室气体减排问题上，本次大会在"清洁发展机制"、"共同执行机制"和"遵约机制"三个方面都取得了重要进展。会议加强了CDM的管理机构，简化了操作程序，出席会议的近40个发达国家承诺在此后两年间为此机制的运行出资1300万美元。同时，会议决定成立"共同执行机制"的管理机构，管理发达国家在中东欧经济转型国家投资温室气体减排项目事宜。此外，会议还成立了"遵约委员会"，负责监督和管理缔约方执行议定书的情况。[①]

在资金机制上，会议决定用一年时间确定"适应气候变化基金"的管理和运行模式。该基金来源于CDM的收益，将用于支持发展中国家适应气候变化的具体活动。在技术援助方面，会议同意进一步采取措施鼓励环保技术的开发和转让，特别是发达国家向发展中国家的技术转让。

（二）内罗毕工作计划

2006年11月在肯尼亚首都内罗毕召开了公约第十二次缔约方大会和议定书缔约方第二次会议等一系列关于全球气候问题的国际会议。大会的主要议题是后京都机制问题，即2012年之后如何进

---

① See Procedures and Mechanism Relating to Compliance under the Kyoto Protocol, preamble, U. N. Doc. FCCC/KP/CMP/2005/L. 5（2005），http://unfccc.int/resource/docs/2005/cmp1/eng/l05.pdf, last visited on January 12, 2010.

一步降低温室气体的排放。

这次大会取得了两项重要成果：一是达成包括"内罗毕工作计划（2005—2010年）"在内的几十项决定，帮助所有国家提高对气候变化影响的认识、评估能力和就切合实际的适应行动和措施作出有充分依据的决策，特别是帮助发展中国家提高应对气候变化的能力；二是在管理"适应基金"的问题上取得一致，基金将用于支持发展中国家具体的适应气候变化活动。会议制定了帮助发展中国家开发CDM项目提供额外支持的"内罗毕框架"计划。在有关这一主题的讨论中，与会各方同意帮助非洲获得更多的CDM项目。

（三）巴厘岛路线图

1. 巴厘岛路线图的产生背景和主要内容。2007年12月3日，公约第十三次缔约方大会暨议定书第三次缔约方会议在印度尼西亚巴厘岛举行。会议最终通过了28项决议，其内容涉及适应气候变化基金、减少发展中国家因森林砍伐造成的温室气体排放、技术转让、能力建设、京都灵活机制、国家通讯、财务和行政问题和执行公约的长期行动等。最为重要的是，大会于通过了"巴厘岛路线图"，启动了加强公约和议定书全面谈判的进程，为2009年前应对气候变化谈判的关键议题确立了议程。

通过与会各方广泛的交流和谈判，巴厘岛路线图在以下方面达成共识：确认为阻止人类活动加剧气候变化必须大幅度减少温室气体排放，并建议在2020年前将温室气体排放量相对于1990年排放量减少25%~40%；为应对气候变化新安排举行谈判，谈判期为2年，应于2009年前达成新协议，以便为新协议定在2012年底前生效预留足够时间；未来的谈判应考虑为所有发达国家（包括美国）设定具体的温室气体减排目标；发展中国家应努力控制温室气体排放增长，但不设定具体目标；为了更有效地应对全球变暖，发达国家有义务在技术开发和转让、资金支持等方面，向发展中国家提供帮助；以及在2009年底前完后京都机制的谈判并签署有关协议。

巴厘岛路线图的核心是《巴厘行动计划》。根据计划将在长期行动对话基础上成立长期合作行动特设工作组，启动一个包括公约和议定书所有缔约方在内的新的综合谈判进程，工作组涵盖了共同愿景①、减缓②、适应、技术和资金五个领域。为了提高适应能力，《巴厘行动计划》要求加强国际合作执行气候变化适应行动，包括气候变化影响和脆弱性评估，帮助发展中国家加强适应气候变化能力建设，同时加强合作研究及信息平台和经验共享，为发展中国家提供技术和资金，灾害和风险分析、管理，以及减灾行动等。此外，各与会国一致同意继续积极发挥公约各机构在推动和协调适应行动方面的作用，建立适应基金机制，以协助最不发达国家和最贫困群体加强适应行动的实施。

在技术方面，《巴厘行动计划》要求各与会国加强减缓温室气体排放和适应气候变化的技术研发和转让，包括消除技术转让的障碍、建立有效的技术研发和转让机制，加强技术推广应用的途径、合作研发新的技术等。在资金方面，要求缔约国合作为减排温室气体、适应气候变化即技术转让提供资金和融资。特别是要求发达国家提供充足的、可预测的、可持续的新的和额外的资金资源，帮助发展中国家参与应对气候变化的行动。

2. 巴厘岛路线图的积极意义。巴厘岛路线图是国际社会解决后京都谈判问题所迈出的第一步。它在气候变化问题升温、成为国际热点的大背景下产生，反映出国际社会对气候变化挑战的严峻性有了更深刻的认识，合作愿望也随之增强。③

巴厘岛路线图来之不易，它的绘制具有里程碑意义。"它首次

---

① 共同愿景涵盖了其他四个领域。它是指通过长期合作行动（2007年到2012年及以后）促进公约和议定书机制的完整、有效和可持续地实施。关于共同愿景问题的讨论应着眼于如何在公约的框架下切实遵循共同但有区别责任原则和公平原则。

② 减缓主要包括发达国家的减排承诺与发展中国家的国内减排行动。

③ 在强调国际合作方面，巴厘岛路线图在第一项的第1款指出，依照公约原则，特别是"共同但有区别的责任"原则，考虑社会、经济条件以及其他相关因素，与会各方同意长期合作共同行动，行动包括一个关于减排温室气体的全球长期目标，以实现公约的最终目标。

将美国纳入到旨在减缓全球变暖的未来新协议的谈判进程之中。"①除了减缓气候变化问题以外，巴厘岛路线图还强调了另外三个在以前国际谈判中曾不同程度地受到忽视的问题：适应气候变化问题、技术开发和转让问题以及资金问题。"这三个问题是广大发展中国家在应对气候变化过程中极为关心的问题，也是它们有效应对全球变暖和减排的关键所在。"②尤其在被发展中国家视为"软肋"的技术转让和资金问题上，没有发达国家的帮助，发展中国家在很大程度上只能被动地承受全球变暖所带来的灾难性后果。此外，巴厘岛路线图承认基于各国经济发展的不平衡，发达国家有义务给予发展中国家资金和技术上的支持。与会各方一致认识到必须积极为CDM扫平障碍，提供资金等激励机制，并考虑恢复技术专家组对发展中国家的技术支持。

3. 巴厘岛路线图的评价。尽管巴厘岛路线图的出台意味着各方达成了不少共识，但要有效落实到行动上，困难仍然很多。在巴厘岛气候大会上，不仅是发达国家与发展中国家之间立场对立，发达国家之间、发展中国家之间纷繁复杂的对立局面也正逐渐形成。

会议在2012年后发达国家应进一步承担的温室气体减排指标等问题上并未取得实质性突破。巴厘岛路线图中没有任何关于发达国家减排方面的具体数字和具体承诺，文件本身没有量化减排目标，只提及需要大量减排，这在发达国家内部产生了不同意见。为了达成妥协，最后文本删除了具体目标的表述，只是明确了解决气候变化的急迫性。

事实上巴厘岛大会上创立的联合国适应基金每年至多只能向发展中国家提供3亿美元的援助。根据巴厘岛路线图，一旦新的减排协议达成，此项资金每年也最多不过15亿美元。"而据联合国有

---

① Juliet Eilperin, Bali Forum Backs Climate Road Map, U. S. Accedes on Aid Pledges, Wins Fight to Drop Specific Targets for Emissions Cuts, *Washington Post*, December 16, 2007, A01.

② 李明：《共同但有区别责任原则下的中国之选》，山东大学2010年硕士学位论文，第18页。

关机构估计,2015年前,发展中国家为适应气候变化,每年约需860亿美元。"① 因此,如果不能确定发展中国家能得到怎样的资助,将很难产生一项新的国际协议。

与此同时,发展中国家内部也在分裂。"例如,作为小岛屿发展中国家的马尔代夫几乎没有二氧化碳排放,但却深受海平面上升影响,因此主张减排责任应由污染国负担。来自南太平洋库克群岛的代表甚至表示:虽然发展中国家都面临贫困这一共同课题,但是像中国和印度这些排放大国,应当在下一阶段框架协议中对减排义务作出承诺。"② 由此可以看出,同为发展中国家,但这些国家同中、印等排放大国立场不尽相同。

总体而言,巴厘岛路线图的重要功绩在于其制定了应对气候问题的战略框架和原则。它关于温室气体减排的国际气候新框架,不过是新一轮具有法律约束力的国际体制安排。它只是达成新协议的开始,被期望于能指引并为未来谈判创造更有利的条件。

(四) 波兹南会议

2008年12月公约第十四次缔约方大会暨议定书第四次缔约方大会在波兰波兹南举行。③ 大会评估了全球2008年在应对气候变化方面取得的成果,并制定未来工作详细计划,目标是2009年年底在丹麦哥本哈根气候变化大会上就2012年后应对气候变化达成新协议。

首先,波兹南大会重点讨论了应对气候变化的财政问题,核心是CDM的未来。波兹南会议列入CDM中的CERs新项目将帮助发展中国家减排,并与主要工业国进行排放权交易,这一计划总金额达到了250亿美元,期望达到《京都议定书》规定的减排目标。

---

① 殷赅:《后巴厘岛时代首轮减排谈判:激辩资金援助》,载《第一财经日报》2008年4月2日A版。See http://msn.ynet.com/view.jsp?oid=32120458,访问日期:2010年1月22日。

② 黄勇:《国际气候框架路漫漫》,载《中国环境报》2007年12月7日第5版。

③ See Kyle Ingram and Matt Irwin, Poznan Climate Conference 2008, *Sustainable Development Law & Policy*, Vol. 9, No. 2, 2009, p. 15.

为此，会议还任命 CDM 执行理事会的工作人员制定新操作规则，以判定减排项目与传统的煤炭等高碳排放能源相比是否低于碳排放标准或者基数。

其次，波兹南大会在整合全球资金技术来抵御气候变化方面有所突破。会议决定启动 2007 年巴厘岛会议批准设立的适应基金，帮助发展中国家适应气候变化，并同意给予"适应基金委员会"法人资格，使其能直接向贫穷国家提供资金支持。但由于法律和技术困境，发达国家和发展中国家在"适应基金"的来源和使用方面仍然存在分歧。然而不管以什么方式，这个基金的资产都远不足以援助发展中国家。按 CDM 收益 2% 的比例扣缴出售 CERs 的收益，其建立的适应基金至 2008 年底已经积累了 6700 万美元。如果按照 2% 的税率，据估计，到 2012 年，适应基金的收入仅会增长到 9000 万美元。这些收入与联合国宣布的"到 2015 年，欠发达国家需要 860 亿美元资金来应对气候变化、2030 年发达国家每年所需援助金额将增长到 1300 亿美元"相比，只是杯水车薪。

另外，此次会议上，发达国家总体而言依然没有减排的政治意愿，而发展中国家提出的技术转让等倡议仍得不到有力回应。

从客观上来说，尽管波兹南会议进展缓慢①，但会议出台了 2009 年工作计划，达成了其基本目标。波兹南会议作为巴厘岛会议和哥本哈根会议中间的一次会议，既要全面回顾巴厘路线图的执行情况又要为未来的哥本哈根谈判做好准备，因此是承前启后极为重要的一次会议。然而受到全球金融危机的影响，波兹南会议在整合不同国家差异性方面出现倒退。此次会议虽然最终坚持了共同但有区别的责任原则，但发达国家在减缓、适应、资金和技术转让等问题上都缺乏实质性进展。在对"区别"的理解上，日本、澳大利亚等部分发达国家要求给发展中国家分类，把经济相对发达、排

---

① See International Institute for Sustainable Development, Summary of the Fourteenth Conference of Parties to the UN Framework Convention on Climate Change and Fourth Meeting of Parties to the Kyoto Protocol, *Earth Negotiations Bulletin*, December 15, 2008, p. 95.

放较高的发展中国家与其他发展中国家区分开来。另一方面,在金融危机和奥巴马新政府态度转变两大因素作用下,欧盟、美国、澳大利亚和日本等发达国家都调整和制定了相应的内外政策,新兴发展中大国在全球气候变化治理中的位置日益凸现,国际气候政治格局将出现深刻变化。

令人遗憾的是,欧盟在气候变化问题上一向是自律甚严,对于发展中国家所坚持的共同但有区别的责任原则一贯予以支持和尊重。但2008年以来,欧盟许多成员国遭遇空前的金融危机,经济面临衰退。由于担心强制减排会加大企业负担和压力,增加经济衰退风险,以德国为首的一些原先承诺大幅减排的欧盟国家立场有所松动,甚至倒退。①

(五) 哥本哈根会议

1. 哥本哈根会议的进展。2009年12月7日,公约第十五次缔约方会议暨议定书第五次缔约方会议在丹麦首都哥本哈根召开。会议期间,各与会方主要围绕工业化国家的温室气体减排目标、中国和印度等主要发展中国家应该如何控制温室气体的排放、如何资助发展中国家减少温室气体排放并适应气候变化带来的影响以及如何管理援助资金等四方面进行谈判。

哥本哈根谈判进展缓慢,主要原因在于有些发达国家在公约、议定书和"巴厘岛路线图"的立场上后退,不愿承担公约、议定书和"巴厘岛路线图"下应承担的义务。经过各方的艰苦磋商特

---

① 欧盟被迫推迟为汽车碳排放设限就是一例。2007年12月19日,欧盟汽车碳排放标准草案出台,要求欧盟汽车制造商到2010年实现新出厂汽车的CO_2排放量减少到120g/km以下。然而,由于金融危机的巨大冲击,在2008年12月1日,经过环保主义者和工业界之间的博弈之后,欧盟各国政府代表和欧洲议会达成汽车减排协定,一致同意2015年以前暂时将汽车排除在二氧化碳排放控制总额之外,从而放松对轿车的排放限制。同时达成的协定决定推迟到2012年再开始对65%的新生产轿车征收排放限额税,到2013年则将征税范围扩大到80%,到2015年覆盖面将达到100%。

别是广大发展中国家的努力和斗争,会议出台的《哥本哈根协议》①维护了公约和议定书的框架,明确规定附件一国家中的缔约方要在议定书基础上继续减排。同时,协议还延长了公约下长期合作行动特设工作组和议定书关于附件一国家第二承诺期减排指标特设工作组的授权,保证了哥本哈根会议之后继续维持双轨谈判的进程,并要求在2010年底完成工作,从而保证了谈判按"巴厘岛路线图"授权的轨道前进。此外,哥本哈根会议还决定2010年在墨西哥召开公约第十六次缔约方会议暨议定书第六次缔约方会议,争取出台具有法律约束力的成果。

2.《哥本哈根协议》的主要内容及取得的成就。2009年12月18日,美国与基础四国(中国、印度、南非、巴西四国)达成一项不具有约束力的协议——《哥本哈根协议》。协议主要内容包括:第一,把全球升温幅度控制在2摄氏度以内。第二,关于全球减排目标,协议要求全球温室气体排放量应尽快封顶,但没有定下年限。各国应在2010年1月31日前向联合国提出2020年减排目标。但未提及2050年减排目标。第三,开展减排监察,协议要求所有发展中国家必须自我监察减排进度,并每两年向联合国汇报。国际人员可以视察,前提是不损害国家主权。第四,资金方面,发达国家应于2010—2012年向发展中国家每年提供100亿美元资金援助,3年内发达国家共计将提供300亿美元,其中欧盟、日本及美国将联合出资252亿美元。2013—2020年发达国家每年将提供1000亿美元资金援助,但协议未提及此项资金来源及使用方向。第五,协议虽然未对《京都议定书》的存续问题明确表示,但附件中建议应在2010年底前就协议内容达成具备法律约束力的条约。由于没有获得全体成员国通过,不能成为公约框架内的文件,因而

---

① Copenhagen Accord, December 18, 2009, UNFCCC/CP/2009/L.7, available at http://unfccc.int/resource/docs/2009/copl5/eng/107.pdf.

第六章 后京都时代清洁发展机制的发展前景

不具有法律约束力。①

总体上看,"《哥本哈根协议》维护了公约及议定书确立的共同但有区别责任原则,就发达国家实行强制减排和发展中国家自主减缓行动作出了安排,并就全球长期目标、资金和技术支持、透明度等焦点问题达成了广泛共识"②。

首先,协议坚定地维护了公约及其议定书的基本原则,强调了最不发达国家、小岛屿发展中国家和非洲等特别脆弱国家适应气候变化的重要性,维护了"巴厘岛路线图"的完整。"协议在共同但有区别的责任原则下,最大范围地将各国纳入了应对气候变化的合作行动,从而维护了公约和议定书'双轨制'谈判进程,反映了各方自'巴厘岛路线图'谈判进程启动以来取得的共识。"③

其次,在减排目标上,协议在发达国家实行强制减排和发展中国家采取自主减缓行动方面迈出了新的步伐。公约附件一的缔约方将继续减排,美国等公约附件一的非缔约方将承诺履行到 2020 年的量化减排指标。协议中提出全球增温应低于 2 摄氏度,并要求议定书附件一国家(发达国家与经济转轨型国家)应履行到 2020 年的减排目标。但遗憾的是,协议并没有给出具体数字,只是由各缔约方在 2010 年 1 月 31 日前宣布本国至 2020 年减排目标的具体数字,发展中国家则可通报自愿减排计划或温室气体控制行动计划,届时会将其写入协议的文本。实际上,在联合国 2010 年 1 月 31 日限期到来之时,《哥本哈根协议》虽获得多数国家认同,但发达国家提交的减排承诺和发展中国家的减缓计划并无多少更新。尽管一些发达国家的目标在利用森林碳汇和海外减排等方面还不清晰,有些还有附加条件,而且根据国际相关研究机构的评估,发达国家

---

① See Ranjit Devraj, Climate Change: Copenhagen Accord Not Legal, Kyoto Protocol Is, *Inter Press Service News Agency*, January 26, 2010, http://ipsnews.net/news.asp? idnews=50104, last visited on September 18, 2010.

② 李明:《共同但有区别责任原则下的中国之选》,山东大学 2010 年硕士学位论文,第 19 页。

③ 郑国光:《凝聚共识 构筑新的起点》,载《人民日报》2009 年 12 月 23 日,第 14 版。

2020 年相比 1990 年整体减排幅度仅为 8%~12%，仍远低于政府间气候变化专门委员会科学结论的 25%~40% 以及多数发展中国家要求的至少 40% 的水平，但这些目标是推动后续谈判的重要基础。

再次，协议在发达国家提供应对气候变化的资金和技术支持方面取得了积极的进展。协议提出建立"哥本哈根绿色气候基金"，支持发展中国家的适应和减缓行动。"在资金方面，要求发达国家根据公约的规定，向发展中国家提供新的、额外的、可预测的、充足的资金，帮助和支持发展中国家的进一步减缓行动。在资金的数量上，要求发达国家集体承诺在 2010—2012 年间提供 300 亿美元新的额外资金。在采取实质性减缓行动和保证实施透明度的情况下，发达国家承诺到 2020 年每年向发展中国家提供 1000 亿美元，以满足发展中国家应对气候变化的需要。虽然这些承诺与发展中国家应对气候变化的资金需求相比尚有一定差距，但毕竟提出了一个量化的、可预期的目标。"①

3. 哥本哈根会议的历史影响。哥本哈根气候变化会议是推动全球应对气候变化和环境治理国际合作的重要契机。在本次会议中，为了达成一致，不少国家作出了相当程度的让步。会议发表的《哥本哈根协议》是"国际社会共同应对气候变化迈出的具有重大意义的一步"②。不少主要国家都确定了自己的减排目标，对于未来的大幅度减少碳排放明确了承诺，也正在努力实行低排放发展战略。围绕着资金和技术支持、透明度等方面，也有一些共识（尽管从资金的数量上看，还较为有限）。另一方面，《哥本哈根协议》也留下了足够的空间，"把各国的义务大体框定下来，为今后的联合国气候变化大会形成具有法律约束效力的文件奠定了

---

① 郑国光：《凝聚共识 构筑新的起点》，载《人民日报》2009 年 12 月 23 日，第 14 版。

② Bharathi Pillai, Moving Forward to 2012: An Evaluation of the Clean Development Mechanism, *New York University Environmental Law Journal*, Vol. 18, No. 2, 2010, p. 403.

基础"①。

此外，公约及其议定书确立的共同但有区别的责任原则得到了坚持，这是谈判与合作之所以能够有所成就的基石。假若在未来的一年里，通过积极的磋商和彼此谅解，各国能够在本次会议后所提出的减排基础上更进一步，在墨西哥达成的协议或许将会更有力度和效果。②

在高度赞赏哥本哈根会议所取得的积极成果的同时，我们也要看到，协议作为一个阶段性成果，仍然有一些重要问题需要进一步达成共识。在发达国家 2020 年减排指标以及向发展中国家提供资金和技术方面，发达国家尤需加大力度，作出进一步明确的承诺和采取切实行动。在上述问题上，发达国家和发展中国家仍然分歧严重，取得共识仍需进行大量的交流和沟通。

另一方面，就协议草案本身而言，也存在许多不足。协议草案篇幅很短，文件内容非常简明扼要。文件中对各国的具体温室气体减排目标都没有提及，只在附件中有一份表格，涵盖一些较为重要的细节。举例来讲，即使文件标明升温控制目标，即确保全球平均温度的升幅不超过 2 摄氏度，但也没有预测二氧化碳排放的峰值在哪一年出现。这为 2010 年在墨西哥举行的全球气候大会留下了许多未完成的任务。

总地说来，获得 188 国授权的《哥本哈根协议》作为联合国气候变化大会的最终成果，尽管它是一项不具法律约束力的政治协议，"但它表达了各方共同应对气候变化的政治意愿，锁定了已经

---

① Richard L. Ottinger, Copenhagen Climate Conference-Success or Failure? *Pace Environmental Law Review*, Vol. 27, No. 2, 2010, p. 412.

② In the accounts of the Copenhagen conference, we find many contrasting or inconsistent interpretations. From their different vantage points, all these variations illustrate the lack of Consensus. See Nicholas A. Robinson, The Sands of Time: Reflections on the Copenhagen Climate Negotiations, *Pace Environmental Law Review*, Vol. 27, No. 2, 2010, p. 616.

达成的共识和谈判成果"①，将成为下一步谈判的基础②，对于最终达成具有法律约束力的协议将起重要的推动作用。

如果说，《哥本哈根协议》是对哥本哈根会议的一个交代，是目前各国相互让步妥协所能达到的程度，那么未来的气候谈判势必会更艰苦。本次大会形成的成果不是终点，而是新的起点。《哥本哈根协议》已经达成，未来重在落实行动，重在机制保障。发达国家必须率先大幅量化减排并向发展中国家提供资金和技术支持，发展中国家在发达国家资金和技术转让支持下，尽可能减缓温室气体排放。在这样的基础上，未来各国继续推进的谈判才可能有新的成果出现，2010年12月在墨西哥举行的下一轮会议，也才有值得期待的意义。

二、后京都机制谈判的焦点

国际社会在应对全球气候变化上已形成许多重要共识，但是后京都时期各利益集团根据新的形势在不断调整谈判策略，各方利益分歧严重。当前各缔约方围绕第二承诺期的谈判分歧与焦点主要集中在以下三个方面：

（一）关于减排责任的分担

"围绕议定书的所有问题的根源在于发达国家与发展中国家之间的鸿沟。"③ 最近几轮的谈判结果显示，两大阵营之间关于各自在议定书的实施中发挥的作用以及各自应该承担的减排责任方面分歧激烈。例如，日本认为，比起大多数其他国家的减排制度来讲，日本现有的温室气体减排体系已经更为高效，因此不愿再承担与前者相同或更多的减排额度。也许这些低效减排的国家只是采取了基

---

① David A. Fahrenthold, Copenhagen Climate Talks, by the Numbers, *Washinton Post*, December 19, 2009, A06.

② See Richard L. Ottinger, Copenhagen Climate Conference-Success or Failure? *Pace Environmental Law Review*, Vol. 27, No. 2, 2010, p. 419.

③ Will Gerber, Defining Developing Country in the Second Commitment Period of the Kyoto Protocol, *Boston College International and Comparative Law Review*, Vol. 31, No. 2, 2008, p. 332.

本的应对步骤和低成本的减排技术来实现其减排目标,而日本将不得不进行远为复杂的研究和实施更多的努力来达成一个类似的温室气体减排目标,这显然对于日本不公平。① 而处于工业化进程中的发展中国家在其经济发展过程中实施的减排则能起到更显著的效果。由于发展中国家正处于经济快速增长时期,加上其能源密集型产业的高度膨胀,因此未来温室气体的增加将主要来源于发展中国家。②"特别是中国、印度、巴西等国,其国民生产总和和温室气体排放量都居于世界前 25 位,其减排措施产生的影响将更为深远。"③ 据此,较多的发达国家都认为,他们的减排努力至多只能产生与这些低效减排国家相同的目标,排放量较大的发展中国家应该承担减排义务。

关于责任分担不均的问题以及发展中国家是否承担责任的问题,由于公约和议定书既没有对发展中国家和发达国家进行明确的定义,也没有明确规定经济能力和排放量相当的国家是否应当承担同等的责任。因此,自公约和议定书生效以来,一些经济发展迅速的发展中国家,其经济能力和排放量已经与一些发达国家相当甚至超过了部分发达国家,却仍然基于议定书不承担减排责任,即使承担责任也只是与议定书下承担的负担较轻的发达国家保持一致。④ 出现这种现象的原因之一在于工业化程度欠发达的国家认为,由于缺乏相应的经济能力,他们无法公平有效地参与气候谈判,无法真

---

① See Will Gerber, Defining Developing Country in the Second Commitment Period of the Kyoto Protocol, *Boston College International and Comparative Law Review*, Vol. 31, No. 2, 2008, pp. 332-333.

② IPCC, *Fourth Assessment Report*: *The Mitigation of Climate Change*, available at www.ipcc.ch/pdf/assessment-report/ar4/wg3/ar4-wg3-chapter4.pdf.

③ Elliot Diringer, Pew Ctr. *on Global Climate Change*, Presentation at the UNFCCC Dialogue Long-Term Cooperative Action to Address Climate Change, International Climate Efforts Beyond 2012, Nov. 16, 2006, http://unfccc.int/meetings/dialogue/items/3759.php, last visited on April 26, 2010.

④ See Will Gerber, Defining Developing Country in the Second Commitment Period of the Kyoto Protocol, *Boston College International and Comparative Law Review*, Vol. 31, No. 2, 2008, pp. 333-334.

正保障本国的利益。而且,高昂的减排成本将增加发展中国家的经济负担,再加上气候变化的不确定性,势必会使其本国的经济前景堪忧。①

(二)是否实质性减排:各国在温室气体减排对象上存在策略性选择

"京都议定书规定的温室气体的减排对象包括 6 种(CO_2、CH_4、N_2O、HFCs、PFCs、SF_6),不同温室气体的温室效应存在明显差异,它们的全球变暖潜势指数(GWP)分别为:1(CO_2)、21(CH_4)、310(N_2O)、140~11700(HFCs)、6500~9200(PFCs)、23900(SF_6),其中 SF_6 是温室效应最强的。许多国家选择那些对经济影响小、减排难度不大的温室气体进行限制,而保证 CO_2 等对经济影响大的温室气体减排量达到最小,这一漏洞也将使议定书的环境效应大打折扣。"②

(三)在科学确定温室气体长期减排的目标与方法方面存在不同认识

公约最终目标是"将大气中温室气体的浓度稳定在防止气候系统受到危险的人为干扰的水平上。这一水平应当在足以使生态系统能够自然地适应气候变化、确保粮食生产免受威胁并使经济能够可持续进行的时间范围内实现"③。这一目标并未明确究竟要将大气中的温室气体稳定在什么浓度水平上,目前全球尚没有形成一种各国都可以接受的确定温室气体浓度稳定水平的方法。对此,提出了不同指标来定量化确定温室气体浓度水平,如温度变化的上限、假定浓度水平、基年排放水平、粮食需求量标准、生态系统安全限

---

① See Michael Weisslitz, Rethinking the Equitable Principle of Common but Differentiated Responsibility: Differential Versus Absolute Norms of Compliance and Contribution in the Global Climate Change Context, *Colorado Journal of International Environmental Law & Policy*, Vol. 13, No. 2, 2002, pp. 484-485.

② 王芳等:《气候变化谈判的共识与分歧初探》,载《地球科学进展》2008 年第 2 期,第 189 页。

③ UNFCCC Article2.

度等。①

第二节 后京都时代清洁发展机制的改革

一、改革的必要性:当前清洁发展机制面临的挑战

不可否认,作为全球碳交易市场中重要的交易项目之一,CDM 在低碳投资领域中,不仅为企业带来了良好的机会,催生了大批的清洁技术,并加速其在国家间的扩散;而且还造就了一大批碳汇、能效改善以及可再生能源等项目,为发展中国家带来了大量融资机会。然而,通过前文的分析,我们也应该看到,在过去十年的发展中,CDM 也逐渐暴露出其不足的一面。随着国际碳市场的逐渐发展,现有的 CDM 管理体制已经显然无法满足其日益壮大的要求,尤其是其运作效率和规则的透明性、可预测性被大为诟病。② 当前形势下 CDM 面临着诸多挑战,有待在未来加以优化。

首先,如果 2011 年之前气候大会上没有办法签署《京都议定书》后续版本,那么 2012 年止效后就很难再有新的 CDM 项目了,并且可能导致大批已有 CDM 项目获批推迟。能否尽快达成新的减排协议所带来的不确定性,使得在没有国际契约框架支持下的 CDM 无法挽留住大量投资者特别是潜在投资者的目光。

其次,全球碳市场饱受经济低迷冲击,发达国家排放量下降导致对 CERs 的需求减少。同时,受碳价格走低影响,CDM 等项目市场资金减少。目前已有许多买家因为对前景深表悲观,而退出碳交易市场,中止购买任何与后京都时期有关的碳减排项目。③ 为此,碳金融项目的资金规模和来源仍需进一步扩大,以满足目前碳市

---

① EUCouncil, *Communicationon Community Strategy on Climate Change*, Council Conclusions, 1996.

② See Charlotte Streck and Thiago B. Chagas, Future of CDM in a Post-Kyoto World, *Carbon & Climate Law Review*, Vol. 1, No. 1, 2007, pp. 59-60.

③ http://www.china5e.net/conference/meet.php?id=550, last visited on May 22, 2010.

场的发展需要。

再次,过于繁琐、漫长的审批过程以及国内激励政策不够配套,阻碍了各种 CDM 项目的发展,使得真正成功并取得实际效果的项目数量并不多。

最后,一些 CDM 项目最终产生的效益,并未能如其目标所定的那样减少二氧化碳的排放,反而对一些落后的发展中国家和地区,带来了不成比例的负面影响。尽管在 CDM 项目中可持续发展被一再强调,但直至目前仍然没有一个科学确定的或法定的对可持续发展贡献进行评估的专业量化指标,或者一整套综合性的社会、经济、环境和科技评估程序。

总而言之,后京都时代的 CDM 必须在当前发展模式上加以变革,对原有模式的简单延续只会进一步耗尽 CDM 的活力和积极性。

二、改革的可行性:清洁发展机制在国际温室气体排放权市场的前景

温室气体排放所造成的气候问题是一个严重的、现实的问题,并将长期存在。作为一种通过市场解决气候变化问题、方便发展中国家参与的机制,CDM 具有强大的生命力,将长期存在下去。在后京都时代,CDM 的生命将超越议定书,并将成为一种公平地缓解气候变化的基本工具。[1] 这是由其客观基础所决定的:一方面,在温室气体排放上,发达国家与发展中国家的国别差距将长期客观存在,共同但有区别责任原则也将伴生存在。另一方面,温室气体与气候变化相关性,正逐步获得确证,减少温室气体排放和促进可持续发展的目标也将长期存在。CDM 合作将成为今后发达国家与发展中国家合作保护全球气候的主要方式,必将有广阔的发展前景。

---

[1] See Michael Wara, Measuring the Clean Development Mechanism's Performance and Potential, *University of California at Los Angeles Law Review*, Vol. 55, No. 6, 2008, p. 1803.

首先，CDM 的市场发展前景取决于国际气候变化领域的制度建设和完善情况、发展中国家能否积极配合以及充分利用 CDM 所创造的市场机会。即使关于第二承诺期的减排目标无法达成一致，排放权交易市场仍将继续存在。国际温室气体排放权市场作为一个新兴的市场，其产生和发展与附件一国家是否承担减少温室气体排放的义务以及在很大程度上进行减排努力是密不可分的。基于各国在第一承诺期内的减排义务已经以法定形式确定下来，人们对这个新兴市场的发展已经有了一定的预期。由于欧盟排放权交易制度的继续发展，即使议定书无法继续，欧盟也会以其他方式从经济转轨型国家和发展中国家购买减排量。相对于去创建一个全新的减排机制而言，在现有基础上对 CDM 加以改革，既符合欧盟的减排目标，又能节省减排成本、充分利用现有经验，当然会得到欧盟首肯。

当前欧盟是 CDM 蓬勃发展的驱动力。在 2008—2012 年，欧盟企业碳排放超标的罚款高达 100 欧元/吨，远高于碳排放权的市场交易价格。欧盟允许使用 14 亿单位 CERs 来代替欧盟排放交易机制内的排放额度，作为 CDM 额度的单一最大买家；企业有足够动力购买 CDM 额度来增加自己的排放额度。

其次，未来碳价格走势良好，CERs 应该会行情看涨。从需求方面看，目前碳权交易主要的需求来自承担减排义务的欧洲国家、日本和加拿大，其减排需求总量为 45 亿吨，保守估计大约一半的减排量需要从国际市场上购买。根据世界银行的预测，2008—2012 年每年的全球碳交易需求至少将达到 7 亿～13 亿吨，每年的市场规模至少达 600 亿美元，2012 年市场规模将达到 1500 亿美元。据碳点（Point Carbon）公司预测，到 2012 年发展中国家的 CERs 供应将累计将超过 8 亿吨。如此广阔的市场需求将极大地拓宽 CDM 的发展空间，带动强劲发展势头。

再次，从远期来看，2012 年之后《京都议定书》的精神将继续延续，发达国家会进一步减少温室气体排放。尤为重要的一点是，随着美国奥巴马政府的上台，美国对温室气体减排的态度将发生积极的转变。① 2009 年美国通过清洁能源法案后，CDM 额度需求可能剧增。法案实施初期，美国可能需要购买减排额度来补足其 30% 的碳排放量，而且这一比例还可以不断提高。因此，从长远来看，全球碳市场需求将稳步增长。与此同时，2012 年之后不排除一些发展中国家将承诺减排义务的可能。如果这样，发展中国家所能提供的碳减排量将急剧下降，部分国家甚至有可能一夜之间从碳排放量净出口国变成净进口国。事实上，只要国际社会继续推动主要国家沿着温室气体减排的道路走下去，碳排放权的供应量将日趋紧张，成为越来越宝贵的资源。从现在开始到 2012 年，由于经济衰退将影响碳排放量和各国减排政策。但从远期来看，2012 年之后碳价格将是长期持续上涨的趋势，除非国际温室气体减排的方向发生逆转。

最后，尽管国际社会关于第二承诺期还没有达成实质性的协议，但是对谈判第二承诺期的看法还是比较乐观的。尤其是一些发达国家意识到了减缓气候变暖任务的紧迫性，愿意进一步承担温室气体减排义务。而且，随着第一承诺期的临近，附件一国家制定相应政策力图如期完成减排义务。目前情况表明，无论国内减排成本还是国际市场的采购成本都不像预计的那样高，在这种情况下，支付合理的费用来改善环境的质量对这些国家是可以接受的，发达国家也将愿意继续承担减排义务。

综上所述，"即使京都框架内国际市场的存续由于第二承诺期谈判的困难而存在不确定性，欧盟、北美地区及澳大利亚的区域性排放交易体系也会通过允许利用国际项目合作产生的减排额度来支撑国际温室气体排放权市场，其中 CDM 项目由于在减排成本方面的巨大优势将继续为政府和企业完成排放控制任务提供符合标准的

---

① See Lisa Novins, A Stop on the Road to Copenhagen: Implications of A U. S. Climate Bill, *Sustainable Development Law & Policy*, Vol. 9, No. 3, 2009, pp. 52-56.

履约资产。因此，CDM 市场发展的前景应该是比较乐观的"。①CDM 所创造的减排量市场在全球温室气体排放权市场中将继续发挥无可替代的作用。

三、改革的瓶颈

当前 CDM 改革所遭遇到的瓶颈主要源于以下几个方面：

第一，国际政治的约束。当前国际谈判进程非常不稳定，各国利益诉求差异极大。CDM 是国际谈判的结果，是各国寻求共赢的结果，由此建立的市场也是以各国共同利益为基础的。一旦跨越自身的边界，将会得到极大的阻力。目前发达国家试图压缩 CDM 的情况以及发展中国家因为 CDM 收益不均衡而日益出现的矛盾，充分表明了这一点。

第二，CDM 管理机构瓶颈。目前还不存在一个国际机构有能力支持 CDM 市场的全球扩张。如果要将 CDM 市场规模扩大，其前提条件是建立一个国际机构，平衡各方利益，并且效率足够高以便适应市场机制的运行要求。

第三，减排量的区域化特征明显。尽管目前的 CERs 是同质的，但未来的 CERs 价值将是和区域、项目类型、技术等多种因素相关的。如今买家也已经开始重视不同类型 CERs 的配置与风险控制。如果 CDM 要持续发展，必须要建立一套与区域等因素相关性很低的方法学系统。它必须足够复杂以覆盖各类情景，满足市场规模的要求，但又必须有足够的效率，以满足市场对效率的追求。这是一件极其困难的事情，现在 CDM 方法学大量闲置已经表明这一矛盾。

第四，目前 CDM 市场供求关系过于单一的现状，也使得这一市场的进一步发展存在难度。对中国来说，CDM 实际上是欧洲和中国、日本与中国之间的双边贸易机制。来自欧洲和日本的需求几乎购买了绝大部分已产生的 CERs 和潜在的 CDM 项目。中国 CDM

---

① 曾鸣、何深、杨玲玲、田廓、董军、王鹤：《我国 CDM 项目风险分析及低碳发展对策》，载《华东电力》2010 年第 3 期，第 321 页。

市场对欧洲和日本的依赖性过高,这种局面除了控制中国 CDM 发展的节奏外,短期内没有更有效的解决手段。

四、改革的方向及其法律定位

2009 年缔约方大会会议文件指出:"CDM 发展的方向应当是规模化、高效化①,在边学边干(learning-by-doinig)的模式中持续的改进。"② 这种反复、迭代的指导模式和监督规则必须转向一种更积极、系统化的模式。③ CDM 是一项成本高昂的减排机制,它应当成为一个高质量、低风险、有效率的减排市场,真正为减排作出示范性的贡献,这才是唯一正确的发展思路。

未来的 CDM 市场,必然回归到如下的角色上:

第一,为全球碳市场的发展提供信心基础。CDM 应该追求高质量、低风险的减排活动,对各国碳市场的发展起到表率和示范的作用。特别是应该把更大的精力投入到方法学体系的构建上,这是整个碳市场存在的基础。CDM 不应片面追求市场份额的扩大,应尝试将部分减排活动和市场份额分流给其他的碳减排制度,以构建和谐的全球多元化碳减排体系。

第二,成为全球碳减排额度流通的基础。由于减排额随地区差异而有不同的价值和供求关系,在不同的地区需要不同的减排标准,并产生相应的减排额。CDM 应当为这些不同体系间的流通提供兑换或折算的基础,担当全球"碳货币"的角色。这也意味着 CDM 应该具备稳定、低风险的特点。

关于改革方案的法律定位,综观历来的政策制定与法律改革,均无法做到绝对性的价值中立,往往受制于研究立场和方法。目前国际上提出了不少后京都时代发展中国家参与减排的方案。归纳起来,这些方案主要分为以下两类:

一类是以国别为基础的减排方案,指的是在国别的基础上划分

---

① UNFCCC /KP/CMP/2009/16,November 4,2009,para. 9.
② UNFCCC /CMP/2009/16,November 4,2009,para. 11 & para. 12.
③ UNFCCC /KP/CMP/2009/16,November 4,2009,para. 13.

减排责任的方案；这种方案大多是在气候变化国际谈判中由各国政府提出的，与京都机制相类似。① 其主要设想是将具体减排任务分摊到各个国家，由各国根据本国情况综合考虑具体实施方面。但由于当前京都机制下发展中国家不承担减排义务，因此这种减排方案招致许多发达国家的反对。以此为基础，当前出现的以国别为基础的进一步改良方案中具有代表性的主要有：

1. 2000 年巴西依据其在《京都议定书》签订之前提出的"根据历史责任分配"这一思想，主张再次根据历史责任分配减排任务，将巴西方案予以延伸，由发达国家承担减排责任逐步延伸到发展中国家也承担一部分减排义务。②

2. 2002 年美国学者 Yong-Gun Kim 和 Kevin A. Baumert 提出了"二元强度目标"，认为设定固定排放目标不利于发展中国家的参与。可让某一国家同时制定两个排放目标，较低的下限目标为卖出目标，较高的上限目标为履约或买进目标，并在上限与下限之间设置缓冲区或安全区，以降低不确定性带来的履约风险。③

另一类是以行业或部门为基础、降低国别影响度的减排方案④。这类主要通过行业或部门减排的方式来扩大参与面和环境效力，因而越来越受到关注。京都机制下大部分发达国家所承担的减排义务都是通过国内减排或国际合作减排来实现的，所以行业为基础的方式或许更具有可行性和有效性。行业减排方式主要包括跨国行业减排合作、国内行业自治减排以及国内国际双重减排三种形

---

① 《京都议定书》即是以国别设定减排义务。

② 参见姜冬梅、张孟衡、陆根法主编：《应对气候变化》，中国环境科学出版社 2007 年版，第 155 页。

③ See Yong-Gun Kim & Kevin A. Baumert, Reducing Uncertainty Through Dual-Internsity Targets, Baumert eds., Building on the Kyoto Protocol: Options for Protecting the Climate, *World Resources Institute*, Washington D.C., 2002, pp. 109-134.

④ See Patrick Matschoss, The Programmatic Approach to CDM: Benefits for Energy Efficiency Projects, *Carbon & Climate Law Review*, Vol. 1, No. 2, 2007, pp. 119-128.

式。但究竟哪种方案更具合理性和可行性，尚有待进一步讨论验证。

观察以上两种减排方案，本书认为，从条约的缔约方、可执行性等角度，应肯定两种类别的减排方案并没有实质性冲突，可以并存。离开国别谈行业方案，可能有其效力上的局限。"当前，南北差距在加大，多数发展中国家相对于发达国家而言，经济发展具有较强的波动性和不确定性，相关法律体系也不健全，过快承担减排义务可能制约其发展。虽然发展中国家被催促'自愿承诺'方案，但离开一国环境状况、经济实力、法律环境等具体事项权衡，委于道义上的冲动，可能最终带来国家和社会发展的巨大损失。"①

依据利益均衡观，对于那些经济状况正在初级阶段、温室气体排放量不大的发展中国家而言，可延续议定书中的共同但有区别的责任原则，不规定减排义务，但应通过CDM等机制改革促使其可持续发展和减排。"而对于那些经济状况发展较快、温室气体排放量较大的发展中国家而言，可在共同但有区别责任原则基础上，吸收各方案的优点，综合成以下改革框架：一是应允许这些国家继续利用CDM等灵活机制促进其可持续发展；二是在一定条件下明确其减排责任；三是对于发达国家而言，其减排义务应明确，同时，可规定发达国家对前述发展中国家在温室气体排放领域的技术转让、融资借贷等方面实行特别扶持。"②

总的来说，随着后京都时代的来临，CDM的存在对发展中国家是有利的，它是促进发展中国家吸引资金流入和先进减排技术的重要工具之一。在当前国际谈判僵持不下的情况下，针对CDM规则进行改革，使之更好地在发展中国家实施并真正达到增进环境整体效益的目的，反而更切实可行。

---

① 潘凌：《论CDM中制度风险与法律控制》，中国政法大学2008年硕士学位论文，第27页。
② 潘凌：《论CDM中制度风险与法律控制》，中国政法大学2008年硕士学位论文，第27页。

第三节 完善后京都时代清洁发展机制的若干建议

全球 CDM 市场经过多年的运行已积累了丰富经验，成为到目前为止全球碳市场中运行最成功的机制之一。对于项目实施中出现的问题，只有抓住该机制中的关键问题，积极进行改革，趋利避害，才会使 CDM 在全球共同应对气候变化及促进发展中国家可持续发展中的作用得到进一步提升。

一、推动气候变化国际立法的实质性进展

现有的气候变化法律，"尤其是其习惯法所固有的模糊性，根本不足以调整日益复杂的气候问题"①，相关国际法仍需得到更大的发展。正确地理解和维护共同但有区别责任原则，将为后京都时代的国际气候谈判提供更广阔的基础。②

（一）坚持共同但有区别责任原则

越来越多的国家都已经认识到 "气候变化的全球性已经超越了政治界限"③，在全球性环境问题日益严峻的今天，必须加强国际合作，增进发达国家与发展中国家间的信任。各国必须在国际气候政策上齐心一致，给予投资者更多的信心，才能保持国际气候制度的活力。④ 为此，在谈判中首先必须坚持的就是共同但有区别的责任原则。

首先，共同但有区别的责任原则是国际环境法中的基本原

---

① 张小平：《全球环境治理的法律框架》，法律出版社 2008 年版，第 8 页。

② See Bryan A. Green, Lessons from the Montreal Protocol: Guidance for the Next International Climate Change Agreement, *Environmental Law*, Vol. 39, No. 1, 2009, p. 253.

③ Robert Pritchard, Energy Policy and Climate Policy Must be Integrated, *Oil, Gas & Energy Law Intelligence*, Vol. 7, October, 2009, p. 9.

④ See Robert Pritchard, Energy Policy and Climate Policy Must be Integrated, *Oil, Gas & Energy Law Intelligence*, Vol. 7, October, 2009, p. 9.

则,具有普遍的效力。无论是京都阶段,还是后京都阶段,都应普遍遵守,它是国际社会应对气候变化的指导原则。后京都时代是国际社会应对气候变化采取实质性行动的关键阶段,无论国际局势如何变化,各国减排形势如何,这一阶段仍是《联合国气候变化框架公约》体系的延续,公约及其后的《柏林授权》、《京都议定书》、《波恩协定》、《马拉喀什协定》、《巴厘岛路线图》、《哥本哈根协议》等一系列法律文件形成的金字塔形的结构及其中的原则和规则,仍是指导国际社会开展减排工作的基础和框架。

其次,共同但有区别的责任原则是发展中国家在环境领域可以主张的最重要的法律原则,它是维护发展中国家在环境与发展领域特殊利益的有力武器。在这一原则下,衍生出了许多对发展中国家有利的主张,包括考虑发展中国家的特殊需要、给予资金和技术的援助、增强发展中国家的履约能力、援助培训和教育等。

再次,体现共同但有区别的责任原则的各类实施机制在后京都时代应保持一定的稳定性和连续性。具体来说,就是要求发达国家严格履行相关承诺,承担历史责任,并首先采取行动,尽最大努力在本国范围内实现减排目标,同时为发展中国家提供资金和技术援助。虽然不承担具体的减排义务,发展中国家在大力发展经济的时候,应该走可持续发展道路,尽量减少环境污染和能源消耗,并积极参与国际环境合作,快速有效地开展《京都议定书》设定的"无悔行动"。[1]

---

[1] 无悔行动(no regret options):无悔行动原本是经济学中的术语,用来形容企业无论在何种情况下都能取得回报的行动,包括降低成本、提高效率和培养技能等。气候变化领域的无悔行动是一种无论气候变化与否都可以通过净社会成本的减少和净社会效益的增加来促进和引导循环经济的发展的行动。它是与气候变化领域的不确定性相对的,不能因为存在不确定性因素,就拒绝采取任何行动,这明显违背了公约的"预防原则"。这里提倡的无悔行动是指发展中国家针对本国经济快速发展过程中排放量剧增的情况,采取CDM等行动,努力控制自身的排放,并可根据减排量大小得到相应的配额奖励,从而参与全球排放权交易体系。

最后，关于CDM项目失败的责任追究机制上更应该体现共同但有区别的责任原则，增加发达国家项目方的责任分担。当CDM项目实际产生的CERs与预期不符时，特别是实际产生的交付量不足时，产生的CERs差距承担如何解决；当项目并没有完成减排目标时，或者实际减排成本超过附件一国家预期标准时，如何解决？当前京都机制下多采用的是卖方责任机制。根据一般国际贸易规则，标的在交付之前由买方承担货物减损的责任。但由于发展中国家并不承担任何减排义务，让其对建立在京都机制下的CDM项目负责，缺乏明确的法律根据。① 而附件一国家的项目参与方全程参与了项目设计、审查、实施、监督、核证，而且项目预期CERs和成本也大多是根据其预算来确定，对此应当负有一定的责任。从责任能力而言，发达国家比起发展中国家更有实力来承担项目风险。

（二）明确公平责任的分配

在认可定量减排的国家中，大多数国家就如何在各国之间确立一个公平的义务分担份额存在很大争议和不同认识。② "许多国家对衡量减排的指标进行了研究，提出了碳排放总量指标（包括相对历史累积量指标③、单位GDP排放强度指标④、人均排放趋同指标⑤、

---

① Erik B. Bluemel, Unraveling the Global Warming Regime Complex: Competitive Entropy in the Regulation of the Global Public Good, *University of Pennsylvania Law Review*, Vol. 155, No. 6, 2007, pp. 2006-2007.

② More details about Balancing Power Inequities, see Bharathi Pillai, Moving Forward to 2012: An Evaluation of the Clean Development Mechanism, *New York University Environmental Law Journal*, Vol. 18, No. 2, 2010, pp. 405-407.

③ UNFCCC/AGBM/1997/MISC. 1/Add. 3. http://unfccc.int/cop3/resource/docs/1997/agbm/misc01a3.htm, last visited on May 22, 2010.

④ UNFCCC/AGBM/1997/2. http://unfccc.int/cop3/resource/docs/1997/agbm/02.htm, last visited on May 22, 2010.

⑤ UNFCCC/AGBM/1997/MISC. 1. http://unfccc.int/cop3/resource/docs/1997/agbm/misc01.htm, last visited on May 22, 2010.

化石燃料排放指标①、单位面积排放指标②等，形成了从多个角度评价各国温室气体排放情况的指标体系，其中针对前三者的研究和建议较普遍。"③

碳排放总量指标是基于不同国家和地区排放总量来衡量减排义务的指标，目前所施行的公约及其议定书即采用该指标，依据各国在基准年的温室气体排放量来分配其应承担的减排义务。"然而，碳排放总量指标未考虑一个国家的人口和经济等国情，忽略了不同国家之间的人均碳排放指标的差别以及经济结构和能源结构的差别，因此难以受到发展中国家的欢迎。"④

单位 GDP 排放强度指标是当前衡量低碳经济发展程度的重要指标，将减排活动与经济发展相结合，该方法将对经济的影响最低，因此部分发达国家极力推荐该指标方法。人均排放趋同指标主要考虑到全球人类应具有平等的生存排放权，该指标受到那些人口较多而经济不太发达国家的支持。

"直至目前，关于公平责任的分配问题仍未有解决办法，这与气候变化问题的政治化、外交化是分不开的。关于如何确定各国减排义务的方法尚需要各国经济学家、气候学家以及政府决策者的进一步商讨。"⑤

（三）确定各国的排放基准和减排目标

各国内在的差异性决定了其利益的不同和认识的不一致，作为国际气候合作框架基础的谈判协议在确定各国的排放基准和其应完

---

① UNFCCC/AGBM/1996/MISC. 2/Add. 2. http：//unfccc. int/cop3/resource/docs/1996/agbm/misc02a2. htm, last visited on May 22, 2010.

② UNFCCC/AGBM/1997/MISC. 1. http：//unfccc. int/cop3/resource/docs/1997/agbm/misc01. htm, last visited on May 22, 2010.

③ 王芳等：《气候变化谈判的共识与分歧初探》，载《地球科学进展》2008 年第 2 期，第 189 页。

④ 王芳等：《气候变化谈判的共识与分歧初探》，载《地球科学进展》2008 年第 2 期，第 189 页。

⑤ 王芳等：《气候变化谈判的共识与分歧初探》，载《地球科学进展》2008 年第 2 期，第 189 页。

成的减排目标时,应持公平、效率和可持续发展原则,根据各国对温室气体排放的累积贡献率及其减排能力进行综合考量。

1. 关于附件一国家的减排目标。在未来新协议制定时应该考虑发达国家自身的能力,尽量做到"按需分配",这样有利于发挥各个国家的减排积极性。但同时,也要考虑受金融危机的不利影响,发达国家在经济和环境、气候保护上的矛盾更为突出,争取保持有效的平衡。可喜的是,在全球金融危机的始发国美国,新一届政府顶住压力,作出了许多有利于气候变化问题解决的新举措,相信会给新协议的制定增添筹码。

另外,我们在制定发达国家排放量时,也应区别对待,综合考虑发达国家的过往排放量,根据不同的情况,在发达国家之间也作出一个不同的减排标准和目标。以往工业化程度高、对温室气体排放升高有较大影响的国家应该多承担减排任务,这样才能达到真正的公平。议定书附件一缔约方中包括了大量的经济转轨国家,这些国家多以东欧国家为主,实际上这些国家的经济发展水平与其他发达国家还有差距。然而议定书却规定,到2010年,所有发达国家二氧化碳等6种温室气体的排放量,要比1990年减少5.2%,这显然是不科学的。在后京都谈判上,对于附件一国家承担的减排义务,必须根据历史排放量,区别设置。

2. 关于非附件一国家是否承担减排义务问题。基于发展中国家之间存在着经济发展不平衡的问题,本书比较赞同的是"应当根据各自的经济实力和技术能力来承担相应的减排责任"① 的观点。解决这一问题,应当建立一种提起机制,当议定书某一缔约方的经济发展能力如人均GDP达到一定程度时,该国就必须作出有约束力的减排承诺,接受议定书对其义务的法律制约。但同时也不应将这种衡量非附件一国家经济实力的指标绝对化。只要符合期望值即可,如像南非和巴西显然其经济发展水平已经达到了附件一国

---

① Will Gerber, Defining Developing Country in the Second Commitment Period of the Kyoto Protocol, *Boston College International and Comparative Law Review*, Vol. 31, No. 2, 2008, p. 336.

家的基准。

但是这种制度仍存在一定的缺陷有待解决。因为对于所有的处于工业化进程中的国家而言，人均 GDP 并非是衡量经济发展状况的唯一且最佳的标准。例如，经济欠发达的农业国家会使得建立在农业、工业和服务业综合水平上的人均 GDP 明显下降，从而达不到这种衡量标准，不用承担强制减排的义务。但实际上，有可能其温室气体排放量较大，远远超过世界平均水平。① 在这种情况下，需要参考更多的技术性指标。虽然这一建议尚不完善，但它开启了非附件一国家承诺减排的转折点，而且利用这种机制，仍有部分国家符合这一标准，将能吸纳更多的国家参与积极减排行动中去。

此外，鉴于各国减排目标对其后续减排行动的指导性，有学者提议在第二承诺期内应将当前的国际框架扩大到一个多轨道的框架内，不仅包括即将达成的后京都机制下的成员国量化减排目标，还应该纳入具体的国家减排政策，以及承诺减排的 CDM 项目部门或行业的目标和能力建设，倡导一个短期但是稳定的减排目标。其设计基础在于考虑到国际气候制度的不确定性因素，"短期的减排目标更容易被各谈判国接受"②。

（四）创建有约束力的履约机制

"一个完善的法律制度需要有相应的约束机制作为其实施保障，否则，制度再好，也是形同虚设。"③ 在构建后京都机制时，必须明确各参与主体的责任和违约代价，以确保目标的实现。

当前国际公约的遵守更多的是依靠缔约国的国内行动，不同的

---

① See Center Intelligence Agency, *The World Factbook*: *China*, http://www.cia.gov/library/publications/the-world-factbook/geos/ch.html, last visited May 14, 2010.

② Andrew Schatz, Foreword: Beyond Kyoto—The Developing World and Climate Change, *Georgetown International Environmental Law Review*, Vol. 20, No. 4, 2008, p. 533.

③ 韩良：《国际温室气体排放权交易法律问题研究》，中国法制出版社2009年版，第251页。

国家利益势必导致在履约方面的差距。"议定书自获得批准以来，其执行问题一直困扰着公约的所有缔约国"①，这主要是基于公约本身的"软法"性。目前国际谈判中对于未来气候变化国际公约的执行到底是要采取"威慑型"还是"经营型"，尚存争议。但从目前的国家实践来看，气候变化国际公约的执行必须运用"威慑型"方案②，不能企盼于国家自身的行动。

迫使国家愿意接受强制履约机制或者说威慑的力量来源于三大因素③：（1）激励国家借此促进能力建设，以提高遵约的能力；（2）各种核查机制，能随时发现并通告各种抵制履约义务的行为，使不履约国遭受国际压力；（3）对违约者的制裁成本和后果。

关于执行机制的形式，"最有效的办法是建立公平高效的内部制度，不借助于外部措施在机制范围内强制执行"④。具体来说，可以包括，对于不遵守国家的通告和谴责，使其国际名誉受限；或者提高管理机制的运作，通过运用强度指标、规模技术的适用、价格限制和调节税来迫使缔约方履约⑤。此外，还可以使用其他制裁

---

① Michael Weisslitz, Rethinking the Equitable Principle of Common but Differentiated Responsibility: Differential Versus Absolute Norms of Compliance and Contribution in the Global Climate Change Context, *Colorado Journal of International Environmental Law & Policy*, Vol. 13, No. 2, 2002, pp. 484-485.

② 参见蔡守秋、常纪文：《国际环境法学》，法律出版社2004年版，第66页。

③ See Peter M. Haas, Book Review: International Law and Organization: Closing the Compliance Gap, *American Journal of International Law*, Vol. 102, No. 1, 2008, p. 227.

④ Jacob Werksman, The Negotiation of a Kyoto Compliance System, *Implementing the Climate Regime: International Compliance*, Olav Schram Stokke eds., Earthscan Publications, 2005, pp. 134-141.

⑤ See Anita M. Halvorssen, Focus on Climate Change: Book Review: Implementing the Climate Regime: International Compliance, *Colorado Journal of International Environmental Law and Policy*, Vol. 16, No. 2, 2005, p. 18.

措施，如 WTO 框架下与气候相关的贸易措施①，只要"确保制裁获得的边际收益超过了不履约者从不履约行为中获得的收益"② 即可。

二、加快执行理事会对清洁发展机制程序性事项的改革

通过前面对 CDM 实施困境的分析，不难发现，"京都机制下的 CDM 规则仍处于最初学习阶段"③。为了进一步提高 CDM 的效率，历次缔约方大会都不断进行改革，其中比较有影响力的改革尝试主要有：

在 2006 年第二次议定书缔约方会议上，执行理事会曾提出两条建议：简化小规模项目运行程序、建立指定经营实体论坛 (Designated National Authorities Forum (DNA Forum))，以帮助扩大 CDM 项目的数量和市场。

在 2007 年第三次议定书缔约方会议上，执行理事会建议：(1) 建立网络信息交换平台确保所有项目参与方，尤其是发展中国家能及时获取信息并实现资源共享。(2) 利用现有的国际合作机制和联合国体制，加大对发展中国家尤其是非洲国家的资金和技术援助，以提高他们参与 CDM 的能力。(3) 执行理事会加强对项目申请和核证的指导。

2008 年第四次议定书缔约方会议提出建议，降低对发展中

---

① See Olav Schram Stokke, Trade Measures, WTO and Climate Compliance: The Interplay of International Regimes, *Implementing the Climate Regime: International Compliance*, Olav Schram Stokke eds., Earthscan Publications, 2005, p. 147.

② Peter M. Haas, Book Review: International Law and Organization: Closing the Compliance Gap, *American Journal of International Law*, Vol. 102, No. 1, 2008, p. 231.

③ Richard B. Stewart, Federalism and Climate Change: The Role of the States in A Future Federal Regime: States and Cities as Actors in Global Climate Regulation: Unitary vs. Plural Architectures, *Arizona Law Review*, Vol. 50, No. 3, 2008, p. 697.

家特别是最不发达国家的项目收费,或实行费用减免。在历经4次执行理事会会议的讨论与修改后,新版的CDM审定与核查手册终于在2008年颁布了。它统一并完善了CDM项目评判标准,在一定程度上减少了长期以来对CDM规则理解的混乱。新规则的出现,进一步简化了CDM项目申请和审查的程序,从而有利于提高项目注册的成功率。

2009年第五次议定书缔约方会议上对CDM改革,提出了全面的建议:

第一,在促进项目实施宗旨方面①:(1)进一步降低对发展中国家特别是最不发达国家的项目收费,或实行费用减免。暂缓对不发达国家收取项目登记费用直至项目CERs核证并交易完成。(2)对于目前项目登记总量少于10个的非洲国家:a. 在某些领域扩大使用基准线和外形标准;b. 大力发展小规模方法学项目;c. 多方面筹集资金,包括私人募捐、集资。d. 在执行理事会批准的范围内,按照最低标准和原则开展CDM项目。e. 在执行理事会批准的范围内,赋予项目参与方扩大并新增项目方法学。(3)完善项目参与国国内管理程序。(4)加强双边或多边合作,帮助发展中国家进行能力建设。(5)加大秘书处的帮助力度。(6)加强项目技能培训、区域内国家、不同区域国家之间信息交流、加强同国内管理机构之间的协调。(7)在额外性评估标准和确定排放基准线上,为了减少额外性评估中的不确定性,增加了量化标准,增加共同的实践和先进技术作为考虑因素。(8)在项目类型上,呼吁开发大规模的公共交通项目②。(9)在提高能效上面,增强现有的1个提高能效的项目方法学和4个可再生能源项目方法学。并另外新增加5个提高能效的项目方法学,以及1个可再生能源项目方法学。③

---

① UNFCCC/KP/CMP/2009/16, para. 50.
② UNFCCC/KP/CMP/2009/16, para. 54.
③ UNFCCC/KP/CMP/2009/16, para. 45-46.

第二,在提高执行理事会工作效率方面①:(1)及时更新、修改相关标准、规则和程序,让 CDM 项目实施有据可依;(2)为确保公正性,并提高项目实施的质量,将创建项目主体竞争机制;(3)将项目申请登记和核证程序制度化、系统化;(4)采用独立的技术评估机制,在第六次会议上将对当前的程序、规则实施效果进行评估,定期对项目过程进行审查;(5)要求发展中国家及时提交关于项目对本国可持续发展的贡献报告。

第三,在完善项目登记程序方面②:(1)要求在登记申请资料中应提供更充足、完备的信息以提高申请的成功率;(2)在项目申请登记以后,加强秘书处和指定经营实体、东道国国内管理机构之间的联系;(3)尽量确保同一类型申请项目的审批结果的一致性,让项目参与方有先例可循,降低项目申请阶段的风险。

可喜的是,2010 年 5 月 28 日举行的第 54 次执行理事会会议对项目登记程序和 CERs 的签发程序作了修改③,主要是要求申请者提供更详细的信息报告以及要求秘书处在审查登记期间,对相关材料在官方网站上予以公示,同时还规定公示和审查期间不得超过一个月,以增加工作的透明度和可预见性。除非送审材料出现重大问题,否则如果只是轻微的书面错误将不再退回要求申请者重新申请,既提高了工作效率又节省了申请者的成本。同时,对于通过审查的项目的登记期,从原来的 8 周缩减为现在的 4 周。

第四,在提高 CDM 的有效性方面④:(1)加强执行理事会的政策指导和监督职能,建立项目协商和评审机制;(2)加强各管理机构之间的协调,包括秘书处,专家组,方法学小组;(3)加大 CDM 相关专业技能培训;(4)实施信息公开透明程序。

---

① UNFCCC/KP/CMP/2009/16,pp. 38-39.

② UNFCCC/KP/CMP/2009/16,p. 38.

③ The new procedures for registration and issuance (annexes 28 and 35 of the report of the 54th meeting of the EB) and the checklists are available on the CDM website, http://cdm.unfccc.int/Reference/Procedures/index.html, last visited on May 28, 2010.

④ UNFCCC/KP/CMP/2009/16,pp. 36-37.

三、降低清洁发展机制项目风险

CDM 规则程序复杂,项目开发难度大,风险高,对风险的控制影响到交易的最终成效。在 CDM 交易中,不断提高风险意识,加强对风险的防范和控制,才能提高项目投资决策的科学性和可靠性,增加交易安全。

第一,考虑到 CDM 前期投入费用较大,间接执行成本较高,项目参与国政府有责任减低政策的不确定性,降低投资风险,提供各种公共服务和资金支持,并加快完善国内的市场体制。[1]

第二,"项目开发方与指定经营实体签订项目核证服务合同时,可以将核证方面的部分风险转移给指定经营实体。双方可在合同中约定,受托方负责申请注册和核准认证的费用、酬金待 CERs 的转让收益实现后,按照一定的比例分配。另外,如果在项目的开发过程中由于指定经营实体的资格被撤销或者由于指定经营在提交认证上的失误使得项目开发方受到损失的,指定经营实体应当对项目开发方进行赔偿。这样做既减少了卖方的前期投入,转移了一部分 CDM 交易项目审批程序不确定性所带来的风险,同时还可以激励指定经营实体认真做好 CDM 项目设计和表述,争取快速获得 CERs"。[2]

第三,降低项目财产、CERs 或所用土地被征用的风险。为了避免项目资产被东道国政府征用,可以采取一些措施,尽量减少损失。首先,"在项目开发之前采取预防措施"[3]。防止项目财产被征用的一个有效策略是将项目开发模式转向国际投资领域中的 BOT 模式,将项目开发受益在一定期限后交由东道国政府来经营

---

[1] See Robert Pritchard, Energy Policy and Climate Policy Must be Integrated, *Oil, Gas & Energy Law Intelligence*, Vol.7, October, 2009, p.5.

[2] 冷罗生:《CDM 项目值得注意的几个法律问题》,载《中国地质大学学报》(社会科学版) 2009 年第 4 期,第 53 页。

[3] Jennifer P. Morgan, Carbon Trading Under the Kyoto Protocol: Risks and Opportunities for Investors, *Fordham Environmental Law Review*, Vol.18, No.1, 2006, p.171.

从而换取政府的支持。其次，附件一国家项目业主可以在项目开发之初，与东道国项目企业签订一份项目合同，明确承认并保护所涉项目的相关财产及核证减排量的资产，与项目其他文件一起报送东道国政府批准。以后发生被征用情况时，可以借此要求企业或国家予以赔偿或征用补偿。最后，在项目实施过程中，附件一国家可以分期投资或加强对项目的后期投资，或者在项目后期投入使用新的更节能高效的方法学，东道国出于对引进外资和先进技术的迫切需求，征用项目相关资产的可能性将会有一定程度的降低。此外，关于东道国法律政策更新的风险，可以在项目设计之初，申请东道国签订包含收购条款的合同。一旦当东道国法律政策的改变对投资者利益带来损失时，投资者可以让东道国收购 CDM 项目以弥补自己的损失。但是这种回购要求并不是绝对的，"它受到不可抗力和公共秩序保留原则的限制"[1]。

四、强化清洁发展机制资金援助和技术转让制度

国际气候法律制度规定了资金援助和技术转让条款，却不认可其强制性，这类条款的实际意义也因此大打折扣，极大地影响了 CDM 的顺利进行。对此，后京都时代的 CDM 制度应当明确资金援助和技术转让是发达国家的强制性义务，如不履行，将承担不履约责任。

尽管目前的国际气候制度没有承认违反这些条款将构成违约，但是各国可以通过缔约方大会对这一现象进行改变，这也是发达国家对其历史责任的体现和照顾发展中国家原则的现实要求。当然，其最终实现要取决于发展中国家的团结和努力，以及发达国家对这类条款重要性的认识。

关于资金和技术援助，还可以借鉴现行其他国际公约的做法。《保护世界文化和自然遗产公约》规定对资金援助采用义务捐款和

---

[1] Jennifer P. Morgan, Carbon Trading Under the Kyoto Protocol: Risks and Opportunities for Investors, *Fordham Environmental Law Review*, Vol. 18, No. 1, 2006, p. 169.

自愿捐助相结合的方式,规定凡拖延交付义务纳款或自愿捐款的缔约国不能当选为世界遗产委员会成员。关于技术转让,《保护世界文化和自然遗产公约》同样要求各国应当进行合作,确保知识产权有助于而不是违反公约的目标,并建议发达国家通过适当降低知识产权保护的标准、放宽强制许可的条件等方式使发展中国家获得技术。另外,发达国家还建立了公共基金,对发展中国家购买环保技术进行补偿。这些经验都可以为 CDM 项目所参考。

此外,关于资金援助和技术转让,也可以设立类似《关于消耗臭氧层物质的蒙特利尔议定书》中的多边国际资金机制(Multilateral Fund for the Implementation of the Montreal Protocol)①,由国际资金机制对发展中国家购买环保技术进行补偿。《关于消耗臭氧层物质的蒙特利尔议定书》② 是目前国际环境领域最成功的成果之一。为了确保资金和技术问题的公平解决并且保障发展中国家和发达国家的利益平衡,该多边基金机制在协议中对资金和技术问题做了明确规定,使其具有法律约束力。并且在 1990 年的伦敦议定书修改中对项目发展的增量成本和新方法学开发成本都做了仔细规定,公开明确地保证了发达国家所提供的援助将会被妥善用于实现议定书的目标。

最后,关于清洁发展基金,它从 CDM 诞生之时就已存在,"然而却未有发挥实质性作用"③。在下一阶段,可以通过协议或制度安排来激活并进一步扩大清洁发展基金,"用来帮助那些无法

---

① See Bryan A. Green, Lessons from the Montreal Protocol: Guidance for the Next International Climate Change Agreement, *Environmental Law*, Vol. 39, No. 1, 2009, p. 265.

② Montreal Protocol on Substances that Deplete the Ozone Layer, September 16, 1987, UNEP, *Key Achievements of the Montreal Protocol to Date* (2007), available at http://ozone.unep.org/Publications/MP Key Achievements-E. pdf, last visited on May 23, 2010.

③ Michael Wara, Measuring the Clean Development Mechanism's Performance and Potential, *University of California at Los Angeles Law Review*, Vol. 55, No. 6, 2008, p. 1801.

完成预期CDM项目但却没有任何过错的发展中国家"①。基金的参与是自愿的，作为京都机制的补充，不需要对议定书作出任何修改，可以在京都机制外独立运行。基金可以由执行理事会来管理，对项目双方来说，既可以减轻资金压力，还可以对CDM项目实施提供第三方保证。②

五、平衡清洁发展机制市场机制与项目公平分配

市场是CDM运行的基础，CDM市场的发展前景取决于国际气候变化领域的制度建设和各国能否积极配合充分利用CDM所创造的市场机会。③

首先，为了创造更好的市场环境，必须加快建立涵盖CDM在内的统一的排放交易市场体系。"如何协调各方的利益分歧促进国际气候制度的统一发展将是国际社会共同面临的一个严峻挑战。"④在后京都时代，发达国家将要承担更多的减排任务，而全球碳市场的低需求和低价格意味着发展中国家之间为吸引CDM投资将存在更激烈的竞争，这必将导致后京都时代排放权交易更加活跃和复杂。考虑到各国和某些地区现有的排放权交易体系的相连性，建立统一的排放权交易体系，既能超越地域和行业的限制，又能吸取各

---

① Erik B. Bluemel, Unraveling the Global Warming Regime Complex: Competitive Entropy in the Regulation of the Global Public Good, *University of Pennsylvania Law Review*, Vol. 155, No. 6, 2007, p. 2046.

② See Erik B. Bluemel, Unraveling the Global Warming Regime Complex: Competitive Entropy in the Regulation of the Global Public Good, *University of Pennsylvania Law Review*, Vol. 155, No. 6, 2007, p. 2049.

③ 参见庄贵阳、陈迎：《国际气候制度与中国》，世界知识出版社2005年版，第115页。

④ Richard B. Stewart, Federalism and Climate Change: The Role of the States in a Future Federal Regime: States and Cities as Actors in Global Climate Regulation: Unitary vs. Plural Architectures, *Arizona Law Review*, Vol. 50, No. 3, 2008, p. 681.

交易体系的优点,为 CDM 创造更好的交易平台。①

其次,考虑到发展中国家的利益和参与积极性,后京都机制中的 CDM 项目市场必须更注重在地理分配上的公平。由于调查发现大约 75% 的 CDM 项目集中在低成本减排的国家,过度的集中和地理分配不公平问题引起了部分国家的不满。② 基于此,有许多建议指出应该制定某种规则确保一定比例的 CDM 市场分配给某些缺乏地理优势的特定国家和地区,特别是非洲国家。也有学者提出应该秉承公平理念,做到地域分配上的真正公平,按照公平排放指标,以发展中国家当前的人均排放量和人均减排能力作为项目投资的主要参考依据。这一制度将更好地促进附件一中最负责任的国家参与和非附件一国家中最贫穷国家的参与。与此相对的是,鉴于部分发展中国家在 CDM 市场的高额比例,有学者提出"应该以项目实施效果和市场效率作为分配的最重要因素"③。

实际上,这两种不同的项目分配模式分别代表了当前 CDM 发展中关于公平与效率的价值取向。一个成功的排放权制度必须在公平和效率之间达到合理的平衡。尽管目前 CDM 实施中出现了阻碍,但是决不能否认公平原则的重要意义。在未来国家气候合作中,为了不被市场机制下的利益竞争所吞没,公平原则应得到更多的体现,激励更多的国家参与减排合作。另一方面,更多国家的参与,意味着更大的政策选择余地和减排潜力,也使得 CDM 获得更广阔的市场,通过市场竞争减排的效率可以进一步提升。

---

① 参见韩良:《国际温室气体排放权交易法律问题研究》,中国法制出版社 2009 年版,第 251 页。

② See Ian H. Rowlands, The Kyoto Protocol's Clean Development Mechanism: A Sustainability Assessment, *Third World Quarterly*, Vol. 22, No. 5, 2001, pp. 805-806.

③ Albert Mumma and David Hodas, Designing a Global Post-Kyoto Climate Change Protocol That Advances Human Development, *Georgetown International Environmental Law Review*, Vol. 20, No. 4, 2008, p. 619.

六、从整体上提高发展中国家的清洁发展机制能力建设

提高发展中国家参与 CDM 的能力建设主要是从东道国政府和国内企业两个方面来要求的。一般来说，它主要包括制定法规和制度框架，强化专业技能培训、建立示范项目和加强信息宣传等。

（一）发展中国家政府能力建设

发展中国家作为 CDM 项目的东道国，对项目的支持主要是通过制定宽松有利的项目发展环境和激励性政策来实现的。

首先，改变发展中国家的法律结构。由于发展中国家在国际气候治理中常常处于被动地位，现存的法律制度过于模糊，含有太多的不确定性。为此，发展中国家必须根据本国的真实排放状况，确立在第二承诺期内本国的减排目标，并赋予其法律约束力。这样即明确了减排目标，又减少了法律上的不确定性，为 CDM 投资方提供了参考依据。①

其次，整合可持续发展目标。当前的 CDM 制度在有效性上的缺乏，使得在 CDM 的实施过程中如何做到促进经济发展和实现可持续发展的整合协调，成为未来改革的方向。CDM 就其本身而言，有着明确的可持续发展目的，但由于额外性的要求，项目必须以减少温室气体排放为主要前提，而不是环境协调发展的愿望。"对于发展中国家而言，经济与社会的共同进步、减小与发达国家间的经济差距才是参与 CDM 的首要目的。"② 为了减少这种不利因素，发展中国家必须将应对气候变化的全球合作纳入国家发展的总体规划，将参与减排作为经济发展的刺激政策。采取开放的招

---

① More details about Mechanics of an Action Target, see Kevin A. Baumert, Participation of Developing Countries in the International Climate Change Regime: Lessons for the Future, *George Washington International Law Review*, Vol. 38, No. 2, 2006, p. 397.

② Kevin A. Baumert, Participation of Developing Countries in the International Climate Change Regime: Lessons for the Future, *George Washington International Law Review*, Vol. 38, No. 2, 2006, p. 399.

商引资方式，将资金和技术等各种资源通过市场机制吸纳到CDM中去。

再次，对参与CDM项目的投资者和国内企业给予政策上的倾斜。例如，允许CDM项目按照现行政策，享受节能环保项目补贴和税费优惠政策；或者允许CDM项目享受新技术开发等招商引资方面的优惠政策；大力扶持参与CDM项目的国内企业发展，将其作为实现可持续发展的重点培育对象；以及对从事CDM中介服务的机构以类似优惠待遇等。

最后，为了争取有利的项目交易条件，东道国政府必须积极参与国际社会有关气候变化的谈判和行动，掌握国际碳交易市场的动态，积极降低CERs市场价格的变动对项目产生的影响，保持国内政策的一致性和稳定性。同时，通过政府或行业组织参与的形式，严格履行CDM项目标准，保证CERs的供应质量。

（二）增强企业自身竞争力

企业作为CDM项目的直接实践者，在项目运行中承担着重要的责任。"具体来说，企业在建立CDM项目之前，应当先解决一些重要的问题，如有关CDM项目的优先领域、技术转让与可持续发展、CDM参与资格等。同时，参与企业还应与国内CDM项目管理机构以及有关专家进行磋商，尽可能在政府鼓励的领域里开展项目，以保证所选项目能够得到足够的支持，降低国内审批的风险。此外，企业应在CDM项目优先领域中，选择具有明显减排额外性的基准线方法学，并与国内外有关经验相结合，对与该类项目相关的CDM项目基准线方法学进行全面的分析，吸取经验教训，再结合企业的具体情况，来确定该项目的基准线及监测计划，以提高CDM项目的效率。"[1]

"极为不公平的是，在实践中企业直接承担了所有的项目风险，包括非预期或无法控制的风险，如技术不确定性或参与者的不

---

[1] 康文华：《CDM对中国可持续发展的影响分析》，湖南大学2008年硕士学位论文，第42页。

合作等。"① 对此,应当充分发挥中介组织的影响力,推动政府积极配合项目的实施。部分中介组织由于其长期积累的项目参与实践能力,能为项目实施提供指导和监督检测的功能,其中较为典型的是世界银行在 CDM 运行中发挥的重要指引作用。②

---

① Haripriya Gundimeda and Yan Guo, Undertaking Emission Reduction Projects: Prototype Carbon Fund and Clean Development Mechanism, *Economic and Political Weekly*, Vol. 38, No. 41, October 11, 2003, p. 4333.

② See Haripriya Gundimeda and Yan Guo, Undertaking Emission Reduction Projects: Prototype Carbon Fund and Clean Development Mechanism, *Economic and Political Weekly*, Vol. 38, No. 41, October 11, 2003, p. 4336.

# 第七章 中国清洁发展机制法律制度及其完善

第一节 中国当前的清洁发展机制制度框架

一、中国参与清洁发展机制项目的指导战略

作为一个人口众多、经济发展水平较低、能源结构以煤为主、应对气候变化能力相对较弱的发展中国家，随着城镇化、工业化进程的不断加快以及居民用能水平的不断提高，中国在应对气候变化问题上面临严峻的挑战。

（一）中国面临的气候变化问题

总的来说，中国的气候变化趋势与全球的总趋势基本一致。①

1. 中国气候变化问题的现状。② 根据中国政府 2007 年发布的《中国应对气候变化国家方案》，有关中国气候变化的主要观测事实包括：一是近百年来，中国年平均气温升高了 0.5℃~0.8℃，略高于同期全球增温平均值，近 50 年变暖尤其明显。从地域分布看，西北、华北和东北地区气候变暖明显，长江以南地区变暖趋势不显著；从季节分布看，冬季增温最明显。二是近百年来，中国年均降水量变化趋势不显著，但区域降水变化波动较大。从地域分布

---

① 参见 2007 年《中国应对气候变化国家方案》第一部分第一句。
② 文中有关中国气候变化的主要观测事实与趋势均来自于 2007 年《中国应对气候变化国家方案》第一部分"中国气候变化的现状和应对气候变化的努力"。

看,华北大部分地区、西北东部和东北地区降水量明显减少,平均每10年减少20~40毫米,其中华北地区最为明显;华南与西南地区降水明显增加,平均每10年增加20~60毫米。三是近50年来,中国主要极端天气与气候事件的频率和强度出现了明显变化。华北和东北地区干旱趋重,长江中下游地区和东南地区洪涝加重。四是近50年来,中国沿海海平面年平均上升速率为2.5毫米,略高于全球平均水平。五是中国山地冰川快速退缩,并有加速趋势。

2. 未来的气候变化趋势。中国未来的气候变暖趋势将进一步加剧。中国科学家的预测结果表明:一是与2000年相比,2020年中国年平均气温将升高1.3℃~2.1℃,2050年将升高2.3℃~3.3℃。全国温度升高的幅度由南向北递增,西北和东北地区温度上升明显。预测到2030年,西北地区气温可能上升1.9℃~2.3℃,西南可能上升1.6℃~2.0℃,青藏高原可能上升2.2℃~2.6℃。二是未来50年中国年平均降水量将呈增加趋势,预计到2020年,全国年平均降水量将增加2%~3%,到2050年可能增加5%~7%。其中东南沿海增幅最大。三是未来100年中国境内的极端天气与气候事件发生的频率可能性增大,将对经济社会发展和人们的生活产生很大影响。四是中国干旱区范围可能扩大、荒漠化可能性加重。五是中国沿海海平面仍将继续上升。六是青藏高原和天山冰川将加速退缩,一些小型冰川将消失。

3. 中国在应对气候变化领域面临的挑战。① 一方面,目前中国人口众多,气候条件复杂,生态环境脆弱,对于气候变化的适应性能力较差。另一方面,中国作为发展中国家,工业化、城市化、现代化进程远未实现,为进一步实现发展目标,未来能源需求将合理增长,这也是所有发展中国家实现发展的基本条件。同时,中国以煤为主的能源结构在未来相当长的时期内难以根本改变,中国已经成为世界第二大温室气体排放国。这些基本国情决定了中国政府

---

① 参见2007年《中国应对气候变化国家方案》第二部分"气候变化对中国的影响与挑战",或者参见2008年10月《中国应对气候变化的政策与行动》第一部分"气候变化与中国国情"。

控制温室气体排放的难度很大，任务十分艰巨。

(二) 中国应对气候变化的指导思想与原则①

1. 中国应对气候变化的指导思想：全面贯彻落实科学发展观，推动构建社会主义和谐社会，坚持节约资源和保护环境的基本国策，以控制温室气体排放、增强可持续发展能力为目标，以保障经济发展为核心，以节约能源、优化能源结构、加强生态保护和建设为重点，以科学技术进步为支撑，不断提高应对气候变化的能力，为保护全球气候作出新的贡献。在此思想的指导下，中国应对气候变化的总体目标是控制温室气体排放取得明显成效，适应气候变化的能力不断增强，气候变化相关的科技与研究水平取得新的进展，公众的气候变化意识得到较大提高，气候变化领域的机构和体制建设得到进一步加强。

在国际层面，中国所承担的义务限于制定气候变化政策和措施应对气候变化问题、国家信息通报、加强气候变化问题的宣传教育等，并不承担国际法上的强制性减排义务。中国承担上述国际义务的基础是"共同但有区别的责任原则"。对于其他国家所提出的与这一原则相悖的义务中国一概坚决予以抵制，不承担公约和议定书规定之外的任何新的义务。

2. 中国应对气候变化所坚持的原则。在应对全球气候变化问题上，中国坚持以下六项基本原则：第一，在可持续发展框架下应对气候变化的原则。这既是国际社会达成的重要共识，也是各缔约方应对气候变化的基本选择。第二，遵循公约规定的共同但有区别的责任原则。根据这一原则，发展经济、消除贫困是中国当前的首要任务。第三，减缓与适应并重的原则。中国将继续强化能源节约和结构优化的政策导向，并结合生态保护重点工程以及防灾、减灾等基础建设，切实提高适应气候变化的能力。第四，将应对气候变化的政策与其他相关政策有机结合，继续把节约能源、优化能源结构、加强生态保护和建设、促进农业综合生产能力的提高等政策措

---

① 参见2007年《中国应对气候变化国家方案》第三部分"中国应对气候变化的指导思想、原则与目标"。

施作为应对气候变化政策的重要组成部分，并将减缓和适应气候变化的政策措施纳入到国民经济和社会发展规划中统筹考虑、协调推进。第五，依靠科技进步和科技创新，大力发展新能源、可再生能源技术和节能新技术，促进碳吸收技术和各种适应性技术的发展，加快科技创新和技术引进步伐，为应对气候变化、增强可持续发展能力提供强有力的科技支撑。第六，积极参与、广泛合作，进一步加强气候变化领域的国际合作，积极推进在CDM、技术转让等方面的合作，与国际社会一道共同应对气候变化带来的挑战。

（三）中国应对气候变化的政策和机制

中国应对气候变化的政策主要是通过国家公布的一系列报告予以体现的，主要有：2004年《气候变化初始国家信息通报》①、2006年《气候变化国家评估报告》、2007年公布的《中国应对气候变化国家方案》、2008年10月发布的《中国应对气候变化的政策与行动》以及2009年11月发布的《中国应对气候变化的政策与行动年度报告》。

关于应对气候变化的体制机制建设上，中国政府于1990年成立了应对气候变化相关机构，1998年建立了国家气候变化对策协调小组。同时，中国是最早签署《联合国气候变化框架公约》的国家之一，并于2002年宣布加入在该公约原则下所制定的《京都议定书》。2005年10月12日国家发展和改革委员会、科学技术部、外交部和财政部颁布实施《CDM项目运行管理办法》来具体实施CDM项目，促进了CDM项目在中国健康有序的发展。为进一步加强对应对气候变化工作的领导，2007年成立国家应对气候变化领导小组，负责制定国家应对气候变化的重大战略、方针和对策，协调解决应对气候变化工作中的重大问题。同年，中国政府颁布了第一部应对气候变化的政策性文件《中国应对气候变化国家方案》，明确了到2010年中国应对气候变化的具体目标、基本原

---

① 2008年12月23日，中国准备第二次国家信息通报能力建设项目启动会在京召开，目前项目尚未完结。

则、重点领域及其政策措施。2008年在机构改革中，进一步加强了对应对气候变化工作的领导，具体工作由国家发展和改革委员会承担，领导小组办公室设在国家发展和改革委员会，并在国家发展和改革委员会成立专门机构，专门负责全国应对气候变化工作的组织协调。2009年国务院新闻办公室最新发表《中国应对气候变化的政策与行动》白皮书，再次阐明了中国政府在气候变化问题上的措施和立场。白皮书指出，中国重视CDM在促进本国可持续发展中的积极作用，愿意通过参与CDM项目合作为国际温室气体减排作出贡献。

（四）中国正致力于在后京都机制谈判中发挥积极作用

1. 双边合作。在认真履行公约的同时，中国积极加强同世界各国的交流与合作，为保护全球气候作出更大的贡献。截至目前，中国已与97个国家或地区签订了103项科技合作协议，其中气候变化是双边合作的优先和重点领域。在双边领域，中国与美国的合作成果主要有《中美清洁能源联合研究中心合作议定书》、《中美能源和环境合作十年框架》、《中美加强气候变化及能源和环境合作谅解备忘录》及《中美能源与气候变化合作路线图》等；中国同欧盟、英国和澳大利亚之间分别发表了《中欧气候变化联合声明》、《中英气候变化联合声明》和《中澳气候变化联合声明》，并设立了中欧、中英和中澳气候变化工作组；中国与加拿大签署了《中加气候变化谅解备忘录》，设立了中加气候变化工作组；中国与日本发表了《中日气候变化联合声明》，建立了中日气候变化双边磋商机制；中国与法国签署了气候变化联合声明，但尚未建立双边磋商机制；中国与印度、巴西分别建立了双边磋商机制；中国、印度、巴西和南非四国也维持着非正式磋商机制。

2. 区域合作。近年来，中国参与了"经济大国气候变化会议"、"亚太清洁发展与气候伙伴计划①"、"甲烷市场化伙伴计划"、

---

① The Asia-Pacific Partnership on Clean Development and Climate, http://www.pm.gov.au/news/media_releases/media_Release1482.html, last visited on February 06, 2010.

"碳收集领导人论坛"等美方主导的多边动议展开交流与对话，表现出携手共同应对气候变化的良好意愿。

3. 多边合作。中国本着"互利共赢、务实有效"的原则积极参加和推动应对气候变化的国际合作，努力促进公约和议定书的全面、有效实施，积极而建设性地参加了公约和议定书框架下的谈判。

在"巴厘岛路线图"中，中国与其他发展中国家一道，承诺担当应对气候变化的相应责任。在波兹南会议中，中国代表团提出，气候谈判可以采取先易后难的策略，各方争取先在技术转让、资金和适应等问题上达成一致，再谈中期目标，继而长期目标。这一建议不仅得到发展中国家的普遍拥护，发展中国家代表也表示，中国在行动和发挥带头作用两方面都作出了重要贡献。

2009年5月20日中国政府公布了《落实巴厘路线图——中国政府关于哥本哈根气候变化会议的立场》，提出了中国关于哥本哈根气候变化会议的原则与目标，就进一步加强公约的全面、有效和持续实施，以及关于发达国家在第二承诺期进一步量化减排指标等方面阐明了立场，努力推动哥本哈根会议取得成功。在2009年12月哥本哈根谈判进程中，中国自始至终采取积极和建设性的态度，努力通过各种双边和多边平台展开外交努力，积极推动哥本哈根会议取得积极成果。这主要表现在以下三个方面：

（1）提出中国减缓行动目标，展现中国的诚意。在2009年9月的联合国气候大会上，胡锦涛主席提出了单位GDP碳排放强度显著下降、提高可再生能源和增加森林碳汇等政策措施①。哥本哈根会议开幕前两周，中国提出了2020年在2005年基础上单位GDP碳排放强度下降40%~45%的减缓行动目标。这不仅积极回应了

---

① 它包括四个方面：一是加强节能、提高能效，争取到2020年单位GDP的CO_2排放比2005年有显著的下降；二是大力发展可再生能源和核能，争取2020年非化石能源占一次能源消费的比重达到15%左右；三是大力增加森林碳汇，争取到2020年森林面积比2005年增加4000万公顷，森林蓄积量比2005年增加13亿立方米；四是大力发展绿色经济，积极发展低碳经济和循环经济，研发和推广气候友好技术。

国际社会的期待,而且中国目标没有附加条件,不与其他国家减排目标挂钩,主要依靠国内资源完成,展现了中国努力减排的诚意,对推动哥本哈根谈判发挥了积极作用。

(2) 联合发展中国家,协同维护发展中国家利益。中国在哥本哈根谈判进程中,积极与主要发展中大国协调立场。会前中国、印度、巴西、南非就谈判主要问题形成了共同立场。会议期间,在部分发达国家拿出丹麦文本而使会议可能误入歧途的关键时刻,中国协同发展中国家缔约方,坚持公约和议定书规定的共同但有区别责任原则以及双轨制,有效维护了发展中国家的利益。作为快速工业化、城市化进程中的发展中大国,中国在资金问题上明确表示小岛屿国家、最不发达国家和非洲国家应优先获得资金支持,有效维护了发展中国家阵营的团结。

(3) 为促进国际合作积极斡旋,政策更具有灵活性。在哥本哈根会议谈判最后时刻,温家宝总理发表讲话阐述中国的立场,尤其是中国以"言必信,行必果"的坚定决心认真完成甚至超过减排目标的态度,得到国际社会的普遍赞誉。为了哥本哈根会议能达成某种政治协议不至于无果而终,中国也展现了政策上的灵活性,与其他发展中大国和美国一起,积极沟通和斡旋,最终促成了《哥本哈根协议》的产生。尽管这一框架性的政治协议远不足以解决全球气候变化问题,但达成协议本身就意味着巩固成果,继续前进,中国对此应该说功不可没。

二、中国的清洁发展机制法律制度框架

(一) 我国对清洁发展机制所采取的态度和措施

由于中国国内排污权交易只是处于试验和起步阶段,缺乏市场化运作的积累,而国际上 CDM 也是处于摸索阶段,没有成熟的经验可供借鉴,再加上中国本身对应用市场化的模式解决环境污染问题还相当陌生,导致中国政府对 CDM 的态度还是把 CDM 控制在项目水平,而非开放自由的贸易市场;CDM 只是作为国内排放削减的补充方式,而不是我国履行条约义务的主要依靠。"在大规模发展 CDM 时，中国还需要对这种灵活的市场机制进行清晰的界定。"①

针对 CDM 项目，中国的法律框架和相关文件，除了已经批准的《联合国气候变化框架公约》、《京都议定书》等国际条约外，还包括有《CDM 项目运行管理办法》、《中华人民共和国可再生能源法》、《中华人民共和国清洁生产促进法》、《CDM 项目申请相关文件》、《中华人民共和国节约能源法》、《关于规范中国 CDM 项目咨询服务及评估工作的重要公告》、《可再生能源产业发展指导目录》等。其中最主要、最直接的是《CDM 项目运行管理办法》，它详细规定了项目申报许可主管机构和相关程序。

（二）《清洁发展机制项目运行管理办法》

根据公约和议定书的规定以及缔约方会议的有关决定，为促进 CDM 项目活动的有效开展，保证项目活动的有序进行，国家发改委、科技部、外交部和财政部于 2005 年 10 月 12 日联合制定了《CDM 项目运行管理办法》，以确定对中国 CDM 管理机构及职责和项目运行程序，并以此作为国内 CDM 项目的法律依据。

《CDM 项目运行管理办法》第 1 条明确规定了 CDM 项目实施的行政许可事项。根据公约和议定书以及缔约方会议的有关规定，中国政府为促进 CDM 项目活动的有效开展，维护中国的权益，保证 CDM 项目活动的有序进行，特为 CDM 项目实施设立行政许可事项。该管理办法的第 3 条规定，在中国开展 CDM 项目合作要经过国务院有关部门的批准。

根据该管理办法规定，中国 CDM 项目报请审批的核心条件主要有：

1. CDM 项目遵守中国的法律法规、可持续发展战略以及国家、经济、社会发展规划的整体要求；

2. CDM 项目活动的执行必须符合公约和议定书的要求和缔约方大会的相关会议决定；

---

① Peter D Carneron and Donald Zilman ed., *Kyoto: From Principles to Practice*, Kluwer Law International, 2002, p. 283.

3. CDM 项目的实施不允许增加中国的任何其他义务；

4. CDM 项目应该有利于并促进中国从国外引进环境友好型的技术和设备；

5. 只有内资企业（包括中资企业或中方控股的中外合资企业）才有权参与 CDM 项目。①

（三）中国的清洁发展机制管理体制

中国的 CDM 管理体制主要依靠于以下相关机构的运作：

项目主管机构：根据《CDM 项目运行管理办法》第 16 条规定，国家发展和改革委员会是中国政府开展 CDM 项目活动的主管机构。

项目执行机构：根据《CDM 项目运行管理办法》第 14 条规定，国家气候变化对策协调小组为 CDM 重大政策的审议和协调机构。同时还设立了国家气候变化对策协调小组办公室，并会同科学技术部和外交部批准 CDM 项目。项目审核机构：根据《CDM 项目运行管理办法》第 13 条规定，国家气候变化对策协调小组下设立国家 CDM 项目审核理事会。② 中国 CDM 项目审核理事会的宗旨在于审查和改进 CDM 政策，提高 CDM 的实施能力以及促进项目合作。其中首要的工作在于审查和改进 CDM 政策，使 CDM 政策清晰和可操作。其次，理事会还必须加强提高全国实施 CDM 能力，特别是提高地方和行业实施 CDM 的能力，并指导建立地方 CDM 专家组，帮助地方企业实施 CDM 项目，以及帮助开展地方培训活动。此外，建立技术支持网络、编制 CDM 实施手册、提高公众意识等，都是提高实施 CDM 项目能力的具体内容。在促进项目合作方面，审核理事会通过促进实施 CDM 项目，起到示范性作用。同时利用各种政府外交优势，推进各种形式的中外机构合作，如研讨会、对话会、博览会等，使中外合作伙伴能够直接接触和对话，方便进行合作。当前国家 CDM 项目审核理事会的工作目标为：逐步建立起为与外方开展 CDM 合作的优良环境，包括清晰的政策、透明和高

---

① 详见后文关于管理办法第 17 条规定的项目实施机构的论述。
② 2005 年《CDM 项目运行管理办法》第 15 条。

效的管理，以及出色的技术服务。

项目实施机构。根据《CDM项目运行管理办法》第17条，项目实施机构必须是在中国境内实施CDM项目的中资和中资控股企业。①

(四) 清洁发展机制项目运行程序

1. 项目申请及审批程序。根据《CDM项目运行管理办法》第18条规定，"CDM项目申请及审批遵照以下程序：首先由在中国境内申请实施CDM项目的中资和中资控股企业以及国外合作方应当向国家发展和改革委员会提出申请，有关部门和地方政府可以组织企业提出申请，并提交规定的项目文件。然后由国家发展和改革委员会委托有关机构，对申请项目组织专家评审，时间不超过三十日"②。接下来，国家发改委将专家审评合格的项目提交项目审核理事会审核。对项目审核理事会审核通过的项目，由国家发改委会同科学技术部和外交部办理批准手续。从项目受理之日起，国家发改委在20日之内（不含专家评审的时间）作出是否予以批准的决定。20日内不能作出决定的，经本行政机关负责人批准，可以延长10日，并将延长期限的理由告知申请人。最后由实施机构邀请经营实体对项目设计文件进行独立评估，并将评估合格的项目报CDM执行理事会登记注册。而实施机构在接到CDM执行理事会批准通知后，应在10日内向国家发改委报告执行理事会的批准状况。③

2. 项目实施、监督和核查程序。"根据《CDM项目运行管理办法》第20条规定，项目实施机构按照有关规定负责向国家发展和改革委员会和经营实体提交项目实施和监测报告。"④ 与此同时，为保证CDM项目实施的质量，国家发改委有权对CDM项目的实施进行监督；并有权要求经营实体对CDM项目产生的减排量进行核

---

① 2005年《CDM项目运行管理办法》第17条。
② 2005年《CDM项目运行管理办法》第18条。
③ 2005年《CDM项目运行管理办法》第18条。
④ 2005年《CDM项目运行管理办法》第20条。

实和证明，将核证的温室气体减排量及其他有关情况向 CDM 执行理事会报告；经其批准签发后，由 CDM 执行理事会进行核证的温室气体减排量的登记和转让，并通知参加 CDM 项目合作的参与方。国家发改委或受其委托机构将经 CDM 执行理事会登记注册的 CDM 项目产生的核证的温室气体减排量登记。

第二节　中国的清洁发展机制项目现状及其存在的问题

中国政府早在 2002 年就已经核准了《京都议定书》，是议定书中不承担减排义务的缔约国之一（非附件一国家）。随着 2005 年 2 月 16 日《京都议定书》的正式生效，我国的 CDM 项目开始蓬勃发展。CDM 项目作为双赢的机制，为中国走可持续发展之路提供了良好的契机，特别是为我国的能源、化工、建筑、制造、交通、废物处置、林业和再造林及农业等领域带来了广阔的发展前景。

一、中国清洁发展机制项目发展现状

（一）中国清洁发展机制项目前期发展迅猛

自 2004 年 11 月起，我国政府按有关规定正式受理 CDM 项目，注册项目数和减排量始终保持高速发展态势，执行理事会批准我国 CDM 项目及 CERs 的签发情况也在稳步增长。从国内注册情况来看，截至 2009 年 10 月 1 日，我国 CDM 项目国家主管机构共批准 2174 个 CDM 项目，预计年减排量 4.2 亿吨。据中国 CDM 官方网站最新公布的资料表明，截至 2010 年 10 月 12 日，我国已批准了 CDM 项目 2732 个。

从国际注册情况来看，根据 CDM 官方网站公布的数据，我国 CDM 项目数量在世界上位居第一，其产生的 CERs 也位居世界第一，占据了全球市场的一半份额。从 2005 年 6 月 26 日，我国第一个 CDM 项目在执行理事会注册成功，至 2010 年 9 月 8 日，在执行理事会注册成功的全球 2363 个 CDM 项目中，中国就有 938 个，占

39.7%。

在减排量方面，2008年度中国CDM项目获得联合国CDM执行理事会签发的核证减排量为7420万吨二氧化碳当量，占当年全球签发总量的53.8%。至2008年12月31日，中国CDM项目获得签发的累计核证减排量为9999万吨二氧化碳当量，占全球累计签发总量的41.6%。发展到2009年9月，中国在联合国注册的CDM合作项目已达到632个，这些项目预期的年减排量为1.88亿吨二氧化碳。其中已经获得签发的减排量达1.5亿吨二氧化碳。截至2010年1月19日的这730个项目每年平均可减少二氧化碳排放量2亿吨，约占全球注册项目的58%以上，预计到2012年可以累计减排20亿吨。①

从发展趋势看，自2005年正式开展CDM项目起，我国CDM市场发展异军突起，并保持高速发展态势。随着我国前期批准CDM项目的逐步深入实施，执行理事会批准我国CDM项目及CERs的签发情况在逐年快速增加，并将进一步持续。

在资金援助方面，中国CDM基金的支持方向（但不限于）包括：可再生能源的开发和利用；节能和提高能效，包括工业、交通运输和建筑用能等方面；甲烷的回收利用；有机废弃物的回收利用；造林和再造林；其他温室气体减排技术。② 其中，CDM基金扶持的优先领域主要包括：加强基础环境建设、加强能力建设；减缓气候，促进能效提高和节能、促进可再生能源的开发和利用、促进其他具有显著的应对气候变化效益的活动；适应气候变化，促进对气候变化的适应基金投资运作业务的金融活动领

---

① See http://news.xinhuanet.com/environment/2009-11/19/content_12493213.htm, last visited on February 2, 2010.

② 关于支持扶持领域，可参见 http://www.cdmfund.org/list_detail.asp?ID_ID=IDID070425154212869543, last visited on February 6, 2010.

域等。①

在项目范围上,我国已经批准的 CDM 项目主要有:可再生能源类的项目,如风电、水电、生物质能发电;甲烷的回收利用,如垃圾填埋甲烷回收利用、煤层气回收利用、沼气回收利用等;废热、余热、余压回收利用,如水泥废热回收发电、冶炼过程的余热余压回收发电等;三氟甲烷项目、氮氧化物类项目等。政府尤其鼓励发展可再生能源、提高能源效率、甲烷回收利用方面的项目。

综合分析,CDM 项目前期在中国快速发展主要基于以下四大原因:

第一,中国作为发展中国家,在 2012 年以前不需要承担减排义务,在我国境内所有减少的温室气体排放量,都可以按照《京都议定书》中的 CDM 机制转变成有价商品,向发达国家出售。我国"十一五"规划明确提出,到 2010 年单位 GDP 能源消耗比 2005 年降低 20%,主要污染物排放总量要减少 10%。在努力实现这一目标的过程中,通过大力推广节能减排技术,努力提高资源使用效率,必将有大批项目可被开发为 CDM 项目。联合国开发计划署的统计显示,目前中国提供的 CO_2 减排量已占到全球市场的 1/3 左右,预计到 2012 年,中国将占联合国发放全部排放指标的 41%。

第二,对于发达国家而言,能源结构的调整,高耗能产业的技术改造和设备更新都需要高昂的成本,温室气体的减排成本在 100 美元/吨碳以上。而如果在中国进行 CDM 活动,减排成本可降至 20 美元/吨碳。这种巨大的减排成本差异,促使发达国家的企业积极进入我国寻找合作项目。

第三,项目发展组织化、规模化。国家科技部一直非常重视气候变化工作尤其是 CDM 工作,多年来在全国 28 个省区支持建立了

---

① 关于支持扶持领域,可参见 http://www.cdmfund.org/list_detail.asp? ID_ID = IDID070425154212869543, last visited on Februart 6, 2010.

省级CDM技术服务中心,这为我国CDM领域培养了一支重要的生力军,极大地促进了CDM理念和项目合作活动在国内的迅速开展。在CDM中心指导协助下,我国各省市CDM项目发展取得显著成果,其中以云南为代表,截至2009年10月4日,共有258个项目获批,四川紧随其后,有220个项目获得批准。我国31省市中,除西藏仍然无CDM项目外,其余省市均已开展了CDM项目的建设。①

第四,中国政府作为东道国管理机构提供了极为有利的项目开展环境。"我国在'十一五'规划中对实现可持续发展的要求,对节能减排工作的重视,以及出台的相关政策措施对CDM项目在国内的实施都起着积极的推动作用。"②除了在上节中谈到过的CDM相关管理机构以外,为了进一步开展项目并充分利用中国CDM项目合作产生的收益,经国务院批准,特设立了中国CDM基金。根据《CDM项目运行管理办法》规定,国家针对不同类型的项目,按照不同的比例提取其减排量的转让收益,并设立专门基金——中国CDM基金。中国CDM基金及其管理中心自2007年11月9日正式成立并运行以来,一直致力于建章立制工作,负责资金的收取、筹集、管理和使用;同时,还积极与国内外相关机构建立广泛联系,开拓基金业务,制定日常工作规划。③

(二)当前清洁发展机制项目在中国进入减速缓行期

自2007年我国批准项目达到巅峰期后,由于后京都谈判情形的不明朗及全球爆发金融危机等原因,我国新开发CDM项目速度略有减缓。中国登记注册的CDM项目的数量在逐年递减,且被驳

---

① 参见张璐、刘伟:《CDM在中国的实施》,载《时代经贸》2009年12月(上旬刊),第31页。

② 高海然:《我国CDM项目实施现状和政策建议》,载《中国能源》2008年第6期,第34页。

③ See http://www.cdmfund.org/jjAbout.Asp?ID_ID=about_jjzz, last visited on February 4, 2010.

第七章 中国清洁发展机制法律制度及其完善

回和撤销的 CDM 项目也开始增多。①

哥本哈根会议以来，CDM 被越来越多的人所关注，国内市场热度也越来越高。但与市场火热相对的是，中国 CDM 项目在 CDM 执行理事会注册数量减少，成功率下降。据中国 CDM 官方网站公布的项目注册信息，2010 年 3 月，中国在 EB 注册项目 37 个，较去年同比下降 32%；2010 年 4 月，中国在 EB 注册项目 19 个，较去年同比下降 45%，中国 CDM 注册数量和成功率均大幅下滑。

在现有中国已经注册的 CDM 项目中，项目领域和规模分布尚待调整。目前，中国的 CDM 项目最多的是可再生能源方面的项目，提高能源效率方面的项目偏少。② 在能效提高类、可再生能源和甲烷利用类、节能类这些优先领域项目数占总量的 90%，其他非优先领域仅占 10%。但中国已注册的 CERs 主要来源于 HFC—23 分解和 N_2O 分解两种非优先领域项目，两者占据 CERs 总量的 75%，而优先领域项目仅占总量的 25%。根据国际数据计算，中国的新能源和可再生能源，甲烷气回收利用，节能和能效提高 CDM 项目占同期世界 CDM 项目总量的 15.75%。中国的非优先领域项目所产生的 CERs 数量庞大，占据了世界总量的 36.56%，仅 HFC—23 分解项目一类，在全世界 16 个项目中，中国就占据 9 个，所产生的 CERs 量占据了世界 CERs 总量的 28.1%。可见，中国的非优先领域的 CERs，而非优先领域的 CERs，在世界市场上占据了更举足轻重的地位。虽然非优先领域项目虽然经济效益显著，但社会和环境方面的效益甚微。因此，从某种角度而言，这种发展模式相对忽视了那些对促进我国可持续发展意义更大的 CDM 项目的发展。③

---

① 参见唐茵：《CDM 市场发展过快遭遇瓶颈》，载《中国化工报》2007 年 12 月 10 日，第 5 版。

② 参见田春秀、李丽平：《CDM 项目中的技术转让：问题与政策建议》，载周冯琦、胡秀莲、[美] 理查德·汉利主编：《应对能源安全与全球变暖的挑战》，学林出版社 2009 年版，第 166 页。

③ 参见方虹、罗炜、刘春平：《中国碳排放权交易市场建设的现状、问题及趋势》，载《中国科技投资》2010 年第 8 期，第 43 页。

相比之下，印度、墨西哥、巴西这些主要的 CDM 东道国比较重视社会和环境效益。印度的大部分 CDM 对当地生活环境和生活条件的改善带来了积极影响，墨西哥的 CDM 项目主要集中在甲烷回收和动物废弃物管理，巴西的 CDM 项目集中在水电、垃圾填埋气、甘蔗渣利用、生物质能发电、动物废弃物管理这些促进可持续发展的项目。

通过分析发现，在中国 CDM 项目市场上，优先领域在项目数量上占据优势，非优先领域项目在 CERs 数量上占据优势。优先领域项目社会和环境效益显著，而非优先领域项目经济利益显著。因此，基于我国目前的经济发展阶段，我们应当更加积极地寻求能够兼顾经济利益、社会利益、环境利益的 CDM 项目。

二、中国清洁发展机制项目建设取得的成就

（一）中国参与清洁发展机制项目合作对全球的积极影响

2005 年 1 月 18 日，我国政府批准的第一个 CDM 项目"北京安定填埋场填埋气收集利用项目"试验成功。预计该项目将在 10 年内减少排放近 80 万吨二氧化碳，减排的指标将出售给国际能源系统（荷兰）公司。在项目实施 10 年后，即在 2014 年，该填埋场排放的甲烷将减少到每年 1551 吨，从而减排 68% 的甲烷排放量。①

根据相关数据模型计算显示，议定书第一承诺期内中国 CDM 的市场规模（CO_2 当量）为 2.2 亿吨，占 CDM 市场总量的 40%。如果只有联合履行和排放贸易机制而没有 CDM，附件一国家的总履约成本将比目前高 67%。中国 CDM 市场使得附件一国家在第一承诺期的履约成本降低了 23%。②

---

① 国家气候变化对策协调小组办公室，《我国首个 CDM 项目北京安定填埋场试车成功》，http://cdm.ccchina.gov.cn/web/NewsInfo.asp? NewsId = 238, last visited on February 5, 2010.

② 关于计算方式、过程和数据结果参见王灿、傅平、陈吉宁：《CDM 对温室气体减排的贡献》，载《清华大学学报（自然科学版）》2008 年第 3 期，第 362 页。

(二)中国参与清洁发展机制项目合作有力地促进了本国经济发展①

1. CDM 促进了中国可持续发展道路。CDM 项目以共同但有区别责任原则为基础,符合中国温室气体排放国情,更主要的是,与中国可持续发展目标具有实质统一性。可持续发展目标是 CDM 项目在可持续发展理论基础上的直接体现,可为中国开展 CDM 项目提供最基本依据。中国正处于努力改革和可持续性发展的关键时期,CDM 有利于解决部分严重的瓶颈问题,比如电力紧缺等。节能减排是 CDM 机制对中国的最大意义,也是国家经济政策支持 CDM 项目市场化的原因。为了保障 CDM 项目的积极开展,以帮助促进中国可持续发展,中国政府制定了一系列相应的政策、规章,规定了 CDM 项目开发的优先领域,大力促进节能减排。总体而言,中国的 CDM 项目对可持续发展影响度与国家规定的 CDM 项目重点领域基本一致。②

2. 实施 CDM 还能引起环境改善效应。"CDM 的初衷本来就是减少温室气体排放,从总体上看,通过在中国实施 CDM,应该能逐步改善中国的环境质量。CDM 的环境效应具体表现在以下方面:一是通过工艺改造和新技术的使用,减少传统工业企业的温室气体排放;二是通过发展清洁能源以逐步替代传统能源的使用和消耗,从而间接实现减排;三是强化我国政府的环境规制,淘汰落后工艺和高排放产能,从而降低单位产出的能耗和排污;四是提升 CDM 参与企业的社会形象和'绿色竞争力';五是增强全社会的环保意

---

① 也有学者从不同角度将中国实施 CDM 的正面效果归类为微观和宏观两个层面。微观层面包括企业可以获得融资新渠道以及正常商业途径所无法获得的先进技术;宏观层面包括增加外国投资、调整中国能源结构、增加就业、促进 GDP 增长、增加出口创汇以及增强国民环保意识。详见方虹、罗炜、刘春平:《中国碳排放权交易市场建设的现状、问题及趋势》,载《中国科技投资》2010 年第 8 期,第 43 页。

② See http://www.hqcx.net/news/content.jsp?id=1221584, last visited on March 16, 2010.

识，逐步完善提升环境质量的社会条件。"①

3. CDM 带动了中国能源结构优化效应。"CDM 机制的实施，要么通过对传统产业的工艺优化和改造而直接降低化石能源消耗，从而减少排放；要么通过开发和使用更多新能源以替代传统能源从而实现间接减排。不管哪种情形，CDM 机制的利用都将改善我国的能源结构，有助于推进低碳、清洁的经济发展，并通过新能源的发展带动相关产业的迅速成长。"②

4. 在吸引外资方面，通过开展 CDM 项目并在国际碳市场上出售 CERs，可使中国环境领域获得较大的融资机遇。"CDM 相关行业可以获得更多的外国直接投资，甚至获得部分风险投资。其次，CDM 收益也为节能减排补充了大量资金。据统计，我国 CDM 目前每年可为企业回笼 12 亿~14 亿美元，相当于每年增加了 30% 的节能减排资金，使企业内部收益率大幅增加，为节能减排补充了大量资金。"③

5. 在技术意义上，CDM 项目能直接推动中国环境领域的技术改革。"CDM 将有助于中国推进产业结构转型和优化升级，有助于推动相关产业的技术进步。由于国际金融危机对中国加工贸易行业的沉重打击，也由于化石能源价格的大幅上涨，更由于化石能源使用过程的过量二氧化碳排放，中国迫切需要加快产业结构转型和优化升级。CDM 机制恰好可以在一定程度上满足这一需求，它将有助于中国获得这方面的更多先进技术和相关技术支持，这是由 CDM 项目本身的内在规定决定的。"④

其次，通过 CDM 项目引进的先进技术将被本土化，并对该技

---

① 肖慈方、王洪雅：《中国对 CDM 的低效利用与对策分析》，载《西南民族大学学报》（人文社会科学版）2009 年第 6 期，第 214 页。

② 肖慈方、王洪雅：《中国对 CDM 的低效利用与对策分析》，载《西南民族大学学报》（人文社会科学版）2009 年第 6 期，第 215 页。

③ 肖慈方、王洪雅：《中国对 CDM 的低效利用与对策分析》，载《西南民族大学学报》（人文社会科学版）2009 年第 6 期，第 214 页。

④ 肖慈方、王洪雅：《中国对 CDM 的低效利用与对策分析》，载《西南民族大学学报》（人文社会科学版）2009 年第 6 期，第 214 页。

术在中国的进一步传播提供可能。2005年到2030年期间CDM投资将导致对2030年的GDP年增长率贡献约0.5个百分点。这主要得益于将一些国内尚未成熟的先进技术的引进和国产化。在2005—2010年间，总的新增17.8亿美元CDM投资将导致GDP相应增加21.3亿美元，这主要得益于技术转让本土化和效率改进。随着技术本土化的加快，预计这种规模效应还会继续增加。①

与此同时，CDM也为节能减排先进技术引进开拓了渠道。"CDM的核心内容之一就是发达国家向发展中国家出资并提供先进技术设备，在发展中国家境内共同实施有助于缓解气候变化的减排项目。我国通过参与CDM项目国际合作实施，拓宽了引进国外先进节能减排技术的渠道，为中国相关新技术的开发和扩散创造了有利条件。"②

6. CDM项目的实施，还为中国企业引入了先进的理念和技术升级改造契机。"在中国CDM项目的开发、实施过程中，CDM项目业主通过与执行理事会、指定经营实体及国际买家等国际机构和国外企业接触、谈判、合作等，开阔了视野，促进了其规范化、科学化和精细化管理，提升了企业自身及其员工的管理能力。"③ 同时，CDM还为企业引入了技术创新意识，促进了中国产业技术升级和低碳经济的发展。"从长远看，CDM项目最大的意义是使企业获得先进技术，从根本上提高企业的竞争力。"④

（三）国内区域性排放权交易所

我国政府在"十一五"规划中提出，从2006年到2010年，单位国内生产总值能耗下降20%，主要污染物二氧化硫和化学需氧

---

① 参见吕学都、刘德顺主编：《CDM在中国：采取积极和可持续的方式》，清华大学出版社2004年版，第136～137页。
② 董慧芹、蒋栋、孟亚君等：《我国节能减排与清洁发展机制研究》，载《节能技术》2009年第6期，第547页。
③ 康晓琴、刘振宏、徐淑媛：《中国清洁发展机制项目现状分析》，载《中外能源》2009年第8期，第26页。
④ 杜立、陈少青、周津、倪芸萍：《CDM中国家职责问题研究》，载《经济研究参考》2010年第32期，第65页。

量等排放总量减少10%的约束性指标。哥本哈根会议后，中国最新公布的碳减排总体目标是，到2020年单位GDP二氧化碳排放比2005年下降40%~45%。这些约束性的量化指标被分配到各个省市和企业，使得排放权配额交易成为可能，也推动中国环境权交易市场的加速形成。在CDM项目下，中国目前已是世界上最大的碳指标出售国，但国内交易并不活跃。天津排放权交易所等市场化减排平台的搭建，为中国企业在接受政府节能减排政策指标约束的同时，参与配置环境容量资源、履行社会责任提供了更多的途径。①

目前，芝加哥气候交易所正在建立一个旨在研究支持中国低碳活动的气候中心。作为美国开展自愿碳交易的芝加哥气候交易所正与中国人民银行、中国石油天然气公司合作成立中美低碳融资与发展研究中心，致力于研究通过融资方式支持低碳活动，包括基于市场机制应对中国环境挑战和能效提高的大规模示范等。该活动进一步表明中美可以通过金融方式展开合作共同应对温室气体排放，引导全球共同应对气候变化。②

2008年9月，芝加哥期货交易所和中国石油天然气公司及天津市共同建立了国内第一家气候变化交易所——天津排放权交易所③，设计和市场运作环境产品。天津排放权交易所是根据天津滨海新区综合配套改革试验总体方案关于建立CDM和排放权交易市场的要求设立的，由中油资产管理有限公司、天津产权交易中心和芝加哥气候交易所三方出资设立。天津气候变化交易所将作为该中心的交易平台。④ 天津排放权交易所目前被授权可进行的交易项目

---

① See http://www.in-en.com/article/html/energy_0949094951530688.html, last visited on December 16, 2009.
② See http://www.ccchina.gov.cn/cn/NewsInfo.asp? NewsId = 22299, last visited on March 14, 2010.
③ 天津排放权交易所官方网站: http://www.chinatcx.com.cn/.
④ 孟祥明：《芝加哥气候交易所拟建立中国气候中心》，消息来源于点碳公司Point Carbon网站，经中国CDM基金网站2009年9月21日转载，see http://www.cdmfund.org/list_detail.asp? ID_ID = IDID090921104632662879, last visited on February 6, 2010.

将包括水资源、二氧化硫、能源密度、化学需氧量和温室气体排放权交易、能效交易及相关咨询服务等方面。

作为一家综合性排放权交易机构,天津排放权交易所的定位是利用市场化手段和金融创新方式促进节能减排的国际化交易平台。国家有减排目标,许多企业也有减排愿望,金融机构也希望使资金更多投向可持续发展的产业和项目,排放权交易所正是把这三者结合在一起的平台。自 2008 年开业以来,交易所已发展了 40 多家会员单位和近 10 家战略合作伙伴,交易系统和交易平台已发展成型。2008 年 12 月 23 日,天津排放权交易所组织的中国第一笔基于互联网的二氧化硫排放指标电子竞价交易成交,天津弘鹏有限公司以每吨 3100 元的价格竞购到 50 吨二氧化硫排放指标。2009 年 11 月 17 日天津排放权交易所完成我国首笔基于规范碳足迹盘查的碳中和交易。2010 年 6 月 3 日天津排放权交易所自主开发的温室气体自愿减排服务平台上线试运行,并为首批项目 37.59 万吨自愿减排量提供电子编码和公示服务。①

"作为全国第一家综合性排放权交易机构,从揭牌成立,到完成国内首笔二氧化硫排放指标电子竞价交易,再到成为旨在推动中国落后产能企业转产进程的合作方,"② 天津排放权交易所的进展,意味着探索中国排放权交易市场的初步成功,也引发了国内开展更加有效促进减排环保的全面尝试。不仅在天津,同样关注于节能减排和环保权益交易的北京环境交易所、上海环境能源交易、深圳排放权交易所等也相继成立。而一些地区虽未设立专业的交易所,但也有类似的环境权益交易平台。

值得注意的是,虽然 CDM 项目更易引起社会关注,但从目前披露的成交情况看,受制于外部环境的不配套,所成交的主要是自愿减排项目,CERs 的交易环境仍有待于进一步完善。

---

① 天津排放权交易所动态,参见 http://www.chinatcx.com.cn/channel.action?id=memorabilia, last visited on September 14, 2010.

② 资料来源 http://news.enorth.com.cn/system/2009/03/06/003917957.shtml, last visited on September 14, 2010.

三、中国清洁发展机制项目发展存在的问题

从总体上看，尽管我国目前的 CDM 项目的数量和规模都在不断地增长，但还存在着诸多问题。具体来说，当前中国 CDM 项目发展的问题主要表现在：

（一）不确定性风险

1. 政策变化上的风险。"在国际规则层面，中国 CDM 项目带来的商机以及蕴涵的挑战都与温室气体减排义务的走向密切相关。中国现有 CDM 项目法律框架的根基是《京都议定书》下中国在 2012 年前不承担减排义务。可是，后京都议定书时代将作出怎样的法律调整？有一点可以肯定的是，在排放总量的硬约束下，中国的减排压力肯定越来越大，甚至可能承担减排义务。那时，不排除中国成为 CERs 买方的可能，国家可能不准出售 CERs。对此，中国相关政策定位和法律准尚处于研究阶段。"①

2. 审批不确定性带来的风险。② 审批不确定性带来的风险，包括国内审批风险和执行理事会注册风险。其中，后者是难点，即 CDM 项目无法得到 CDM 执行理事会的登记，从而拒绝核发 CERs。这种不确定性加上在项目设计、论证等前期投入成本一般较高，对于投资者而言往往意味着投资风险。

（二）中国清洁发展机制的法律不足

1. 中国 CDM 法律框架上的缺陷。中国 CDM 项目要实现其双重目标，需要法律体系的综合作用。但是，来自中国气候变化立法的框架方面，存在一定程度上的不足，影响其法律功能的实现。

"第一，在法律实施主体上，我国现行的能源管理体制是分散的宏观管理，能源管理力量因此出现一定程度的杂乱无序。这对于协调和整合各部门、各领域的温室气体排放控制的整体行动是极为

---

① 潘凌：《论 CDM 中制度风险与法律控制》，中国政法大学 2008 年硕士学位论文，第 21 页。

② 关于 CDM 的注册风险，参见杜立、陈少青、周津、倪芸萍：《CDM 中国家职责问题研究》，载《经济研究参考》2010 年第 32 期，第 67 页。

不利的。

第二，在法律协调性上，目前中国有关环境、资源、能源保护的法律法规在衔接和协调上，尤其是《电力法》、《煤炭法》、《节能法》等，还存在许多不完善，甚至滞后的地方，影响法律的协调性。它们在调整范围上的漏洞、配套制度上的不完备往往影响CDM项目法律强制力的实现。本来CDM是一个与能源开发、利用和投资等重大事项有着密切关系的法律机制，其所涉及的诸多内容实际上应该交由法律来规定。可是，中国《节约能源法》、《可再生能源法》和《电力法》等法律都还没有对CDM进行明确规定，这些法律明显滞后于《京都议定书》等国际法文件的要求。

第三，在法律强制性上，目前中国有关环境、资源、能源保护等方面的法律法规所提供的行为准则多为授权性及软性条款，较少禁止性条款，对违法者的惩戒力度不够。①"

2. CERs在法律规定和实践中充分暴露出其不足之处。概括来说，主要包括以下几个方面：

第一，对于CERs的定价，《CDM项目运行管理办法》第15条第1款规定，"可转让温室气体减排量的价格"由项目审核理事会审核，即此CERs的价格在项目设计阶段就必须报国家发改委审批通过。"从其设立初衷来看，该项规定旨在避免CERs价格不确定性等价格风险使CDM项目陷入恶性竞争。但这种政府限价的做法，与国际市场上CERs的交易价格是由市场调节确定有所不同，限制了买家对CERs的购买。事实上，在实际运作中，因中国政府的限价，几乎没有买家在项目之初即先行付款，一般都是通过合同约定的方式来避免价格风险，而且合同条款往往都非常苛刻。"②此外，"价格指导政策也导致了我国的CERs价格不能如实反映国际碳减排交易市场上的CERs供求情况，不利于企业参与国际碳减

---

① 潘凌：《论CDM中制度风险与法律控制》，中国政法大学2008年硕士学位论文，第22页。

② 潘凌：《论CDM中制度风险与法律控制》，中国政法大学2008年硕士学位论文，第23页。

排交易之合作与竞争"①。从某种角度而言，国家限价的方式在一定程度上影响了市场调节功能，对一些 CDM 项目的交易造成阻碍。

第二，在 CERs 流通环节上的制约。根据《CDM 项目运行管理办法》第 15 条的规定，"如项目在报批时还没有找到国外买方，而无法提供本条第（1）、（4）款要求的价格信息，则该项目设计文件必须注明项目产生的减排量将转入中国国家账户，并经中国 CDM 主管机构核准后才能将这些减排量从中国国家账户中转出"。虽然该条规定允许 CDM 项目的实施方中暂时没有买方，但在 CERs 的处理上要求必须先转入国家账户，且必须经核准后才能转出进行交易。问题在于，由于转出机制并不完备，规定不精细，缺乏明确的程序规范，容易让人"心生畏惧"。"这实际上产生的效果是，在报批 CDM 项目之初就必须找好国外买家，即国外买家需要实质介入。"② 上述制约在一定程度上限制了 CERs 在国际市场上的流通，也制约了 CDM 项目的灵活开展。

第三，在 CDM 项目不能如约产生 CERs 的情况下，我国政府是否应该与项目开发企业共同承担违约责任；如果减排量购买协议履行过程中出现法律争议，依据《CDM 项目运行管理办法》第 24 条规定我国政府是否也应该成为被告等。"从立法目的上分析，《CDM 项目运行管理办法》第 24 条的本意在于为我国政府向 CDM 项目征收费用或税收提供法律依据，但目前该条的规定使我国政府成为碳减排交易的主体，因而依法必须承担交易中的法律责任，面临不必要的法律纠纷。"③ 这也很可能会使附件一缔约方及其公有或私有碳减排交易主体在与我国 CDM 项目业主进行碳减排交易的过程中产生不必要的误解和困难。

第四，"由于 CDM 项目业主拥有 CERs 的所有权，因此在不违

---

① 刘畅：《我国 CDM 制度研究》，载《环境与可持续发展》2010 年第 2 期，第 35 页。

② 潘凌：《论 CDM 中制度风险与法律控制》，中国政法大学 2008 年硕士学位论文，第 23 页。

③ 潘凌：《论 CDM 中制度风险与法律控制》，中国政法大学 2008 年硕士学位论文，第 16 页。

反其他法律法规的前提下，CDM 项目业主应当具有向其股东（包括中方及外方股东）有偿或无偿地分配或转让 CERs 的权利。但在我国目前的项目实践中，项目开发企业对 CERs 的处分权利是受到限制的"。①"此外，目前我国尚未允许项目开发企业将 CERs 作为项目投资回报直接分配给外方股东，也不允许将 CERs 无偿转让给外方股东；项目开发企业只有将出售 CERs 所得收益以合法方式向股东进行分配。"② 从长远而言，禁止 CDM 开发企业向外资股东转让 CERs 的做法将不利于我国通过与附件一缔约方合作开发 CDM 项目，从而也不利于提高我国温室气体减排能力及其他可持续发展能力。

3. CDM 交易法律环境规制不完善。发展中国家能力建设的好坏是其能否有效参与 CDM 项目的前提和保证。中国作为发展中国家，也作为 CDM 交易的卖方，能力建设的好坏在一定程度上直接影响着交易的进行和发展。而现在我国在这方面，对于 CDM 交易的法律环境规制还很不完善，主要表现在：

（1）在项目实施机构的主体资格上，《CDM 项目运行管理办法》第 17 条规定，在中国境内开展的项目的实施机构必须是中资和中资控股企业。制定这一要求是出于保护中国作为发展中国家东道主利益，"但这一条件不仅违反了 WTO 的国民待遇原则"③，也同时提高了在中国开展 CDM 项目的门槛，很多投资项目因为这一硬性的规定而放弃中国的立项，转而投向其他东道主国家。

（2）缺乏对技术转让的规定。中国企业在 CDM 交易中，希望得到的最大好处是资金利益。但是从政府的角度和国家的长远利益出发，对技术利益的看重应该更加凸显。而我国现行法规并没有规定技术转让的义务。

---

① 潘凌：《论 CDM 中制度风险与法律控制》，中国政法大学 2008 年硕士学位论文，第 16 页。
② 刘畅：《我国 CDM 制度研究》，载《环境与可持续发展》2010 年第 2 期，第 34 页。
③ 陈霖：《CDM：提高外资质量的新契机》，载《国际经济合作》2005 年第 6 期，第 37 页。

(3) 我国尚未制定明确的 CDM 项目标准。《京都议定书》有明确的 CDM 项目标准的要求，即额外性原则和整体环境效益原则的条件。但是由于 CDM 执行理事会所准备的项目设计书中没有能够体现上述两个原则的明确标准来约束 CDM 项目，致使一些 CDM 项目的买方，对其所参与的 CDM 项目额外性作了不同的解释，降低了 CERs 的价格。在我国，目前也没有对实施 CDM 的两个原则作出规定。这一问题还有待解决。

(4) 我国对于 CDM 项目的评估和批准程序缺少合理的透明性。合理的评估标准可以增加项目被批准的可能性，并减少国内外投资者在开发和实施碳减排项目过程中的预期风险和实际风险。而透明性则可以确保项目的公信力。

(5) 我国未对 CDM 项目主体及监管人员规定法律责任。我国法律没有规定 CDM 交易国外投资者与国内企业的法律责任，尤其是对监管人员的法律责任。

(6) 我国并未建立起与 CDM 相关的配套法律支持体系。我国现有与 CDM 相关的法律法规规定还不完备，除了《CDM 项目运行管理办法》，并没有其他配套的在合作与技术咨询等方面完善的、透明的、有效的管理政策。

(三) 中国清洁发展机制管理制度的缺陷

1. 政府管理部门的职能发挥不够。当前在气候变化领域中的政府监督存在着几大障碍①：(1) 地方政府保护主义强烈，环保法规的实施让道于区域经济的发展；(2) 中央政府对于 CDM 实施过程中带来的地方环境问题缺乏集中管理；(3) 环境效益缺乏民主监督和问责机制；(4) 相关法律的实施缺乏行政部门的积极配合，执法力度软弱。

2. 缺乏一个集中的、专门的 CDM 国家管理机构。当前，国家发改委作为国内 CDM 的最高管理机构，只负责项目的审核，除此

---

① See Andrew Schatz, Foreword: Beyond Kyoto—The Developing World and Climate Change, *Georgetown International Environmental Law Review*, Vol. 20, No. 4, 2008, p. 534.

之外还没有专门负责宣传、鼓励、培育、规范和监管 CDM 项目的机构。此外，由于缺少专门的部门监管，未能形成统一的中国 CDM 项目交易的卖方市场，不利于稳定 CERs 价格，从而降低了我国 CDM 项目的国际竞争力。

3. 中国现有 CDM 项目类型单一且结构不合理。这主要集中反映在以下两个层面：

（1）当前 CDM 项目减排类型比较单一，且涉及的企业类型过于集中。"相对来说，我国 CDM 项目涉及的领域较少，集中在新能源和可再生能源，占到所有减排项目的 69.8%，而位列第二位的节能和提高效能项目占 11.4%，第三位的甲烷回收利用占 10.6%，且这 3 项之和占到了整个项目总量的 90%。[①] 此外，现有的 CDM 项目合作企业过于集中。电力项目和新能源开发公司两项便占到 80%，而重工业、化工、采矿类企业合计仅占到 20%。根据议定书涉及的温室气体排放来源，中国还未充分发掘国内的 CDM 项目潜力。"[②]

（2）不同减排类型的经济效益差异导致我国 CDM 项目结构不合理。目前，一些生态、社会效益好但经济效益较次的项目所占比重太低，而经济效益好但生态社会效益差的项目反而受外方追捧。"中国的非优先领域注册成功的 CDM 项目及其经核证的减排量 CERs 在世界市场上占据了绝对优势地位，主要原因是其能带来可观的经济效益。但这一类型的大部分 CDM 项目并没有把引进的本来有限的技术投入到对我国传统生产工艺的改造当中，这使 CDM 的技术溢出效应和环境效益大打折扣。相反，新能源、可再生能源和节能降耗的 CDM 项目，尽管我国政府批准很多，但因其减排主体为二氧化碳，其经济价值没有三氟甲烷、氧化亚氮高，而不受国

[①] 根据调查数据显示，由于能源生产和提高能效领域的 CDM 项目更有利于吸引投资和技术引进，因此也成为企业参与 CDM 项目的主要领域。参见陈亮、刘玫：《我国企业参与 CDM 情况及标准需求调查研究》，载《标准科学》2009 年第 6 期，第 55~60 页。

[②] 郭升选、李娟伟、徐波：《我国 CDM 项目运行中的问题、成因及其对策》，载《西安交通大学学报（社会科学版）》2009 年第 2 期，第 32 页。

内开发商和国外买家青睐。"①

(四) 中国清洁发展机制市场机制效率低下

1. 市场多元化风险。中国 CDM 项目运作受到国际和国内市场的影响，存在着诸多风险，主要包括：申报程序的专业技术复杂性和联合国注册的不确定性；减排量测不准或不被认可的风险；中国有关 CDM 政策的不明朗诱发市场风险；以及近几年的排放信用转让将会增加未来中国减排压力等。

2. CDM 市场发育极不健全。这主要表现在："一方面国内至今没有较为健全的全国统一的排放权交易市场，这极不利于调动国内企业投资于 CDM 项目的积极性，不利于他们把 CDM 当成一个崭新的行业来运营。"② 另一方面买家与业主签订的 2012 年后优先购买协议混乱。许多买家为了避开国家发改委的限价，在 2012 年之后的购买合同上设立了苛刻的条款。这导致政府对这些合同难以把握，进而使 CDM 市场充满着脆弱性，市场变化难以预计，将来可能会带来法律纠纷。而且一旦这种情况成为行业惯例，政府未来将面对巨大的阻力。

3. 买方市场的现状对中国 CDM 市场的长远发展是一个负面因素。基于风险分散的原则，一些买家以只保证一定的注册成功率的方式大量购入项目。这种投资策略直接影响到了咨询公司的市场开发方式，也造成了目前咨询公司盲目圈占项目，项目的开发质量难以保证的现状。由于 CDM 项目的最终注册成功率将直接影响到 2012 年之后中国在国际碳市场上的议价能力，因此这种投资开发方式对中国 CDM 市场将是一种长期的损害。

(五) 中国清洁发展机制项目服务体系尚不成熟

我国现阶段极度缺乏针对 CDM 项目运作的专业咨询和服务机构，许多企业有参与 CDM 的强烈愿望，也有很好的 CDM 潜在项

---

① 肖慈方、王洪雅：《中国对 CDM 的低效利用与对策分析》，载《西南民族大学学报》(人文社会科学版) 2009 年第 6 期，第 216 页。

② 肖慈方、王洪雅：《中国对 CDM 的低效利用与对策分析》，载《西南民族大学学报》(人文社会科学版) 2009 年第 6 期，第 216 页。

目，只因为对相关运作不了解，又没有合格的中介机构为他们服务，导致效率低下。这主要表现在：

1. CDM 项目审批程序繁琐严格且注册成功率较低。CDM 项目审批过程十分繁琐和复杂，"要经过国内、国外两套程序、多个机构审批，项目从申请到批准最顺利的也需要 3 至 6 个月时间"①，复杂的审批程序可能会给最后的结果带来不确定性。并且无论项目是否审批成功，前期有关设计、包装等费用至少需要投入 10 万元美金。"在我国大多数企业签订的减排量购买协议 ERPA 中，往往约定若项目最终无法获得签发，卖方将自行承担前期费用。"② 这给一些企业申报 CDM 增添了难度，导致许多企业由于缺乏了解而对 CDM 望而却步。

2. 在具体项目的开发和实施过程中，还涉及许多技术和细节问题。例如，在项目设计文件的编写过程中，一些开发方或咨询机构直接模仿其他项目的设计文件，而未遵照相关规则，导致文件的逻辑或数据存在不一致的情况；再如，项目在实施过程中，没有按照项目设计文件中的监测计划进行监测，随意变动项目设备或型号、改变监测频率，或没有有效管理数据和记录等。所有这些看似微小的问题，都可能直接影响到项目的注册和签发。因此，项目开发方和咨询机构在开发和实施 CDM 项目时，一定要遵守相关规则，与相关方充分沟通，以保证项目能够顺利实施。

3. 国内自主研发的 CDM 方法学较少。③ "发达国家研发的方

---

① 方虹、罗炜、刘春平：《中国碳排放权交易市场建设的现状、问题及趋势》，载《中国科技投资》2010 年第 8 期，第 43 页。

② 杜立、陈少青、周津、倪芸萍：《CDM 中国家职责问题研究》，载《经济研究参考》2010 年第 32 期，第 68 页。这是国际 CDM 市场上通用的做法，由卖方承担交付之前尤其是项目注册方面的风险，see Christopher Carr and Flavia Rosembuj, Flexible Mechanisms for Climate Change Compliance: Emission Offset Purchases under the Clean Development Mechanism, *New York University Environmental Law Journal*, Vol. 16, No. 1, 2008, p. 56.

③ 参见高海然：《我国 CDM 项目实施现状和政策建议》，载《中国能源》2008 年第 6 期，第 37 页。

法学较多,而我国目前自主研发了约 10 个方法学,其中主要涉及煤层气开发和利用以及造林/再造林 CDM 项目领域,虽然对方法学的开发和实施起到了一定的推动作用,但相比较我国 CDM 项目开发的需要,还远远不够。"① 另一方面,CDM 项目的方法学难度与复杂程序增加了交易成本。由于 CDM 项目涉及很多的方法学,需要计算项目的基准线、额外性、项目边界、泄露等,这些数据的获得具有一定的难度,而且,目前的方法学还有待于进一步补充完善。

值得注意的是,CDM 方法学开发上的困难导致我国 CDM 项目立项选择难以全面化。CDM 项目从立项到最后注册成功,项目设计文件起到一个关键的纽带作用,其编写需要有方法学、监测方法学体系的支撑。对于那些符合 CDM 项目要求却缺少合适方法学体系支撑的项目,由于开发新方法学的成本很大,项目开发商从短期经济效益角度出发,往往会避开立项,忽视新方法学的开发,从而使符合 CDM 项目的发展受到限制。②

4. 企业参与 CDM 能力较低。"一方面,企业的减排意识薄弱,参与 CDM 的程度不够。根据《京都议定书》,我国作为发展中国家暂不承担减排义务,导致我国企业没有减排压力,从而对节能减排的意识薄弱。从我国企业参与的减排类型中发现,燃料替代、分解 N_2O 等类型的项目还没有在国内的相关企业中得到广泛应用,特别是我国大量的重化工企业缺乏节能减排的积极性,两类企业仅占总项目的 14.1%,充分说明我国企业没有广泛地参与到节能减排的行列之中。另一方面,企业在人力、物力上的投入还不够。我国广大的中小型企业长期处于资金缺乏的状态,即使是在 CDM 项目能够带来丰厚收益的条件下,由于 CDM 项目高额的交易费用,

---

① 郭升选、李娟伟、徐波:《我国 CDM 项目运行中的问题、成因及其对策》,载《西安交通大学学报(社会科学版)》2009 年第 2 期,第 32 页。

② 参见田春秀、李丽平:《CDM 项目中的技术转让:问题与政策建议》,载周冯琦、胡秀莲、[美] 理查德·汉利主编:《应对能源安全与全球变暖的挑战》,学林出版社 2009 年版,第 168 页。

很多企业根本无法在短期内抽调资金去承担。"①

5. 在技术研发、人才培养方面明显落后于其他发达国家。我国由于政府宣传和推广力度不足，导致企业在刚开始用减排的温室气体换取资金和技术时，没有合理估算减排量价格，造成了大多数利益的流失。CDM 作为一项新兴的国际合作事务，还没有被更广大的人群所了解，又因其技术含量较高，涉及国际规则较多，企业 CDM 项目人才也比较短缺。

（六）中国在参与清洁发展机制国际合作中尚处于劣势

1. 中国没有减排指标的定价权，CERs 价格较低。"二氧化碳减排指标已成为重要的具备潜在价值的资源，各种因素促使中国成为这一特殊资源的超级供应大国，但中国在这一资源的定价上却没有一点影响力，完全接受国外买家的定价。"② 以中国目前的经济发展速度，中国在将来达到目前发达国家经济水平时，也将承担一定的温室气体减排义务。因此，为了国家的长远考虑，制定合理的减排价格，是非常重要的。

此外，国内企业认知程度低也是导致合同价格过低的原因之一。目前许多中国企业缺乏风险意识和对国际市场的了解，只要有买家出价合适就卖出，没有对 CERs 价格波动进行风险管理和控制。目前国家发改委批准的 CDM 中，多以和买家签订远期 CERs 合同为主，尽管买方承担了所有 CDM 和 CERs 交付的风险，但随着远期价格的锁定，买方也同时锁定了自己的成本。比如在 2006 年前签订的合同，远期 CERs 的价格一般在 8 欧元以下，近两年也在 10 欧元附近。这远远低于目前 2008—2012 年交付的 CERs 的平均价格 14～17 欧元，中间的差价高达 50%～100%。

2. 一方面，中国对 CDM 相关的国际规则影响不够。比如对 CDM 注册程序的制定与修改、方法学的制定与修改、项目核证标

---

① 郭升选、李娟伟、徐波：《我国 CDM 项目运行中的问题、成因及其对策》，载《西安交通大学学报（社会科学版）》2009 年第 2 期，第 33 页。

② 肖慈方、王洪雅：《中国对 CDM 的低效利用与对策分析》，载《西南民族大学学报》（人文社会科学版）2009 年第 6 期，第 216 页。

准的修改等，中国均没能有效参与其中。"另一方面，中国长时间没有联合国的'指定经营实体'（DOE）参与 CDM 项目的注册、核证，目前也只有中环联合（北京）和中国质量认证中心（CQC）取得了联合国'指定经营实体'的资质。中国企业只是 CDM 规则的被动接受者，这与 CERs 供应大国的地位不相称。"①

四、具体项目实践：中国—欧盟清洁发展机制促进项目

一方面，中国自 2005 年加入 CDM 市场起，凭借巨大的温室气体减排市场及政府的正确引导与支持，国内 CDM 项目市场发展迅速，并在全球处于领先地位。面对中国巨大的 CDM 市场，越来越多的欧盟国家看到了合作的潜力和契机。欧盟是世界上最大的碳交易市场，而中国目前也占有了全球 CDM 市场 60% 左右的份额。欧盟与中国间的碳交易合作在推动双方发展低碳经济中扮演了重要角色。另一方面，中国政府高度重视在应对气候变化问题上的国际合作，中欧 CDM 促进项目就是其中一项重要合作。

2005 年中欧发表《中国和欧盟气候变化联合宣言》，建立了气候变化双边伙伴关系。在这一框架下，2007 年 2 月双方启动了为期三年的中国—欧盟 CDM 促进项目②。该项目于 2010 年 1 月正式结束，是迄今为止欧盟在 CDM 领域对中国资助规模最大的一个项目，资助总额达到 280 万欧元。项目旨在通过一系列的研究、能力建设、技术交流和培训活动等为中国 CDM 健康发展提供直接的帮助。

中欧 CDM 合作项目主要由中国和欧盟的相关单位合作实施。项目实施机构包括瑞典环境研究院（IVL）、中国环境保护部环境与经济政策研究中心、迪锐思（中国）咨询有限公司（DS）、德

---

① 肖慈方、王洪雅：《中国对 CDM 的低效利用与对策分析》，载《西南民族大学学报》（人文社会科学版）2009 年第 6 期，第 216 页。

② 项目于 2007 年启动时建立了项目网站：http：//www.euchina-cdm.org/，为项目进展提供信息平台，实现各合作方之间的信息汇总和对外宣传。此外，项目定期发布简讯（Newsletter），寄送或发放到各利益相关者。

国莱茵技术有限公司（TUV）、中国国家发展和改革委员会能源研究所CDM管理中心、中国社科院城市发展与环境研究中心。项目支持单位包括中国国家发展和改革委员会应对气候变化司和中国环境保护部国际合作司等。

中欧CDM合作主要包括两个方面内容：第一，为国家主管机构（DNA）提供政策支持，包括CDM项目对中国可持续发展的影响评价以及改善国内和国际相关政策的分析和建议等。此部分具体包括：选择典型案例深入开展CDM项目对中国可持续发展的影响研究，在此项研究下特别开展CDM项目技术转让研究以及碳市场分析；对国内外CDM项目政策进行评价与分析，提出改进建议，在此项研究下特别开展非二氧化碳温室气体的CDM项目的企业与国家收益分配比例问题研究；赴欧洲为期一个月的关于气候变化相关政策学习或培训。第二，确定中国潜在的指定经营实体（DOE），并加强他们的能力建设；同时帮助提高地方申请和实施CDM项目的能力。

从启动至今，该项目已经在CDM及国家相关政策研究、指定经营实体（DOE）申请机构培训以及地区能力建设和商业促进三个层面开展了系列活动。

目前，在CDM国家政策研究层面，项目已经基本完成预定的各项研究报告，包括"中国CDM市场研究"、"CDM项目中的技术转让"、"CDM项目对可持续发展影响评价"和"中国CDM政策改进研究"。这些研究从不同的切入点深入分析了中国CDM项目的现状与影响，并在国家政策层面为CDM在中国的未来发展提供建议和支持。此外，项目已经成功组织了由4位中方资深人员组成的代表团赴欧洲进行为期10天的关于气候变化相关政策学习与交流。

在指定经营实体申请机构培训层面，项目为中国的申请机构提供培训并开展能力建设。具体活动包括举办关于CDM项目的批准、审定、核查的专门研讨会，以及在德国科隆莱茵技术有限公司总部提供培训。目前，项目已经成功举办了四次培训/研讨会，完成了三人次赴德培训。目前，中环联合（北京）认证中心有限公司与中国质量认证中心作为申请实体已经获得了 CDM 执行理事会的预同意信（Indicative Letter）。培训加强了受训人员及其所属机构的审计能力和行业知识，有助于促进中国指定经营实体的发展，获得了参与机构的一致肯定。

在地区能力建设和商业促进层面，项目已经在中国不同地区举办了 6 次地区研讨会，为更广泛的利益相关者提供 CDM 项目开发、审定、核查、执行、交易的相关知识和政策，并提高当地的项目开发和实施能力。此外，项目已经于 2008 年 5 月在德国科隆举办了"中国—欧盟 CDM 商业促进大会"，为中国和欧盟的 CDM 业界人士搭建了信息沟通和投资机会洽谈的平台。

当前项目已经完成[①]，不仅加深了中欧之间的经济联系，同时也加快了中国可持续发展的步伐，在实施过程中真正实现了技术转让，取得了巨大的成功。

第三节 完善中国清洁发展机制的法律对策

完善中国 CDM 法律控制，应遵循两条基本思路："一是在利益权衡上，寻求全球利益与国家利益的平衡，明确遵守国际条约义务，同时密切结合中国可持续发展道路；二是在制度改革上，应明确中国法律与中国社会的契合性，既寻求法律内部制度、技术与理念的平衡，又注重社会支持制度的完善。"[②]

一、及时调整和优化对清洁发展机制的政策扶持偏向与力度

为弥补现有政策的空白，"政府应出台 CDM 的专门指导意见，

[①] See *Final Report of EU-China CDM Facilitation Project*, http://www.euchina-cdm.org/media/docs/Final%20report_EN.pdf, last visited on September 6, 2010.

[②] 潘凌：《论 CDM 中制度风险与法律控制》，中国政法大学 2008 年硕士学位论文，第 29 页。

从宏观层面引导企业持续健康地发展CDM"①。

（一）推动清洁发展机制项目在地域分配上的平衡

CDM政策应强化适当的区域倾斜，促进CDM项目在地域上的平衡。"我国中西部贫穷落后地区，地处长江、黄河中上游，其可持续发展能力直接影响和决定全国的可持续发展。根据中国温室气体排放国情，政府应充分考虑地区差异和地方发展，通过政策引导在温室气体严重地区、在环境领域资金和技术落后地区开展CDM项目。"②

（二）将项目的实施与区域特点相结合

区域经济、资源和排放状况是组织CDM项目的基础，实施对区域产业、资源和污染物排放状况的普查，结合各地经济和社会发展以及产业特点的实际情况，调查并估算各主要领域的排放特点、减排潜力和减排技术及其成本，分类别、分阶段、有组织地开发CDM项目。这样可以使得各地区建立CDM项目的潜力及其影响得到充分的发挥。此外，还应当把CDM项目的实施与区域内的结构调整和优化相结合。结合本地区的能源结构优化、先进节能技术产业化、可再生能源规模化利用和废弃物资源化等区域产业结构调整工作，有计划地组织和实施CDM项目，充分发挥区域CDM潜力及其对可持续发展的促进作用。

（三）进一步优化清洁发展机制项目结构

"为了让CDM项目更好促进我国可持续发展，政府要从财政税收、信贷、资本市场直接融资、项目资本金要求、设备折旧政策等方面，制定更有力的政策来优化我国CDM项目结构，以期大大提高新能源、可再生能源和节能降耗项目在我国注册CDM项目中的比重。"③ 我国当前CDM项目涉及的专业领域较少，主要集中在

---

① 林黎：《我国CDM的现状及问题》，载《城市发展研究》2010年第2期，第71页。
② 肖慈方、王洪雅：《中国对CDM的低效利用与对策分析》，载《西南民族大学学报》（人文社会科学版）2009年第6期，第216页。
③ 肖慈方、王洪雅：《中国对CDM的低效利用与对策分析》，载《西南民族大学学报》（人文社会科学版）2009年第6期，第217页。

能源工业、能源分配和能源需求等几个领域，在项目开发过程中，重资金轻技术。因此，今后应进一步拓展不同领域的 CDM 项目合作，积极引入先进技术，重点发展对我国可持续发展有重大意义的项目。

（四）强化清洁发展机制相关政策和法规的指引作用

现阶段，必须进一步完善我国 CDM 项目的有关政策和法规指引，将 CDM 项目的能效、可再生和甲烷等优先领域加入到吸引外商投资产业指导目录中，鼓励外商投资发展循环经济、清洁生产、可再生能源和生态环境保护，鼓励外商投资资源综合利用，改善我国气候变化和能源安全状况，落实科学发展观，实现我国可持续发展战略目标。

与此同时，政府部门应在深入研究 CDM 项目给整个行业发展造成的影响的基础上，制定或修订相应行业政策，使整个行业健康发展，减少行业发展不良给项目造成的风险。地方政府应大力改善所在地微观投资环境和帮助企业树立环境友好形象，规避项目由于环境污染或利益相关方反对造成的风险。①

（五）进一步明确对能真正实现技术转让的清洁发展机制项目给予政策性优惠

"我国的 CDM 政策应更多鼓励外国先进技术对华转让，对那些能带来较好技术转移效果的 CDM 项目应给予更多优惠，用利益驱动来提升 CDM 项目的技术扩散效应。"② 在政策上，可以规定对于经证实的产生技术转让的 CDM 项目，国家在 CDM 项目收费上给予优惠。③ "具体来说，减少国家对企业 CDM 项目 CERs 交易所获收益的征收比例或免除征收，或在 CDM 项目实施后，经证实确

---

① 参见余裕平、严玉平、王文军：《CDM 项目风险分析与控制》，载《江西能源》2007 年第 4 期，第 15 页。

② 肖慈方、王洪雅：《中国对 CDM 的低效利用与对策分析》，载《西南民族大学学报》（人文社会科学版）2009 年第 6 期，第 217 页。

③ See Wolfgang Sterk and Bettina Wittneben, Enhancing the Clean Development Mechanism through Sector Approaches: Definitions, Applications and Ways Forward, *International Environment Agreements*, Vol. 6, No. 2, 2006, pp. 271-287.

有发生技术转让的，国家将征收的收益以一定比例返还给企业作为对他们的回报。"①

二、加强清洁发展机制在中国实施的法律基础

（一）加快制定清洁发展机制法律法规

为进一步提高我国气候变化立法的质量，有必要增强我国气候变化立法的可操作性，把现有的框架性立法通过修订或者颁布实施细则等手段具体细化。

现有的《CDM项目运行管理办法》仅仅是部门的行政规章，其法律地位较低，而CDM是一个与能源开发、利用和投资等重大事项有着密切关系的法律机制，其所涉及的诸多内容应由具有较高效力层级的法律来规定。② 况且，《CDM项目运行管理办法》对于如何加快促进和指导CDM项目在中国的实施少有涉及，对于CDM项目实施双方的权利、法律责任和义务以及CDM项目优先领域、技术转让、防止CERs交易价格恶性竞争、CDM项目操作风险控制等方面都没有规定。此外，由于实施CDM还涉及外资和技术的引进、项目的审批许可、违规的处罚，这些内容都不是部门规章能够解决的，需要由行政法规予以调整。因此，为了有效促进CDM项目的实施，维护中国的权益，保证项目活动的有序进行，国务院应当抓紧研究制定《CDM实施办法》。

（二）完善《清洁发展机制项目运行管理办法》

1. 取消CDM项目股本结构的限制，降低在中国开展直接投资CDM项目的门槛，以最大限度地吸引国际投资。目前世界上很多发达国家都在我国设立分公司、子公司，如果是放开了对主体资格的限制，势必会促使更加多的CDM项目成立。但是考虑到基于此

---

① 郭升选、李娟伟、徐波：《我国CDM项目运行中的问题、成因及其对策》，载《西安交通大学学报（社会科学版）》2009年第2期，第34页。

② 关于CDM法律制度的完善与中国能源法制度的创新，参见曾文革、张婷：《后京都时代中国能源法面临的挑战与对策》，载《甘肃社会科学》2010年第3期，第109页。

而获得的资金收益的特殊性，可以为其附加其他的义务或者限定条件。基于上述考虑，笔者认为应当取消对 CDM 项目参与主体资格的限制，允许所有我国注册的有能力的企业参与其中。对于非中资控股企业获得的收益可以要求其按照一定的比例缴纳至我国 CDM 基金，用于我国环境改善。这样既可以保证我国的环境改善，又可以保证 CDM 设立目标的实现，更为重要的是可以促进 CDM 项目的广泛开展。

2. 目前《CDM 项目运行管理办法》第 10 条仅泛泛规定"CDM 项目活动应促进有益于环境的技术转让"，并未对"技术转让"给出明确的定义，也未强制要求 CDM 项目一定要带来技术转让。从公约和议定书的规定来看，虽然也仅要求 CDM 项目应带来有益于环境的技术转让，非强制要求，但从促进我国的可持续发展来看，应在《CDM 项目运行管理办法》中对技术转让的内涵进行明文规定。比如，对于"技术转让"的内涵，可规定为设备转让或知识转让。①

3. 制定相关的程序规定，以便如果出现项目在报批时还没有找到国外买方的情况时，产生的 CERs 能够相对容易地转出。笔者认为应当在《CDM 项目运行管理办法》中规定，在企业找到买家之后，随时可以将减排量转出，以此打消企业的顾虑。同时，取消我国政府从 CDM 项目中收取利益的规定，实施 CDM 项目所获得的利益应全部归实施项目的企业所有。

（三）完善清洁发展机制法律环境规制

根据前文的分析，为完善我国 CDM 交易的法律环境，加强我国实施 CDM 的法律能力建设，应从以下几个方面进行改进：

1. 制定明确的 CDM 项目标准。"在项目的实施过程中，项目识别是第一步，也是关键的一步，为了使项目注册效率更高、风险

---

① 参见高海然：《我国 CDM 项目实施现状和政策建议》，载《中国能源》2008 年第 6 期，第 37 页。

更低，应当着重把好项目合格性论证这一关。"① 制定 CDM 项目实施的环境效益标准必须联系项目实施国和所在地的具体经济和环境能力，从整体上服从于所在国可持续发展目标。而对于额外性原则的考察，应从项目的技术可获得性、经济竞争力、法律法规的可实践性以及发达国家对资金援助的义务性等角度来正确理解 CDM 项目额外性所隐含的真正含义。

2. 依据前述标准及程序，进一步完善我国 CDM 项目的评估标准和批准程序，力求明确、合理、透明，以便 CDM 项目能够被快速和有效的审批和实施，减少 CDM 交易风险。

3. 明确 CDM 项目主体和监管人员的法律责任。要明确项目主体的法律责任，对于不按照协议进行提高能源效率、开发利用新能源和可再生能源等以实现可持续发展或提供虚假减排量或牟取其他非法利益等的项目主体要规定相应的行政责任、民事责任和刑事责任。其次要明确监督部门执法人员的法律责任。根据《CDM 项目运行管理办法》的规定，国家发展和改革委员会有权对 CDM 项目的实施进行监督，对 CDM 项目进行监督的国家发改委执法人员在监督管理工作中玩忽职守、滥用职权、徇私舞弊的应当给予行政处分，构成犯罪的依法追究刑事责任。

（四）加快清洁发展机制项目相关节能减排法律法规体系建设

"在 CDM 项目相关法律体系方面，现行国家发改委主管的管理体制中，可进一步加强各部门、各领域在温室气体排放控制上的整体行动能力，进一步完善中国有关环境、资源、能源保护方面的法律法规的衔接和协调性。"②

1. 在法律层面，加快推动节约能源法、循环经济法、水污染防治法、大气污染防治法等法律的制定及修订工作。提高能效和发展可再生能源，是我国 CDM 项目开展的重点领域，因此能源法律

---

① 齐海云、张一婷、张尊举、姚淑霞：《CDM 项目合格性识别方法》，载《环境保护》2008 年第 12 期，第 85 页。

② 李静云、别涛：《CDM 及其在中国实施的法律保障》，载《中国地质大学学报》（社会科学版）2008 年第 1 期，第 48 页。

建设应当是相关法制建设的重点。在节约能源方面，我国已有1997年《节约能源法》、2003年《清洁生产促进法》和2005年《能源效率标识管理办法》，但是其内容过于简单，缺乏可操作性，总体上呈现政策化的倾向。因此，我国应当制定节约能源法的具体实施细则，同时切实贯彻现行法律，强化其实施力度。

2. 大力改善科技发展和科技立法的法律环境。当前应尽快制定《节能减排技术创新促进法》。加强国际科技合作，推进技术创新是我国开展CDM项目的一个重要目标。CDM项目给我国技术创新将带来新的挑战和机遇，通过与有关国际组织和国家建立CDM项目合作，不断拓宽节能环保国际合作的领域和范围，积极引进国外先进节能环保技术和管理经验。"随着全球应对气候变化形势的进展，我国很可能不得不较早和较大力度地减缓CO_2排放，以超常规的措施大规模发展和推广先进能源等减排技术。因此要及早把应对气候变化的核心技术作为我国自主技术创新体系的重要领域。这对我国的现代化进程既是一场严峻的考验，同时也应成为我国推进自主技术创新的巨大驱动力。"①

（五）解决与其他相关法律、法规的冲突问题

在CDM实施过程中，我们还必须考虑在现有投资、经营法律中，哪些有可能遭受CDM的冲击，如何将CDM机制融入到国内的投资、经营法律和监管框架之内。同时，我国在制定CDM相关法律、法规时，还要兼顾到与其他国际法律和条约的相互协调问题，以保持其实施层面上的一致性。

三、进一步完善清洁发展机制管理体制

为了进一步完善我国CDM的管理运行机制，提高项目的综合效益和促进可持续发展的能力，我国应当从以下方面加强CDM的管理和运用能力。

---

① 李静云、别涛：《CDM及其在中国实施的法律保障》，载《中国地质大学学报》（社会科学版）2008年第1期，第48页。

(一)强化清洁发展机制项目审核理事会的监管职能

2005年我国政府颁布的《CDM项目运行管理办法》对CDM项目管理重审核、轻推动促进，重技术、轻商业运作，对CDM项目的审核过于严格。随着越来越多的CDM项目活动的出现，中国CDM项目申请和审批数量将不断增加，发改委和CDM项目国家审核理事会面临着巨大的审核压力，使得其必须加快项目审批的进程和标准化与制度化，提高国内审批程序的速度和效率。

近年来，中国政府建立了清晰的CDM制度结构、透明的CDM程序以及良好的政策环境，有力地促进了CDM项目的顺利实施。"但它仍然需要进一步的改进，如将现在的项目审批周期由3~6个月缩减至2~3个月，以便项目开发方有充足时间应付复杂的国际能源市场，将金融危机所带来的冲击减至最小。"①

今后，必须进一步强化项目审核理事会的监管和引导职能。"一方面，CDM项目审核理事会必须深入研究适合中国可持续发展的CDM项目技术类型和领域，对其需求状况进行分类管理，对技术含量低的低端项目实施配额或限额管理。另一方面，加强地方相关部门对CDM项目的引导和管理，尤其是确保项目操作实际情况与项目设计文件的预期目标相符合，着实促进地区可持续发展。"②

(二)明确项目运作具体制度

1. 完善运作程序制度。在明确了国家主管机构后，应为CDM项目开发者建立透明的、简单易行的CDM运作程序。例如确定有关项目的合法性判断原则，将审批程序规定予以透明化，按照审批程序准确定义CDM项目的各项性能指标等。

2. 加强监管，建立科学化收费标准。"目前我国政府按项目类型收取项目收益，但同一项目类型下不同实现方式的收益存在差

---

① 陈怡、朱睿智：《金融危机影响下CDM及其相关产业发展》，载《技术经济》2009年第10期，第36页。

② 田春秀、李丽平：《CDM项目中的技术转让：问题与政策建议》，载周冯琦、胡秀莲、[美]理查德·汉利主编：《应对能源安全与全球变暖的挑战》，学林出版社2009年版，第169页。

异,从而影响了项目的经济效益。"① 因此,应当针对不同情形,更加细致和科学地确定收益比率,推动更多类型CDM项目的发展。"另一方面,政府应通过对交易价格的监管,建立我国统一的CDM项目交易卖方市场,从而稳定CERs价格,避免恶性竞争,提高中国CDM项目的国际竞争力。"②

3. 建立完善的评估机制。"一方面要求政府不能盲目批准CDM项目,对申请实施CDM项目的企业要进行认真评估,确立其是否能在项目实施后获得相应的收益。另一方面,政府要对已经实施的项目做好评估工作,评估项目实施效果,分析其在实施过程中是否存在缺陷,以及今后实施同类型项目过程中应做哪些改进。此外,还要注重项目的综合评价,从企业效应、社会效应以及经济的可持续发展等方面加以评价。"③

(三) 加快清洁发展机制项目配套服务体系建设

1. 加大我国CDM项目研发力度。目前国内有关的研究机构还较少,更多的专业研究机构还需建立。CDM的运行机制、实施CDM项目面临的问题、CDM与可持续发展目标的实现等一系列问题还需进一步的研究。国家应加大投入专项研究资金及成立专门研究机构,重点开展CDM的运行机制、基准线测算、方法学、项目财务及经济评价方法,区域环境效益评价方法、CDM项目潜力及优先领域的确定及最佳的资金流向等方面的研究,提高项目运行管理水平。此外,还应积极开展CDM项目的培训、政策和案例研究、CDM项目方法学、国内外研讨会、展览、出版等活动,在有关大学和机构设立CDM的研究项目和相关课题,加强科学研究,同时

---

① 高海然:《我国CDM项目实施现状和政策建议》,载《中国能源》2008年第6期,第37页。
② 郭升选、李娟伟、徐波:《我国CDM项目运行中的问题、成因及其对策》,载《西安交通大学学报(社会科学版)》2009年第2期,第34页。
③ 郭升选、李娟伟、徐波:《我国CDM项目运行中的问题、成因及其对策》,载《西安交通大学学报(社会科学版)》2009年第2期,第34页。

第七章 中国清洁发展机制法律制度及其完善

扩大相关人才的培养。①

目前我国项目主要应用的是几个相对成熟的方法学,对于其他的大量方法学,因为其适用性和可行性的原因,我国项目使用甚少。对此,应积极开发新方法学,以促进各种类型项目活动的实施。"企业由于能力所限,申请新方法学并不现实,但国家可以考虑设立专门的机构研究,收集、整理各种论证方法,申请适合中国国情的方法学,并将注册成功的方法学编制成册,注明适用的项目类型,为企业提供详细的规则指南。"②

2. 加快建设 CDM 项目业主和技术供应方之间信息服务平台,促进各层面的 CDM 信息交流。政府层面的交流可以使 CDM 在政府的引导下更加顺利地进行,并可避免项目的恶性竞争;研究机构层面的交流可以为 CDM 的发展提供理论依据和理论指导;企业层面的交流将中国项目的现状、希望引进的技术以及投资者能够提供的技术进行沟通。只有让买方、卖方、服务方以及中介咨询方都可以找到更可靠的信息,进行更多的比较,才能作出更好的项目,引导更公平的价格。③ 在信息时代,网络所起的作用将不局限于信息的获取,未来我国政府应进一步开发信息应用的方式,满足不同用户的职能需求,要建立更人性、更全面的 CDM 网络信息平台。④

3. 加强对 CDM 知识的宣传和指导。首先,政府和有关部门应加大有关 CDM 知识的宣传,通过宣传创造有利环境,提高企业决策者的参与意识。特别是针对一些能源消耗量大、温室气体排放量大的重工业企业,"应摒除重效益、轻风险的倾向,强调项目存在

---

① 参见王江、赵莉:《中国开展 CDM 的理论与实践研究》,载《未来与发展》2009 年第 1 期,第 7~11 页。

② 杜立、陈少青、周津、倪芸萍:《CDM 中国家职责问题研究》,载《经济研究参考》2010 年第 32 期,第 68 页。

③ 参见田春秀、李丽平:《CDM 项目中的技术转让:问题与政策建议》,载周冯琦、胡秀莲、[美]理查德·汉利主编:《应对能源安全与全球变暖的挑战》,学林出版社 2009 年版,第 170 页。

④ 参见高海然:《我国 CDM 项目实施现状和政策建议》,载《中国能源》2008 年第 6 期,第 37 页。

的风险"①，同时提供一些指导和专业培训机构，帮助企业对风险和收益形成客观充分的认识。

其次，各地主管部门也应相对加强对 CDM 的宣传推广，做好 CDM 项目组织推荐工作，增加企业对 CDM 的认识和了解，引导企业积极参与 CDM 项目研发，鼓励企业合理利用减排资金完成技术升级和产业转型，为改善本地环境、促进经济发展作出贡献。

最后，规范并引导国内专业的 CDM 项目设计和咨询机构。开展 CDM 项目，其中很重要的一个工作就是项目设计文件（PDD）的编制，其过程十分繁琐，辗转国内外数个机构，技术性强，对国内、国际法律知识要求高，咨询费用和项目风险都比较高。目前我国尚没有建立经国际审批的 CDM 经营实体，咨询机构数量少而且专业性不够，缺少国际竞争力。因此应加大 CDM 知识的宣传，鼓励新建 CDM 咨询组织并加强专业知识培训，"培养一批熟悉 CDM 规则及方法学并能够不断跟踪其变化、熟悉国际国内相关法律法规和标准，且具有国际贸易经验的专业人才"②。只有尽快建立国际权威的 CDM 设计咨询中介机构和经营实体，才能切实减少我国 CDM 项目引进的成本和风险。③

四、培育并发展清洁发展机制市场运行机制

对中国而言，通过 CDM 项目在目标上的双重性，促进可持续发展战略，发展低碳经济，必须突出以市场调节为核心。这是 CDM 项目在中国获得生命力的关键所在。

（一）加强市场管理与政府指导之间的协调

"CDM 项目合作是一种市场化的行为，需要企业作为项目的主体予以实施。同时，CDM 也是一个新兴的市场交易品种，需要政

---

① 林黎：《我国 CDM 的现状及问题》，载《城市发展研究》2010 年第 2 期，第 71 页。
② 余裕平、严玉平、王文军：《CDM 项目风险分析与控制》，载《江西能源》2007 年第 4 期，第 15 页。
③ 关于发展 CDM 中介机构，参见林黎：《我国 CDM 的现状及问题》，载《城市发展研究》2010 年第 2 期，第 71 页。

府对其加以引导、培育、规范和监管。"①

1. 合理处置市场机制与政府作为。在法律制定过程中要充分考虑到立法的市场经济背景,一方面强调企业等市场主体在 CDM 实施过程中的自主性;另一方面强调政府对 CDM 交易行为的引导、鼓励和支持,对市场体制下政府与市场各自的功能及相互关系进行正确评价。CDM 法律制度框架应兼具政策指引与行政管理法的双重性质,是对 CDM 的政策性法律规制和管理性法律规制的结合,以立法形式对企业和政府在节能减排问题上的职责、义务予以明确定位,体现了环境保护与经济发展一体化的思路,也有利于处理好与环境保护基本法及其他相关法律的关系。

2. 坚持政府主导与经济扶持原则。主要应以引导性规范、鼓励性规范和支撑保障性法律规范为主,而不应以直接行政控制和制裁性法律规范为主。立法应当以行政强制为底线,更多运用经济扶持等法律实施机制,将市场规则的基本要求体现在具体的法律制度中。CDM 涉及政府、企业、中介组织等各方的权利和义务,它的推行与实施应当强调主体之间的平等协作和密切配合,政府的宏观调控和经济扶持是 CDM 推进的有力保障。

(二)培育规范的清洁发展机制市场

1. 发展和完善 CERs 流通市场。在 CDM 项目中,CERs 的价格确定是否合理、CERs 的交易能否成功等,关键要看市场运作的效率。对于中国 CDM 项目而言,要与其他发展中国家展开国际碳市场的竞争,就应完善相应的基础设施建设和市场流通环节建设,降低 CDM 项目的开发成本,提高其收益比率,营造良好的 CDM 市场发展环境。

(1)在 CERs 流通环节上,针对项目在报批时运用国家账户解决国外买方不确定性问题,这一机制有欠灵活。应当说,在目前国际碳市场主要还是买方市场的情况下,国家账户在这一问题上具有

---

① 郭升选、李娟伟、徐波:《我国 CDM 项目运行中的问题、成因及其对策》,载《西安交通大学学报(社会科学版)》2009 年第 2 期,第 33~34 页。

降低风险功能。对此，也可以探求其他的 CDM 开发模式。在 CDM 市场潜力可预期的情况下，尤其随着温室气体减排问题的进一步明确，国际碳市场对 CERs 较可能出现旺盛需求。从战略上看，中国可以鼓励开发"单边项目"即中国与其他发展中国家独立实施 CDM 项目活动并且出售项目所产生的 CERs，发达国家不参与项目的前期开发。同时，还可以鼓励开发"多边模式"即项目产生的 CERs 被出售给一个基金，这个基金由多个发达国家的投资者组成。在这些情况下，CDM 项目前期国外买方不确定性的问题都可以得到很大程度上的减缓。

（2）取消 CERs 的价格必须由国家发改委审批的规定，实行市场调节的定价方式。CDM 项目在我国已经开展了一个比较长的时期，我国企业也有了相对较多的经验，因此对于 CERs 价格的规定要有所改变。笔者认为应当取消价格限制，允许企业在项目实施过程中自行谈判定价。对此的建议是，在 CERs 价格的初步确定和审核上，可确定"最低价格"，具体根据投入状况、对方的资信情况、交付不能的风险、支付风险、预付能力等方面的情况综合而定。

2. 大力培育和发展中介市场。中介市场是利用 CDM 机制的关键。目前在《CDM 项目运行管理办法》中对项目参与方，特别是对中介机构的资质并无明文要求和行为规范。但随着 CDM 项目在我国实践的深入，迫切需要对项目参与方的资质给予明确规定，以保证国内业主的利益和市场运作的规范。因此，必须加快整顿和优化中介机构，建立资质系统，给符合条件的中介机构和各省级 CDM 开发机构颁发资格证书。同时加强培训，增强中介机构的实力和业务水平。建立中介机构淘汰体制，通过制定相关的法律法规来规范行业，并成立专门的行业机构，设立行业准入壁垒。

3. 构建中国碳金融体系。全球范围内围绕 CDM 的碳金融业务及其衍生品正迅猛发展，碳金融时代已经来临。我国碳金融体系的缺失，不仅不利于有效利用 CDM，而且也不利于金融业在国际排放贸易中取得应有的地位。为提高我国金融业在 CDM 项目投融资方面所起到的作用，应设立与 CDM 项目相关的风险投资基金和新能源产业投资基金,完善对 CDM 项目运行的投融资服务并建立风险评估体系。同时,金融机构应尽快直接投资于 CDM 项目开发和利用,围绕 CDM 推出多种金融衍生品,既能活跃金融市场,也能推动 CDM 项目的开发和利用。

(三)提高企业参与清洁发展机制的能力①

由于执行理事会对 CDM 项目的注册签发程序要求越来越严格,这就要求我国实施 CDM 项目的企业对项目的管理也应越来越严格,才能争取更多的项目得到注册并顺利签发 CERs。

1. 企业应当加强减排意识,积极寻求适合的 CDM 项目。"我国企业应当进一步了解 CDM 项目给企业自身带来的积极效应,正确认识企业温室气体排放的特点,寻求适合的 CDM 项目类型及合作伙伴。比如,能源企业适合选择新能源和可再生能源项目,重工业领域企业应选择燃料替代、节能和提高效能等合作类型项目,化工企业则应选择分解 N_2O 和分解 HFC-23 等类型项目。"②

2. 有条件的企业应当加强 CDM 项目资金准备和人才储备。"CDM 项目的开发有着规范、严格的流程,企业必须拥有熟悉该业务流程的人员。同时,单项 CDM 项目的交易成本可能高达 20 万~25 万美元,因此企业自身要有一定的资金准备。对此,企业应当充分利用 CDM 基金,由其为 CDM 项目提供前期开发费用或低息贷款。"③

3. 充分利用 CDM 带来的机遇。"当前,由经济增长所导致的世界范围内环境压力日益增大为我国企业参与 CDM 项目带来机会,国内企业应该积极抓住这前所未有的机遇,既能促进中国环保产业的发展,又能增加收入,无论对环境还是国计民生来说都有很大的

---

① 关于企业如何提高 CDM 参与能力,参见附录中表 8 调查显示我国企业认为 CDM 项目实施亟须改进的政策和管理标准应涵括的几个方面。

② 郭升选、李娟伟、徐波:《我国 CDM 项目运行中的问题、成因及其对策》,载《西安交通大学学报(社会科学版)》2009 年第 2 期,第 33 页。

③ 郭升选、李娟伟、徐波:《我国 CDM 项目运行中的问题、成因及其对策》,载《西安交通大学学报(社会科学版)》2009 年第 2 期,第 33 页。

好处，是一件利大于弊的事情。"① 目前国内已有部分机构、企业和协会具备了开发 CDM 项目的能力。我国企业可以通过这些中间机构来寻找相关的国际合作项目，通过少量的投入从而获得可观的效益，更重要的是能提高企业自身的控制污染的能力。

4. 加强企业技术创新。在经济发展过程中，我国企业必须以科技进步为先导，控制和减少我国的污染排放总量。"这方面的主要措施有：一是在保护大气环境方面，企业应尝试环保新技术的研发和旧技术的创新，发展排放控制新技术和排放预防技术。二是在产业结构调整中，要加快发展能耗低、污染少的产业，对原有产业和产品的技术装备水平和生产工艺进行改造，以减少污染物的排放。三是提高能源效率和节能方面，要重点发展热电联合技术、清洁煤炭技术和煤气化技术。同时通过技术改造来提高现有住宅、办公建筑物、交通运输工具以及工业场所的能源效率，以实现节能的目标。四是在使用清洁能源方面，主要是依靠技术水平的提高，来降低生产可再生能源的成本，促进风能、太阳能、生物能、地热能等广泛使用，减少二氧化碳排放。"②

五、中国参与清洁发展机制未来谈判的立场

（一）中国在未来国际气候制度谈判中的立场

1. 在气候变化国际协调中充分发挥主动性。作为拥有全球性影响的发展中大国，中国要在全面加入发达国家主导建立的应对气候变化国际体系的同时，积极发挥大国的制度构建作用，使国际制度处于正常有序的运转状态和利益分配的公正状态，在相对公正和稳定的国际合作中维护和促进我国的国家利益。无论面对多大的国际压力，中国必须继续积极地参与应对气候变化的国际谈判，不断增强参与的程度，力争发挥更大的作用。中国在气候变化国际谈判

---

① 肖慈方、王洪雅：《中国对 CDM 的低效利用与对策分析》，载《西南民族大学学报》（人文社会科学版）2009 年第 6 期，第 217 页。

② 胡迟：《排污权交易的最新发展及我国的对策》，载《中国经济时报》2007 年 2 月 27 日，第 8 版。

中，首要的任务是为实现工业化和现代化及可持续发展争取必需的排放空间。同时，还应该开展全方位的环境外交，争取更多的盟友，以增强自己的谈判地位，引导气候谈判的方向。

2. 坚守共同但有区别责任原则，保持立场的坚定性与灵活性。面对日趋复杂和严峻的气候政治态势，欧美之间协调明显加深，发达国家对发展中国家的立场也渐趋一致，这种条件下发展中国家既不能和仍然占据主导地位的发达国家发生正面冲突，又要维护未来发展权益；既要警惕经济发展带来的资源环境代价，又要占领全球创新体系和经济分工高地；既要做大做强自己，又要为推进世界各国在能源和经济转型方面作出贡献。作为新兴发展中大国，中国既要在维护减排空间和负责任大国形象中找到平衡点，又必须根据气候格局的演变在气候外交上作出适当改变。

3. 坚持《联合国气候变化框架公约》、《京都议定书》和"巴厘路线图"、《哥本哈根协议》的主导作用。公约及议定书是国际上应对气候变化的核心机制和主渠道，是气候变化国际博弈的主战场，其所确立的原则和机制有利于保障发展中国家的权益。通过公约缔约方会议达成未来国际协议已经成为国际社会共识，也具有最广泛的政治基础。中国需要高举国际合作大旗，积极参与多种合作机制和渠道下的讨论，推动主渠道的谈判取得进展。

4. 加强与主要发展中国家的协同合作，维持"77国集团+中国"整体立场，坚决抵制分割发展中国家阵营的做法。随着谈判的不断深入，国际气候政治格局日益分化，维持发展中国家整体团结已十分困难。尽管如此，我们仍需要加强发展中国家内部团结，争取形成共同立场，从总体上维护发展中国家的权益。

（二）争取在未来清洁发展机制国际规则谈判中的主动权

1. 参与多边谈判，有效控制CDM项目的潜在风险。政府应该参与各种气候谈判和碳交易谈判，协调国内有关方面在谈判过程中的意见，拟订谈判方案，承担多边、双边自由贸易协定的谈判工作并签署有关文件。同时积极开拓国际双边和多边金融计划等CDM项目合作，并且建立和促进国际CDM项目金融机制，鼓励金融资本市场向CDM项目提供资金，提高CDM项目的融资能力。

2. 积极争取国际排放权贸易的裁判权，参与制定国际排放权贸易的相关规则和标准。"从长远来看，中国还不能仅仅局限于对 CDM 的利用，2012 年后，国际社会很可能要求中国承担一定的减排义务，那时我们就不只是参与 CDM 项目，而是要全面参与国际排放权贸易。"① 据一些国际机构预测，国际排放权贸易将很快超过国际石油贸易。面对这样一个巨大的市场及交易规则，中国必须积极主动去争取自己的相应地位，尤其是裁判权地位，要尽一切可能使中国成为这一市场的规则制定者和修订者之一。这不仅有利于中国从 CDM 项目中获得更充分的利益，而且有利于中国获得国际排放权贸易体系中应有的贸易地位。"②

3. 占据 CDM 项目技术规则和 CERs 价格权的制高点，将成为我国未来是否能在这个国际贸易新战场上把握主动的关键所在。如果美国加入《京都议定书》，碳排放价格将被拉得更高。而在中国市场上，近年来国内所有 CDM 项目平均每吨排放权价格也不到 6 欧元，而同期发达国家超标排放每吨罚款高达 40 欧元。因此，对中国的 CDM 项目来说还存在着有利的议价空间。另一方面，由于中国未来也将面临减排问题，如果在 CDM 项目的审核标准、废气排放的技术标准上没有发言权，那么必将在回购减排量的交易中受制于人。

（三）加强与有关国家和国际机构合作开展清洁发展机制研究

1. 由于联合国 CDM 执行理事会对中国政策缺乏充分的了解，致使中国一些可再生能源项目得不到及时的注册，这已成为中国 CDM 发展面临的一大挑战。CDM 作为一种有效的合作机制，在 2012 年后应该继续得到实施。为此，中国必须利用多种途径积极

---

① 如果中国被迫承担较大的减排额度，一旦中国需要在国际市场上购买 CERs，将付出数倍甚至数十倍于现今的低价。从发展趋势看，中国最终会成为 CDM 净买方。参见方虹、罗炜、刘春平：《中国碳排放权交易市场建设的现状、问题及趋势》，载《中国科技投资》2010 年第 8 期，第 42 页。

② 肖慈方、王洪雅：《中国对 CDM 的低效利用与对策分析》，载《西南民族大学学报》（人文社会科学版）2009 年第 6 期，第 217 页。

推动联合国 CDM 执行理事会对国际规则进行适当的改进和调整，加快项目注册和签发的进程，并促进先进技术向发展中国家转移，以推动中国为全球减缓气候变化作出更多贡献。

2. 加强 CDM 项目开发技术的国际交流与合作。CDM 在我国仍处于起步阶段，缺少专业性相关经验，必须大力加强国际交流与合作。开展国际交流与合作具体可通过以下方面进行：

一是加强与国外具有 CDM 项目开展经验的机构间交流与合作：学习其先进经验和专业知识，如项目的选择、方法学的建立等，降低项目风险。

二是加强与附件一国家即 CERs 购买方的交流与合作：主要是关于技术和资金投资、CERs 价格、相关法律体制等方面的交流和协调，争取更多有利于我国的政策实施，降低项目开展成本。

三是加强与先进技术支持单位的交流与合作：通过合作加强对国外先进技术的引进、消化和创新，加强我国技术人员对先进设备的操作能力和相关技术培训。

四是加强与国际经营实体和相关中介组织的交流与合作：在项目设计文件的设计和审批过程中，通过交流与合作可以加快项目审批进程，提高项目审批通过率，降低相关中介费用。

3. 积极参与第五次 IPCC 评估工作。我国在制定国家应对气候变化的总体战略及宏观决策过程中，要把参与 IPCC 相关活动的能力作为国家应对气候变化能力建设的重要方面。在 IPCC 第五次评估工作启动之际，我们应以此为契机，大力促进科技创新，加大对气候变化科学基础以及气候变化应对措施制定等方面的科技投入；审视各国和国际上各利益集团对气候变化问题的关注重点，结合我国经济发展态势，及时调整我国参与 IPCC 评估工作的思路；扬长避短，努力夯实气候变化研究相关的科学基础，提高我国气候变化科技的软实力。

（四）做好中国减排承诺的法律准备

中国是一个负责任的大国，参加了几乎所有的与环境保护有关的多边进程、国际公约或条约，实践着环境保护领域的合作。目前，中国是仅次于美国的第二大温室气体排放国。① 我国在《京都议定书》框架内并没有明确的减排义务，而且国内也没有法规对碳排放权进行强制性约束。CDM 短期内除了会给中国产业带来收益外，也在传输大气资源利用有偿性的市场信号。中国在气候变化问题上面临巨大的国际压力，面对全球气候的恶化和能源危机，可以预见的是，我国经济在未来一段时间内将保持较快速度的增长，能源的使用也将保持较高的增速，预计我国的温室气体排放也将有增加的趋势。承担减排义务终不可避免。

尽管我国目前还没有明确以何种方式去实现气候变化公约的目标，但我们可以从《中国应对气候变化国家方案》的制定以及各级政府的具体方案看出，我国已经积极进行多方准备。我们应该抓住在第一承诺期的机会，积极开展碳排放相关的项目，促进我国资源的循环利用。通过这些项目的国际合作，我国可以获得现实的项目开展经验，引进先进的技术。在下一承诺期，我国将更有能力利用这些技术、管理经验来开展节能环保等项目，完成减排任务。

---

① 亦有资料表明，中国已经成为世界上第一大温室气体排放国。See John Copeland Nagle, Discounting China's CDM Dams, *Loyola University Chicago International Law Review*, Vol. 7, No. 1, 2009, p. 9.

结　论

本书以国际气候变化形势下的 CDM 为研究点，阐明其发展历程和国际法基础，通过分析现存 CDM 制度及其项目实施中存在的问题，探讨了后京都时代 CDM 的改革，从而对我国 CDM 法律制度提出完善建议。

通过研究，本书得出了以下几点结论：

第一，CDM 在发展上遇到的最大难题是受制于京都机制的制度性缺陷和后京都机制的不确定性，因此研究 CDM 必须以国际气候变化的总体形势为前提，以后京都时代的国际气候制度变化为风向标。当前发达国家和发展中国家之间以及发达国家内部围绕后京都机制的谈判困难重重，但国际气候制度仍朝着预定的方向缓行，推动着气候变化政治格局向前发展。这也充分表明了气候变化国际法的发展是一种渐进式的改革，新旧关系之间具有内在的联系。后京都时代的气候变化国际法治必须探索一种多元化的灵活模式，在效率与公平之间追求动态平衡。"如何使国际和国内层面复杂的 CDM 法律制度相协调，形成有凝聚力的、富有成效的整体体制，这不仅是后京都时代 CDM 改革的目标，也是未来国际气候变化法发展的方向。"[①]

第二，CDM 的发展，为国际法理论研究注入了新动力。它既对国际法提出了挑战，又推动了国际法的演进。一方面，对 CDM 问题的探索，开辟了国际法研究的新领域，"不断涌现的关于气候变化问题的研究成果已经充分表明了气候变化法成为了国际法的一

---

① Jacqueline Peel, Climate Change Law: The Emergence of a New Legal Discipline, *Melbourne University Law Review*, Vol. 32, No. 3, 2008, p.976.

个新分支"①。同时,CDM 法律体系的不断完善,也促进了法律的多样化发展,体现了国际法发展的全球化与碎片化共存的新趋势。②

另一方面,CDM 的运行也是对国际法主体理论的新发展。"CDM 为私法主体(尤其是跨国公司等投资实体)参与多边环境条约的实施提供了一条新路径。"③ 由于项目参与主体在 CDM 项目实施过程中发挥着决定性的作用,国内企业和指定经营实体的参与并且拥有部分核证核查 CERs 和监督管理 CDM 项目运行的权利,这是对传统国际法的适用方式的发展,同时也"增强了非国家行为体的国际法地位和参与国际法实施的过程"④。为了推动 CDM 向前发展,越来越多的 CDM 规则倾向于对私法参与主体特别是发达国家投资者的利益保护。在处理项目实体与执行理事会的关系上面,"为了保护投资者的热情,缔约方会议不断扩展 CDM 相关规则的透明性与公正性,私法主体正日益影响、渗透甚至参与到国际规则的制定过程中"⑤,这既是对传统国际法主体理论的重大发展,也在一定程度上促进了国际法的民主化进程。

第三,自 CDM 项目实施以来,它在促进发展中国家经济可持续发展和帮助发达国家完成减排目标的双赢性功能上,显示了其强大的生命力和卓越贡献,但同时也昭示了其存在的诸多弊端,亟待完善。当前较好的政策环境与经济发展潜力,使得中国在 CDM 的

---

① Jacqueline Peel, Climate Change Law: The Emergence of a New Legal Discipline, *Melbourne University Law Review*, Vol. 32, No. 3, 2008, p. 922.

② 参见杨泽伟:《当代国际法的新发展与价值追求》,载《法学研究》2010 年第 3 期,第 176~177 页。

③ Jacob D. Werksman, The Legitimate Expectations of Investors and the CDM: Balancing Public Goods and Private Rights under the Climate Change Regime, *Carbon & Climate Law Review*, Vol. 2, No. 1, 2008, p. 95.

④ Jacqueline Peel, Climate Change Law: The Emergence of a New Legal Discipline, *Melbourne University Law Review*, Vol. 32, No. 3, 2008, p. 972.

⑤ Jacob D. Werksman, The Legitimate Expectations of Investors and the CDM: Balancing Public Goods and Private Rights under the Climate Change Regime, *Carbon & Climate Law Review*, Vol. 2, No. 1, 2008, p. 104.

卖方市场中具有较强的竞争力。受到后京都机制谈判的影响，迫于中国的温室气体排放量居高，在第二承诺期中国将面临着巨大的减排压力。① 对此，中国应始终坚持共同但有区别责任原则，以促进经济和社会可持续发展作为谈判的核心主张。同时，中国应当有前瞻性研究，着眼于后京都时代 CDM 的变化，密切关注 CDM 市场的发展动向，积极参与 CDM 规则的谈判和修订，未雨绸缪，做好强制性减排的心理和法律准备。

第四，CDM 是一个多层次、多学科的问题，虽然它与其他气候变化问题有着共同的法律基础和背景，但在国际治理上面临着空前的危机。这不仅是源于其本身的复杂综合性，更是因为它需要从国际社会到各国国内的共同合作和努力。而且还掺杂着国际民主和监督、多元化利益集团、不同法律制度之间的冲突等问题。对于当前的 CDM 法律制度来说，加强不同制度、规则之间的协调，无疑是最有效的处理方式。从长远来说，CDM 的实施不仅仅是一种双赢性的减排方式，它还预示着一个减缓温室效应的全球合作的时机到来，对国际社会和每一个国家来说，都是一个抉择。只有真正践行承诺、履约减排，才能最终避免气候灾难的来临。

---

① 中国将会面对越来越大的压力，将被要求作出承诺。这种压力不仅来自发达国家，也来自更多的其他发展中国家，它是内部和外部综合力量的反映。参见张海滨：《中国与国际气候谈判》，载《国际政治研究》2007 年第 1 期，第 22 页。

附 录

表1 《联合国气候变化框架公约》和国际气候治理的发展历程

时间	重要事件	主要成果
20世纪80年代以前	科学研究与认知	提出全球气候变暖问题
1988年	政府间气候变化委员会（IPCC）成立	负责收集、整理和汇总世界各国在气候变化林农关于的研究工作和成果，提出科学评价和政策建议
1990年	IPCC第一次科学评估报告发表	认为持续的人为温室气体排放在大气中的累积将导致气候变化，变化的速率和大小很可能对社会经济和自然系统产生重要影响
1991年	政府间谈判委员会（INC）成立	气候谈判开始
1992年6月	里约环境与发展大会	通过了可持续发展行动纲领《21世纪议程》、《联合国气候变化框架公约》、《生物多样性公约》等
1994年3月	《联合国气候变化框架公约》生效	是第一个由国际社会所有成员全体参与的国际环境公约，具有最广泛的国际社会基础和代表性
1995年3月	第一次缔约方会议	通过了《柏林授权》，并成立了"柏林授权特别小组"，负责进行公约的后续法律文件谈判，为第三次缔约方会议起草一项议定书或法律文件，以强化发达国家的减排义务

续表

时间	重要事件	主要成果
1995 年	IPCC 第二次科学评估报告发表	证实了第一次评估报告的结论,并进一步指出人类活动对全球气候变化具有可辨别的影响
1996 年 7 月	第二次缔约方大会	通过了《日内瓦宣言》,赞同 IPCC 第二次评估报告的结论,呼吁附件一缔约方制定具有法律约束力的减排目标和作出实质性的排放量削减。
1997 年 12 月	第三次缔约方大会	通过《京都议定书》,为附件一缔约方规定了有法律约束力和时间表的减排义务,并引入了排放交易、清洁发展机制、联合履行。其中,CDM 具有帮助附件一国家实现减排义务和促进发展中国家可持续发展的双重目标
1998 年 12 月	第四次缔约方大会	通过了《布宜诺斯艾利斯行动计划》,决定于 2000 年第六次缔约方会议上就京都机制问题作出决定
1999 年 10 月	第五次缔约方大会	就《京都议定书》生效所需具体细则继续磋商,但没有取得实质性进展
2000 年 11 月	第六次缔约方大会	发达国家分歧严重,无果而终
2001 年 3 月	美国宣布拒绝批准《京都议定书》	《京都议定书》生效面临重大威胁
2001 年 7 月	第六次缔约方大会	达成《波恩协议》,从而挽救了《京都议定书》

续表

时间	重要事件	主要成果
2001 年	IPCC 第三次科学评估报告发表	进一步证实了气候变化不可避免,并检验了气候变化与可持续发展之间的联系
2001 年 10 月	第七次缔约方大会	通过《马拉喀什协定》,完成《京都议定书》生效的准备工作,但其环境效益打了折扣
2002 年 2 月	美国推出温室气体减排新方案	提出碳排放强度方法,强调经济增长的重要性
2002 年 8—9 月	约翰内斯堡世界可持续发展首脑会议	《京都议定书》未能如期生效,通过《可持续发展执行计划》,在可持续发展框架下考虑减缓和适应气候变化问题成为谈判的新思路
2002 年 10 月	第八次缔约方大会	通过《德里宣言》,明确提出在可持续发展框架下应对气候变化
2003 年 12 月	第九次缔约方大会	解决了《京都议定书》中操作和技术层面的问题,如制定碳汇项目的原则和标准,制定气候变化专项基金的操作规则,以及如何运用 IPCC 第三次评估报告作为新一轮气候变化谈判的科学依据等
2001 年 11 月	俄罗斯批准《京都议定书》	为《京都议定书》的生效扫清了障碍

续表

时间	重要事件	主要成果
2004年12月	第十次缔约方大会	围绕《联合国气候变化框架公约》生效10年来取得的成就和未来面临的挑战、气候变化带来的影响和适应性措施、温室气体减排政策及其影响和气候变化领域内的技术开发和转让等重要问题进行谈论，会议达成了继续展开减缓全球变暖的非正式会谈的决议，但在关键议题上的谈判没有取得进展，也没有美国的实际承诺
2005年2月16日	《京都议定书》正式生效	后京都谈判将在2005年底前开始
2005年11—12月	第十一次缔约方大会暨《京都议定书》第一次缔约方会议	为后京都时代谋篇布局，达成"控制气候变化的蒙特利尔路线图"，确定了双轨路线：在《京都议定书》框架下，157个缔约方将启动2012年后发达国家温室气体减排责任谈判进程，同时在公约的基础上，189个缔约方就探讨控制全球变暖的长期战略展开对话
2006年11月	第十二次缔约方大会暨《京都议定书》第二次缔约方会议	达成包括"内罗毕工作计划"在内的几十项决定，以帮助发展中国家提高应对气候变化的能力；同时在管理时应在基金的问题上取得一致，基金将用于支付发展中国家具体的适应气候变化活动

续表

时间	重要事件	主要成果
2007 年	IPCC 第四次科学评估报告发表	进一步论证气候变化的科学事实，评估未来温室气体排放趋势和经济减排潜力。指出把大气温室气体浓度控制在较低水平是可能的。未来温室气体排放主要来自发展中国家，低成本的减排潜力也主要在发展中国家，越早采取减排行动越经济可行
2007 年 12 月	第十三次缔约方大会暨《京都议定书》第三次缔约方会议	通过"巴厘岛路线图"，规定在 2009 年之前必须完成相关谈判，考虑为所有发达国家包括美国设定具体的温室气体减排目标，但没有设定目标范围，为下一步谈判留下悬念
2008 年 12 月	第十四次缔约方大会暨《京都议定书》第四次缔约方会议	公约缔约方评估 2008 年取得的成果，为预计在 2009 年哥本哈根会议上达成的新的全球气候变化协议制订详细计划
2009 年 12 月	第十五次缔约方大会暨《京都议定书》第五次缔约方会议	会议坚持了《联合国气候变化框架公约》和《京都议定书》和"巴厘岛路线图"，明确了下一步谈判的原则和方向，维护了巴厘岛路线图"双轨"谈判机制，为最终按巴厘岛路线图达成成果奠定了基础；同时，会议出台了《哥本哈根协议》，在发达国家强制减排和发展中国家采取自主行动上取得了新的进展，在长期目标、资金和行动透明度问题上达成重要共识

续表

时间	重要事件	主要成果
2010年12月	第十六次缔约方大会暨《京都议定书》第六次缔约方会议	将召开墨西哥会议

表2　　《京都议定书》中各国的减排目标

国家	减排目标（基准期百分比）	国家	减排目标（基准期百分比）	国家	减排目标（基准期百分比）
澳大利亚	+8	希腊	-8	葡萄牙	-8
奥地利	-8	匈牙利	-6	列支敦士登	-8
比利时	-8	冰岛	+10	拉脱维亚	-8
保加利亚	-8	爱尔兰	-8	罗马尼亚	0
加拿大	-6	意大利	-8	俄罗斯联邦	0
克罗地亚	-5	日本	-6	斯洛伐克	-8
捷克	-8	立陶宛	-8	斯洛文尼亚	-8
丹麦	-8	卢森堡	-8	西班牙	-8
爱沙尼亚	-8	摩纳哥	-8	瑞典	-8
欧共体	-8	荷兰	-8	瑞士	-8
芬兰	-8	新西兰	0	乌克兰	0
法国	-8	挪威	+1	英国	-8
德国	-8	波兰	-6	美国	-7

资料来源：议定书附件B。

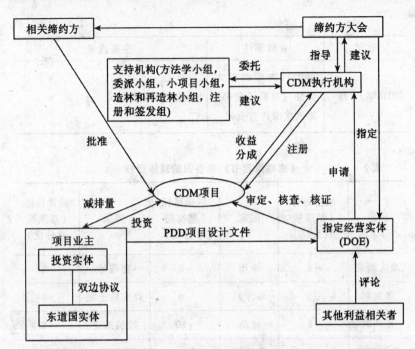

图1 CDM 项目开发和实施过程中各项目参与方之间的相互关系
资料来源：清华大学全球气候变化研究所（2004）。

表3　　　　　　　CDM 项目开发和实施流程表

		CDM 项目活动周期	
	阶段	主要参与实体	主要活动
1	项目识别	项目业主	（1）项目活动是否对东道国可持续发展有利；（2）项目是否具有额外性以及可能减排的初期预测。
2	签署减排量购买协议、合同	项目业主	（1）双边项目的附件一国家实体和非附件一国家实体签署购买减排协议；（2）不同行业和技术的项目，签署设备采购、技术服务等保证项目成功的各种合同。

290

续表

	阶段	主要参与实体	主要活动
		CDM 项目活动周期	
3	项目设计	项目业主	下载标准格式的项目设计文件,并按 CDM 执行理事会的指示规则完成。
4	项目批准	东道国与投资国政府指定国家权力机构(DNA)	(1) 了解各自政府的批准流程和 DNA 的所有条件和要求;(2) 从 DNA 获得自愿参与项目活动的书面批准。
5	项目审定	指定经营实体(DOE)	请求执行理事会所指定的 DOE 来审核项目活动的合格性。
6	项目注册	执行理事会(EB)	向 EB 提交注册申请,并缴纳注册费用等,DOE 将向 EB 提交项目注册的所有文件并要求项目注册。
7	项目实施、监测和报告	项目业主	按照规则实施和运行,依照监测计划持续地记录项目活动的有关结果并汇报给指定经营实体。
8	项目核查、核证	指定经营实体(DOE)	(1) 核查项目监测结果和确认项目所产生的准确的温室气体减排量;(2) 将以上结果汇报给执行理事会。
9	CERs 的签发	执行理事会(EB)	(1) 在接到签发请求的 15 天内签发 CERs;(2) 从签发的 CERs 中自动扣除部分收益分配。

表4　　　　　　　　　　　CDM 项目的注册费

每年减排的平均预计（t CO$_2$）	金额（美元）
10 000	—
15 000	1 500
30 000	4 500
100 000	18 500
1 000 000	198 500
1 757 500	350 500
3 000 000	350 500

资料来源：UNFCCC, CDM Project Activity Cycle, http://cdm.unfccc.int/Projects/pac/index.html, last visited Nov. 20, 2009.

表5　　截止到 2012 年主要东道国 CDM 项目预计年均产生 CERs 比重

排名	缔约方	所占比重（%）
1	中国	59.14
2	印度	11.32
3	巴西	6.52
4	韩国	4.66
5	墨西哥	2.80
6	智利	1.47
7	马来西亚	1.38
8	其他国家	12.71

参见康晓：《利益认知与国际规范的国内化——以中国对国际气候合作规范的内化为例》，载《世界政治与经济》2010 年第 1 期，第 75 页。

数据来源：根据《联合国气候变化框架公约》网站数据整理，http://cdm.unfccc.int/StatisticsRegistration/AmountOfReductRegisteredProjPieChart.html.

表6 非可再生能源领域CDM项目类型数据对比

Type	Number of CDM Projects	CERs Issued/ Total Validated	Number of Projects/ Total Validated	Average verified Kt CO[2]/year per project
N[2]O	3	29.44%	1.41%	6 426.99
HFC-23	8	57.43%	3.76%	4 700.28
Landfill Gas Flaring	4	0.40%	1.88%	66.00
Agriculture Flaring	29	1.23%	13.62%	27.67
Fugitive Gas	1	0.27%	0.47%	176.02
Cement	4	0.17%	1.88%	27.54
Fuel Switch	6	0.27%	2.82%	29.33
Energy Efficiency	23	3.66%	10.80%	104.07
Total	78	92.86%	34.74%	779.52

The data can be found at UNEP Risoe Centre, CDM Pipeline Overview (2007), http://cdmpipeline.org/publications/CDMpipeline.xls, cited from Craig Hart, Kenji Watanabe, Ka Joon Song, and Xiaolin Li, East Asia Clean Development Mechanism: Engaging East Asian Countries in Sustainable Development and Climate Regulation Through the CDM, *Georgetown International Environmental Law Review*, Vol. 20, No. 4, 2008, p. 650.

表7 调查显示我国企业认为CDM项目实施亟须改进的政策和管理标准应涵括以下方面

1	计算温室气体标准不是很统一，项目方法学的相关要求应完善
2	核查现有方法论，同时核查现有相应的规章
3	整个流程方面需要完善的体系
4	与国外CDM签订合同应有一个标准，以提供指导
5	加强企业之间联系，CDM存在产业化，亟须进一步更新
6	国家应减少CDM的税收，才能取得更好的环保效益
7	很多企业不了解CDM项目，政府、发改委应加大宣传

续表

8	给企业提供更多的 CDM 成功的范例
9	政府应建立一个专门部门,不光对 CDM 项目进行管理,更应进行技术指导
10	参照国外企业先进的技术和生产的管理模式
11	CERs 应该制定统一标准
12	加强 CDM 项目中介机构的管理
13	政府加大技术方面投资
14	政府要有资金支持
15	审批过程慢
16	简化审批程序

资料来源:陈亮、刘玫:《我国企业参与 CDM 情况及标准需求调查研究》,载《标准科学》2009 年第 6 期,第 60 页。

参 考 文 献

一、文献资料

1. 《联合国气候变化框架公约》,http://unfccc.int/resource/docs/convkp/conveng.pdf

2. 《联合国气候变化框架公约京都议定书》,http://www.ipcc.cma.gov.cn/upload/unfccc/KPc.pdf

3. 《联合国气候变化框架公约京都议定书》附件 A,http://unfccc.int/resource/docs/convkp/kpeng.pdf

4. 《清洁发展机制项目运行管理办法》,http://cdm.ccchina.gov.cn/web/NewsInfo.asp?NewsId=458

5. 2009 年《中国应对气候变化的政策与行动年度报告》,http://www.ccchina.gov.cn/WebSite/CCChina/UpFile/File572.pdf

6. 2007 年《中国应对气候变化国家方案》,http://www.ccchina.gov.cn/website/ccchina/upfile/file189.pdf

7. 《波恩协定》,http://unfccc.int/resource/docs/chinese/cop7/cp7l24a02c.pdf

8. 《马拉喀什协议》,http://unfccc.int/resource/docs/chinese/cop7/cp7l27r01c.pdf

9. 《巴厘行动计划》,http://unfccc.int/resource/docs/2007/cop13/chi/06a01c.pdf#page=3

10. 《哥本哈根协议》,http://unfccc.int/home/items/5262.php

11. IPCC 第一次评估报告,http://unfccc.int/documentation/documents/items/3595.php?

12. IPCC 第二次评估报告,http://unfccc.int/resource/docs/

chinese/cop2/05c.pdf

13. IPCC 第三次评估报告，http://unfccc.int/resource/docs/2002/sbsta/misc05.pdf

14. IPCC 第四次评估报告，http://unfccc.int/resource/docs/2008/sbsta/chi/l17c.pdf

二、中文译著

1. ［美］迈克尔·雷斯曼论文集：《国际法：领悟与构建》，万鄂湘、王贵国、冯华健主译，法律出版社 2007 年版。

2. ［英］帕特纱·伯尼、艾伦·波义尔著：《国际法与环境》，那力、王彦志、王小钢译，高等教育出版社 2007 年版。

3. ［美］莉萨·马丁、贝思·西蒙斯：《国际制度》，黄仁伟、蔡鹏鸿等译，上海人民出版社 2006 年版。

4. ［比］约斯特·鲍威林：《国际公法规则之冲突：WTO 法与其他国际法规则如何联系》，周忠海等译，法律出版社 2005 年版。

5. ［美］康威·汉得森：《国际关系：世纪之交的冲突与合作》，金帆译，海南出版社 2004 年版。

6. ［美］威廉·汉德森著：《国际关系：世纪之交的冲突与合作》，金帆译，海南出版社、三环出版社 2004 年版。

7. ［美］汤姆·体滕伯格著：《环境经济学与政策》，朱启贵译，上海财经大学出版社 2003 年版。

8. ［美］埃德加·博登海默：《法理学——法律哲学与法律方法》，邓正来译，中国政法大学出版社 2002 年版。

9. ［德］戴维·赫尔德等：《全球大变革：全球化时代的政治、经济与文化》，社会科学文献出版社 2001 年版。

10. ［法］米海伊尔·戴尔玛斯—马蒂：《世界法的三个挑战》，罗结珍、郑爱青、赵海峰译，法律出版社 2001 年版。

11. ［美］亚历山大·基斯著：《国际环境法》，张若思编译，法律出版社 2000 年版。

12. ［美］罗杰·科特威尔：《法律社会学导论》，潘大松等译,华夏出版社1989年版。

三、中文著作

1. 中国能源报社国际部主编：《哥本哈根一路走来》，中国环境科学出版社2010年版。

2. 高宁：《国际原子能机构与核能利用的国际法律控制》，中国政法大学出版社2009年版。

3. 韩良：《国际温室气体排放权交易法律问题研究》，中国法制出版社2009年版。

4. 刘俊主编：《关注全球气候变化》，军事科学出版社2009年版。

5. 佟新华：《基于清洁发展机制的东北亚环境合作研究》，长春出版社2009年版。

6. 王伟光等主编：《应对气候变化报告》(2009)，社会科学文献出版社2009年版。

7. 肖兴利：《国际能源机构能源安全法律制度研究》，中国政法大学出版社2009年版。

8. 杨洁勉：《世界气候外交和中国的应对》，时事出版社2009年版。

9. 杨泽伟：《中国能源安全法律保障研究》，中国政法大学出版社2009年版。

10. 庄贵阳、朱仙丽、赵行姝：《全球环境与气候治理》，浙江人民出版社2009年版。

11. 陈德敏：《环境法原理专论》，法律出版社2008年版。

12. 陈刚：《京都议定书与国际气候合作》，新华出版社2008年版。

13. 陈谦磊编著：《清洁发展机制的指南和发展》，经济日报出版社2008年版。

14. 龚向前：《气候变化背景下能源法的变革》，中国民主法制出版社2008年版。

15. 林灿铃：《国际环境法理论与实践》，知识产权出版社

2008 年版。

16. 林云华：《国际气候合作与排放权交易制度研究》，中国经济出版社 2007 年版。

17. 苏伟主编：《规划方案下的清洁发展机制：制度框架与国际动态研究》，中国科学环境出版社 2008 年版。

18. 王彬辉：《基本环境法律价值：以环境法经济刺激制度为视角》，中国法制出版社 2008 年版。

19. 王小龙：《排放权交易研究：一个环境法学的视角》，法律出版社 2008 年版。

20. 钭晓东：《论环境法功能之进化》，科学出版社 2008 年版。

21. 徐祥明、孟庆垒等：《国际环境法基本原则研究》，中国环境科学出版社 2008 年版。

22. 鄢斌：《社会变迁中的环境法》，华中科技大学出版社 2008 年版。

23. 杨兴：《气候变化框架公约：国际法与比较法的视角》，中国法制出版社 2007 年版。

24. 杨泽伟：《国际法析论》（修订第二版），中国人民大学出版社 2007 年版。

25. 张利军：《中美关于应对气候变化的协商与协作》，世界知识出版社 2008 年版。

26. 中国 21 世纪议程管理中心，清华大学全球环境研究中心编著：《中国清洁发展机制项目开发与实践》，科学出版社 2008 年版。

27. 姜冬梅、张孟衡、陆根法主编：《应对气候变化》，中国科学环境出版社 2007 年版。

28. 马忠法：《国际技术转让法律制度理论与实务研究》，法律出版社 2007 年版。

29. 高岚君：《国际法的价值论》，武汉大学出版社 2006 年版。

30. 国际气候变化对策协调小组办公室等编著：《中国清洁发展机制项目开发指南》，中国环境科学出版社 2006 年版。

31. 李挚萍：《环境法的新发展：管制与民主之互动》，人民法院出版社 2006 年版。

32. 刘建辉：《环境法价值论》，人民出版社 2006 年版。

33. 中国 21 世纪议程管理中心、清华大学编著：《清洁发展机制》，社会科学文献出版社 2005 年版。

34. 李爱年、韩广：《人类社会的可持续发展与国际环境法》，法律出版社 2005 年版。

35. 王曦：《国际环境法》，法律出版社 2005 年版。

36. 庄贵阳、陈迎：《国际气候制度与中国》，世界知识出版社 2005 年版。

37. 陈汉光、朴光洙编著：《环境法基础》，中国环境科学出版社 2004 年版。

38. 国家气候变化对策协调小组办公室，21 世纪议程管理中心：《全球气候变化——人类面临的挑战》，商务印书馆 2004 年版。

39. 黄明健：《环境法制度论》，中国环境科学出版社 2004 年版。

40. 吕学都、刘德顺主编：《清洁发展机制在中国：采取积极和可持续的方式》，清华大学出版社 2004 年版。

41. 崔大鹏：《国际气候合作的政治经济学分析》，商务印书馆 2003 年版。

42. 李寿平：《现代国际责任法律制度》，武汉大学出版社 2003 年版。

43. 吕忠梅主编：《超越与保守——可持续发展视野下的环境法创新》，法律出版社 2003 年版。

44. 万霞：《国际环境保护的法律理论与实践》，经济科学出版社 2003 年版。

45. 邵沙平、余敏友主编：《国际法问题专论》，武汉大学出版社 2002 年版。

46. 苏长和：《全球公共问题与国际合作：一种制度的分析》，上海人民出版社 2000 年版。

四、中文学位论文

1. 韩雪:《清洁发展机制的经济法学思考》,湘潭大学 2009 年硕士学位论文。

2. 刘畅:《碳减排交易法律问题研究》,复旦大学 2009 年硕士学位论文。

3. 田丹宇:《京都议定书之清洁发展机制实施风险问题研究》,中国政法大学 2009 年硕士学位论文。

4. 张凯南:《京都议定书中清洁发展机制探析》,中国政法大学 2009 年硕士学位论文。

5. 艾铁伦:《清洁发展机制下国际经济合作问题研究》,吉林大学 2008 年博士学位论文。

6. 陈冠伶:《CDM 交易法律问题研究》,西南政法大学 2008 年硕士学位论文。

7. 洪海娟:《清洁发展机制研究》,浙江工业大学 2008 年硕士学位论文。

8. 李菲菲:《我国清洁发展机制的立法问题研究》,山东大学 2008 年硕士学位论文。

9. 潘凌:《论清洁发展机制中制度风险与法律控制》,中国政法大学 2008 年硕士学位论文。

10. 曾冠:《碳排放交易中的若干法律问题研究》,武汉大学 2008 年博士学位论文。

11. 杜莉:《清洁发展机制下的中国相关法律问题研究》,安徽大学 2007 年硕士学位论文。

12. 刘尚余:《可再生能源领域 CDM 项目开发的关键问题研究》,中国科学技术大学 2007 年博士学位论文。

13. 任春梅:《清洁发展机制对我国可持续发展的影响分析》,吉林大学 2007 年硕士学位论文。

14. 于天飞:《碳排放权交易的市场研究》,南京林业大学 2007 年博士学位论文。

15. 王英平:《〈京都议定书〉及后京都时代的国际气候制度》,

中国海洋大学 2006 年硕士学位论文。

16. 朱谦：《全球温室气体减排的清洁发展机制研究》，苏州大学 2006 年博士学位论文。

五、中文期刊

1. 杜立、陈少青、周津、倪芸萍：《CDM 中国家职责问题研究》，载《经济研究参考》2010 年第 32 期。

2. 参见方虹、罗炜、刘春平：《中国碳排放权交易市场建设的现状、问题及趋势》，载《中国科技投资》2010 年第 8 期。

3. 崔立新、梁艳：《全球碳市场的实践及其对我国的启示》，载《金融发展评论》2010 年第 5 期。

4. 林明军：《清洁发展机制研究综述及展望》，载《经济研究导刊》2010 年第 3 期。

5. 王贺猛、李优阳：《清洁发展机制下核证减排量卖方的主要义务与风险分析》，载《科技与法律》2010 年第 3 期。

6. 林黎：《我国清洁发展机制的现状问题》，载《城市发展研究》2010 年第 2 期。

7. 刘畅：《我国清洁发展机制制度研究》，载《环境与可持续发展》2010 年第 2 期。

8. 杨玉峰、刘滨：《温室气体排放总量计算的不确定性及其对 CDM 的影响》，载《上海环境科学》2010 年第 2 期。

9. 郑思海、王宪明：《CDM 国际合作中的技术交流障碍与对策研究》，载《特区经济》2010 年第 2 期。

10. 康晓：《利益认知与国际规范的国内化——以中国对国际气候合作规范的内化为例》，载《世界政治与经济》2010 年第 1 期。

11. 郭升选、李娟伟、徐波：《我国清洁发展机制项目运行中的问题、成因及对策》，载《西安交通大学学报》（社会科学版），2009 年第 2 期。

12. 王江，赵莉：《中国开展清洁发展机制（CDM）的理论与实践研究》，载《未来与发展》2009 年第 1 期。

13. 岳鹏飞、张月英:《基于清洁发展机制改善能源结构》,载《合作经济与科技》2008年第14期。

14. 王跃先、谷昕:《论我国实施清洁发展机制的问题与法律对策》,载《科技创新导报》2008年第12期。

15. 高广生:《如何发挥市场机制的作用应对气候变化》,载《中国能源》2008年第8期。

16. 庄贵阳:《后京都时代国际气候治理与中国的战略选择》,载《世界政治与经济》2008年第8期。

17. 高海然:《我国清洁发展机制项目实施现状和政策建议》,载《中国能源》2008年第6期。

18. 马贵珍:《清洁发展机制下我国可持续发展策略研究》,载《云南行政学院学报》2008年第5期。

19. 赵惊涛:《排放权交易与清洁发展机制》,载《当代法学》2008年第5期。

20. 高晓瑞:《〈京都议定书〉的集体行动困境》,载《宁夏大学学报》(人文社会科学版)2008年第4期。

21. 金萍:《促进清洁发展机制项目合作的问题与对策》,载《国际经济合作》2008年第4期。

22. 辛晓牧、冷雪飞:《清洁发展机制的进展及应对策略》,载《环境保护与循环经济》2008年第4期。

23. 王灿、傅平、陈吉宁:《清洁发展机制对温室气体减排的贡献》,载《清华大学学报(自然科学版)》2008年第3期。

24. 何艳梅:《〈京都议定书〉的清洁发展机制及其在中国的实施》,载《法治论丛》2008年第2期。

25. 金永明:《论合作:构建和谐世界之方法与途径——以国际法领域的相关制度为中心》,载《政治与法律》2008年第2期。

26. 谭光涛、赵自成:《全球化背景下的清洁发展机制与中国》,载《铜仁学院学报》2008年第2期。

27. 涂毅:《国际温室气体排放权市场的发展及其启示》,载《江西财经大学学报》2008年第2期。

28. 李静云、别涛:《清洁发展机制及其在中国实施的法律保障》，载《中国地质大学学报（社会科学版）》2008年第1期。

29. 吕学都：《巴厘会议对未来气候变化国际制度的影响》，载《世界环境》2008年第1期。

30. 严员英、周莉荫、朱恒：《中国CDM发展进程及发展趋势》，载《江西能源》2008年第1期。

31. 边永民：《论共同但有区别责任原则在国际环境法中的地位》，载《暨南学报（哲学社会科学版）》2007年第4期。

32. 周林军：《环境规则与经济权利——〈京都议定书〉中的法律经济学概念》，载《中山大学学报（哲学社会科学版）》2007年第4期。

33. 杨雅惠：《科学认识、国际政治利益与环境保护角力下的〈京都议定书〉》，载《未来与发展》2007年第3期。

34. 杨泽伟：《欧盟能源法律政策及其对我国的启示》，载《法学》2007年第2期。

35. 朱建娜：《透视清洁发展机制与中国》，载《中国律师》2007年第2期。

36. 朱谦：《清洁发展机制国内立法中的法律问题探讨》，载《中国地质大学学报（社会科学版）》2007年第2期。

37. 杨倩：《应对气候变化问题的法律调整机制》，载《中国环境管理干部学院学报》2007年第1期。

38. 杨圣明、韩冬筠：《清洁发展机制在国际温室气体排放权市场的前景分析》，载《国际贸易》2007年第1期。

39. 范世汶、王初鸣、张凯：《清洁发展机制与中国相关法律问题初探》，载《中国律师》2006年第5期。

40. 秦天宝：《国际法的新概念"人类共同关切事项"初探——以〈生物多样性公约〉为例的考察》，载《法学评论》2006年第5期。

41. 余慧超、王礼茂：《基于清洁发展机制的中国碳市场潜力分析》，载《资源科学》2006年第4期。

42. 李敏：《利益的博弈——由〈京都议定书〉生效引发的思考》，载《理论探索》2006年第3期。

43. 秦天宝：《我国环境保护的国际法律问题研究——以气候变化问题为例》，载《世界经济与政治论坛》2006 年第 2 期。

44. 万霞：《后京都时代与共同但有区别责任原则》，载《外交评论》2006 年第 2 期。

45. 潘攀：《清洁发展机制下的减排量交易及其法律问题》，载《中国能源》2005 年第 10 期。

46. 郑爽：《国际 CDM 现状分析》，载《中国能源》2005 年第 6 期。

47. 王灿、陈吉宁、邹骥：《中国实施清洁发展机制的潜力分析》，载《中国环境科学》2005 年第 3 期。

48. 庄贵阳：《气候变化与可持续发展》，载《世界经济与政治》2004 年第 4 期。

49. 郑照宁、刘德顺：《清洁发展机制：一种新的国际合作与发展机制》，载《节能与环保》2003 年第 5 期。

50. 唐更克、何秀珍、本约朗：《中国参与全球气候变化国际协议的立场与挑战》，载《世界经济与政治》2002 年第 8 期。

51. 陈迎：《中国在联合国气候变化框架公约中的作用及其战略选择》，载《世界政治与经济》2002 年第 5 期。

52. 高广生：《气候变化国际谈判进展及其核心问题》，载《中国人口、资源与环境》2002 年第 3 期。

六、Works

1. Anthony Giddens, *The Politics of Climate Change*, Polity, 2009.

2. Jonatan Pinkse and Ans Kolk, *Internatioanla Business and Global Climate Change*, Routledge, 2009.

3. M. A. Mohamed Salih ed., *Climate Change and Sustainable Development: New Changes for Poverty Reduction*, Edward Elgar, 2009.

4. Klaus Bosselman, *The Principle of Sustainability: Transforming Law and Governance*, Ashgate, 2008.

5. Neil Craik, *The International Law of Environmental Impact assessment: Process, Substance and Integration*, Cambridge University Press, 2008.

6. Paul Q. Watchman, *Climate Change: A Guide to Carbon Law and Practice*, Globe Business Publishing Ltd., 2008.

7. Philip J. J. Prost, *Multilateral Environmental Agreement: States of Affairs and Developments*, Eleven International Publisher, 2008.

8. Bert Bolin, *A History of the Science and Politics of Climate Change: The Role of the Intergovernmental Panel on Climate Change*, Cambridge University Press, 2007.

9. Linda A. Malone and William M. Tabb, *Environmental Law: Policy and Practice*, Thomson/West, 2007.

10. Joseph E. Aldy and Robert N. Stavins, *Architecture for Agreements: Addressing Global Climate Change in the Post-Kyoto World*, Cambridge University Press, 2007.

11. Alexander Gillespie, *Climate Change, Ozone Depletion and Air Pollution*, Nijhoff, 2006.

12. Andrew E. Dessler and Edward A. Parson, *The Science and Politics of Global Climate Change: A Guide to the Debate*, Cambridge University Press, 2006.

13. Benjamin J. Richardson & Stepan Wood, *Environmental Law for Sustainability: A Reader*, Hart Publishing, 2006.

14. Elli Louka, *International Environmental Law: Fairness, Effectiveness and World Order*, Cambridge University Press, 2006.

15. Ulrich Beyerlin, Peter-Tobias Stoll and Rudiger Wolfrum eds., *Ensuring Compliance with Multilateral Environmental Agreements*, Nijhoff, 2006.

16. David Freestone and Charlotte Sterck eds., *Legal Aspects of Implementation the Kyoto Protocol Mechanism: Making Kyoto Work*, Oxford University Press, 2005.

17. Roda Verheyen, *Climate Change Damage and International Law*: *Prevention Duties and State Responsibility*, Nijhoff, 2005.

18. Alexandre Kiss, Dinah Shelton, and Kanami shibashi, *Economic Globalization and Compliance with International Environmental Agreements*, Kluwer Law International, 2003.

19. Edith Brown Weiss, *International Environmental Law and Policy*, Aspen Publishers, 2003.

20. Pembina Institute, *A User's Guide to the CDM*, 2nd Edition, Drayton Valley, AB: Pembina Institute, 2003.

21. Philippe Cullet, *Differential Treatment in International Environmental Law*, Ashgate Publishing Limited, 2003.

22. Philippe Sands, *Principles of International Environmental Law*, Cambridge University Press, 2003.

23. Ved P. Nanda and George Pring, *International Environmental Law for the 21st Century*, Transnational Publishers, 2003.

24. Lavanya Rajamani, *Differential Treatment in International Environmental Law*, Oxford University Press, 2002.

25. N. H. Ravindranath, and Jayant A. Sathaye, *Climate Change and Developing Countries*, Kluwer International Law, 2002.

26. Oran R. Yong, *The Institutional Dimensions of Environmental Change*, MIT Press, Cambridge, 2002.

27. Kenneth T. Jackson ed. *Mitigating Climate Chang*: *Flexibility Mechanism*, Elsevier Press, Oxford, 2001.

28. Victor David G, *The Collapse of the Kyoto Protocol and the Struggle to Slow Global Warming*, Princeton University Press, 2001.

七、Articles

1. Bharathi Pillai, Moving Forward to 2012: An Evaluation of the Clean Development Mechanism, *New York University Environmental Law Journal*, Vol. 18, No. 2, 2010, pp. 357-411.

2. Nicholas A. Robinson, The Sands of Time: Reflections on the

Copenhagen Climate Negotiations, *Pace Environmental Law Review*, Vol. 27, No. 2, 2010, pp. 599-618.

3. Randall S. Abate and Andrew B. Greenlee, Sowing Seeds Uncertain: Ocean Iron Fertilization, Climate Change, and the International Environmental Law Framework, *Pace Environmental Law Review*, Vol. 27, No. 2, 2010, pp. 555-598.

4. Richard L. Ottinger, Copenhagen Climate Conference-Success or Failure? *Pace Environmental Law Review*, Vol. 27, No. 2, 2010, pp. 411-420.

5. Bryan A. Green, Lessons from the Montreal Protocol: Guidance for the Next International Climate Change Agreement, *Environmental Law*, Vol. 39, No. 1, 2009, pp. 253-284.

6. David Takacs, Carbon into Gold: Forest Carbon Offsets, Climate Change Adaptation, and International Law, *West-Northwest Journal of Environmental Law & Policy*, Vol. 15, No. 1, 2009, pp. 39-88.

7. Deepa Badrinarayana, The Emerging Constitutional Challenge of Climate Change: India in Perspective, *Fordham Environmental Law Review*, Vol. 19, No. 1, 2009, pp. 1-38.

8. Harro van Asselt, Joyeeta Gupta, Stretching too far? Developing Countries and the Role of Flexibility Mechanisms beyond Kyoto, *Stanford Environmental Law Journal*, Vol. 28, No. 2, 2009, pp. 311-380.

9. John A. Sautter, The CDM in China: Assessment the Tension between Development and Curbing Anthropogenic Climate Change, *Virginia Environmental Law Journal*, Vol. 27, No. 1, 2009, pp. 91-118.

10. John Copeland Nagle, Discounting China's CDM Dams, *Loyola University Chicago International Law Review*, Vol. 7, No. 1, 2009, pp. 9-30.

11. Purdy Ray, Governance Reform of the Clean Development

Mechanism after Poznan Thematic Focus: Reforming the CDM: Aspects of Law Governance, *Carbon & Climate Law Review*, Vol. 3, No. 1, 2009, pp. 5-15.

12. Reuven S. Avi-Yonah and David M. Uhlmann, Combating Global Climate Change: Why a Carbon Tax Is a Better Response to Global Warming Than Cap and Trade, *Stanford Environmental Law Journal*, Vol. 28, No. 1, 2009, pp. 3-50.

13. Sam Headon, Whose Sustainable Development? Sustainable Development under the Kyoto Protocol, the "Cold play Effect," and the CDM Gold Standard, *Colorado Journal of International Environmental Law and Policy*, Vol. 20, No. 2, 2009, pp. 127-156.

14. Steven Ferrey, Gate Keeping Global Warming: The International Role of Environmental Assessments and Regulation in Controlling Choices for Future Power Development, *Fordham Environmental Law Review*, Vol. 101, No. 1, 2009, pp. 101-160.

15. Andrew Schatz, Discounting the Clean Development Mechanism, *Georgetown International Environmental Law Review*, Vol. 20, No. 4, 2008, pp. 703-742.

16. Andrew Schatz, Foreword: Beyond Kyoto—The Developing World and Climate Change, *Georgetown International Environmental Law Review*, Vol. 20, No. 4, 2008, pp. 531-536.

17. Anita M. Halvorssen, UNFCCC, the Kyoto Protocol, and the WTO Brewing Conflicts or Are They Mutually Supportive? *Denver Journal of International Law and Policy*, Vol. 19, No. 2, 2008, pp. 369-380.

18. Benjamin Gorlach and Olaf Holzer-Schopohl, The European Emission Trading Scheme-Coming of Age? An Assessment of the EU Commission Proposal for a Review of the Scheme? *Carbon & Climate Law Review*, Vol. 2, No. 1, 2008, pp. 105-109.

19. Brooke Ackerly and Michael P. Vandenbergh, Climate Change Justice: The Challenge for Global Governance, *Georgetown*

International Environmental Law Review, Vol. 20, No. 4, 2008, pp. 553-572.

20. Charles Owen Verrill, Maximum Carbon Intensity Limitations and the Agreement on Technical Barriers to Trad, *Carbon & Climate Law Review*, Vol. 2, No. 1, 2008, pp. 43-53.

21. Christina Voigt, Climate Law Reporter: Is the Clean Development Mechanism Sustainable? Some Critical Aspects, *Sustainable Development Law & Policy*, Vol. 8, No. 2, 2008, pp. 15-21.

22. Christopher Carr and Flavia Rosembuj, Flexible Mechanisms for Climate Change Compliance: Emission Offset Purchases under the Clean Development Mechanism, *New York University Environmental Law Journal*, Vol. 16, No. 1, 2008, pp. 44-62.

23. Craig Hart, Kenji Watanabe, Ka Joon Song, and Xiaolin Li, East Asia Clean Development Mechanism: Engaging East Asian Countries in Sustainable Development and Climate Regulation Through the CDM, *Georgetown International Environmental Law Review*, Vol. 20, No. 4, 2008, pp. 645-680.

24. Daniel H. Cole, Climate Change, Adaptation and Development, *University of California at Los Angeles Journal of Environmental. Law. & Policy*, Vol. 26, No. 1, 2008, pp. 1-20.

25. Gale Reference Team, International Climate Change Programs: Lesson Learned from the EU's Emission Trading Scheme and the Kyoto Protocol's Clean Development Mechanism, *Accounting Office Reports & Testimony*, Digital, Dec. 29, 2008.

26. Jacob D. Werksman, The Legitimate Expectations of Investors and the CDM: Balancing Public Goods and Private Rights under the Climate Change Regime, *Carbon & Climate Law Review*, Vol. 2, No. 1, 2008, pp. 95-104.

27. Maxine Burkett, Just Solutions to Climate Change: A Climate Justice Proposal for a Domestic Clean Development Mechanism, *Buffalo Law Review*, Vol. 56, No. 1, 2008, pp. 169-244.

28. Michael Wara, Measuring the Clean Development Mechanism's Performance and Potential, *University of California at Los Angeles Law Review*, Vol. 55, No. 6, 2008, pp. 1759-1804.

29. Romulo Silveira da Rocha Sampaio, Seeing the Forest for the Treaties: The Evoling Debates on Forest and Forestry Activities under the Clean Development Mechanism Ten Years after the Kyoto Protocol, *Fordham International Law Journal*, Vol. 31, No. 3, 2008, pp. 634-683.

30. Anita M. Halvorssen, Common, but Differentiated Commitments in the Future Climate Change Regime—Amending the Kyoto Protocol to include Annex C and the Annex C Mitigation Fund, *Colorado Journal of International Environmental Law and Policy*, Vol. 18, No. 2, 2007, pp. 247-266.

31. Charlotte Streck and Thiago B. Chagas, The Future of the CDM in the Post-Kyoto World, *Carbon & Climate Law Review*, Vol. 1, No. 1, 2007, pp. 53-63.

32. Craig Hart, Sustainable Energy: The Clean Development Mechanism: Considerations for Investors and Policymakers, *Sustainable Development Law & Policy*, Vol. 7, No. 3, 2007, pp. 41-46.

33. Ernestine E. Meijer, The International Institutions of the CDM Brought before National Courts: Limiting Jurisdiction Immunity to Achieve Access to Justice, *New York University Journal of International Law and Politics*, Vol. 39, No. 4, 2007, pp. 873-928.

34. Harro van Asselt, From UN-ity to Diversity? The UNFCCC, the Asia-Pacific Partnership, and the Future of International Law on Climate Change, *Carbon & Climate Law Review*, Vol. 1, No. 1, 2007, pp. 17-28.

35. Karl Upston-Hooper, Deconstructing Emission Reduction Purchase Agreements: Three Jurisprudential Challenges, *Carbon & Climate Law Review*, Vol. 1, No. 1, 2007, pp. 73-75.

36. Kyle W. Danis, Climate Law Reporter: An Overview of the

International Regime Addressing Climate Change, *Sustainable Development Law & Policy*, Vol. 7, No. 2, 2007, pp. 10-15.

37. Lynda M. Collins, Revisiting the Doctrine of Intergenerational Equity in Global Environmental Governance, *Dalhousie Law Journal*, Vol. 30, No. 1, 2007, pp. 79-140.

38. Michae Mehling and Leonardo Massai, The European Union and Climate Change: Leading the Way towards a Post-2012 Regime? *Carbon & Climate Law Review*, Vol. 1, No. 1, 2007, pp. 45-52.

39. Patrick Matschoss, The Programmatic Approach to CDM: Benefits for Energy Efficiency Projects, *Carbon & Climate Law Review*, Vol. 1, No. 2, 2007, pp. 119-128.

40. Sharon Long and Giedre Kaminskaite-Salter, The EU ETS—Latest Developments and the Way Forward, *Carbon & Climate Law Review*, Vol. 1, No. 1, 2007, pp. 64-72.

41. Douglas Williams, Rethinking the Kyoto Protocol: Are Three Solutions to Global Warming and Climate Change? *Washington University Global Studies Law Review*, Vol. 5, No. 2, 2006, pp. 333-380.

42. Jennifer P. Morgan, Carbon Trading under the Kyoto Protocol: Risks and Opportunities for Investors, *Fordham Environmental Law Review*, Vol. 18, No. 1, 2006, pp. 151-184.

43. Jennifer Rohleder and Jillian Button, Climate Law Special Edition 2006: The Legal Dimensions of Climate Change: Conference Report, *Sustainable Development Law & Policy*, Vol. 6, No. 2, 2006, pp. 57-60.

44. Kevin A. Baumert, Participation of Developing Countries in the International Climate Change Regime: Lessons for the Future, *George Washington International Law Review*, Vol. 18, No. 2, 2006, pp. 365-408.

45. Mindy Nigoff, The Clean Development Mechanism: Does the Current Structure Facilitate Kyoto Protocol Compliance? *George Washington International Law Review*, Vol. 18, No. 2, 2006, pp. 249-276.

46. Tseming Yang, International Treaty Enforcement as a Public Good: Institutional Deterrent Sanctions in International Environmental Agreements, *Michigan Journal of International Law*, Vol. 27, No. 4, 2006, pp. 1131-1184.

47. David W. Childs, The Unresolved Debates That Scorched Kyoto: An Anlytical Framework, *International and Comparative Law Review*, Vol. 13, No. 1, 2005, pp. 233-260.

48. Richard L. Ottinger & Mindy Jayne, Global Climate Change Kyoto Protocol Implementation: Legal Frameworks for Implementing Clean Energy Solutions, *Pace Environmental Law Review*, Vol. 18, No. 1, 2000, pp. 19-86.

八、网络资源

1. 清洁发展机制官方网站：http://cdm.unfccc.int
2. 联合国气候变化：http://www.un.org/zh/climatechange
3. 清洁发展机制观察：http://www.cdmwatch.org
4. 清洁发展机制市场：http://www.cdmbazaar.net
5. 气候变化中心：http://www.climatechangecentral.com/default.asp
6. 政府间气候变化专门委员会IPCC：http://www.ipcc.ch
7. 中国气候变化网：http://ipcc.cma.gov.cn
8. 中国清洁发展机制官方网站：http://cdm.ccchina.gov.cn
9. 中国清洁发展机制信息中心：http://www.china-cdm.org
10. 中国气候变化信息网：http://www.ccchina.gov.cn
11. 世界资源研究所—清洁发展机制、气候变化：http://www.wri.org/cdm
12. UCCEE—清洁发展机制能力开发：http://www.cd4cdm.org
13. 联合国环境规划署能源气候与可持续发展中心：http://www.cd4cdm.org
14. 欧盟排放权交易（EU ETS）研究：http://ec.europa.eu/

environment/climat/emission/index_en. htm

15. 亚洲—太平洋清洁发展与气候伙伴关系（Asia—Pacific Partnership on Clean Development and Climate）http：//www. asiapacificpartnership. org.

16. 历届公约缔约方会议文件数据库：http：//unfccc. int/documentation/documents/items/3595. php

17. 中欧清洁发展机制促进项目：http：//www. euchina-cdm. org

后 记

本书是在我的博士学位论文的基础上修改完成的。在写作过程中，得到了我的导师、武汉大学国际法研究所杨泽伟教授的悉心指导。本书从博士论文选题到后期完成，恩师都投入了大量的精力。自确定论文研究课题以来，恩师尽量让我的研究聚焦，带领我参与研究方向相同的课题，不断给我创造锻炼的时机。恩师渊博的专业知识、求实的治学思想、严谨踏实的作风都深深地感染着我。我的每一篇论文，每一个进步，都包含着他的心血与汗水。从恩师身上，我更看到了比知识更重要的，作为一位真正的学者所需的素养和品质。

本书的完成还应该感谢武汉大学国际法研究所的万鄂湘老师、曾令良老师、邵沙平老师、余敏友老师、黄德明老师、聂建强老师、易显河老师，他们为本书从选题到写作与修改都提出了若干宝贵意见，及时纠正了我的错误，为我进一步明确了写作方向，拓宽了写作思路和视野。感谢国际法研究生所的各位良师，他们治学严谨、豁达宽容的大师风范，我将永远铭记在心。

同时也要感谢同门的各位师兄弟姐妹，和你们的讨论拓展了我的眼界。感谢国际公法的各位博士们对我写作的提点和鼓励，感谢昔日各位好友对我无微不至的关怀和帮助，它们都会成为我美好的回忆。当然，最不能忘记的应当感谢生我养我多年的父母家人，你们的支持和鼓励，是我最大的动力。

凡事无论过程精彩纷呈或黯淡无光，都将会有一种结果。这篇书稿的完成即是我学业历程中的一个阶段性成果。我既因这样一个期盼已久的结果而欣喜，又深知这只是漫漫人生路上的一个逗号。所谓的终点，不过是另一个起点。一路前行，总会遇到坎坷崎岖，唯有怀抱无比的信心和勇气去努力。

  值此论文出版之际,唯谨以此文献给所有关心和帮助过我的人们,祝你们永远幸福、健康!

  气候变化国际合作是一个涉及面相当广泛的问题,由于时间和精力的限制,书中不免有错漏之处,敬请读者批评指正。

陈淑芬

2011 年 1 月于武汉大学